건축리모델링
계획과 실무

계획 · 설계 · 실무 · 사례분석

정 용 식 저

기 문 당

머리말

국내 건설 산업은 70~80년대 고도성장으로 급격하게 건설된 건물들이 이미 30~40년을 지나 노후화되기 시작하였고, 80~90년대에 집중 공급된 신도시의 아파트들 또한 20년을 지나 노후화가 시작되었다고 볼 수 있다.

서구 선진국에서는 오래 전부터 노후화된 건물들에 대한 해결대안으로 리모델링에 대한 연구와 노력을 건설산업활동의 중심영역으로 자리매김하고 있지만 국내 건설산업은 아직까지 양적 성장일변도의 관행으로 기존 건물의 리모델링에 대한 사회적 · 경제적 인식이 많이 미흡한 상태이다. 또한 그동안 추진해온 재건축방식은 기존 건물의 해체에 따른 국가적 자원낭비와 건설폐기물 다량배출 등으로 인한 많은 경제적 · 사회적 문제점이 노출되고 있는 실정이다.

따라서 국가차원의 자원절약과 효율적인 자산활용 측면에서 무분별하게 재건축방식을 추진하는 것 보다는 리모델링을 추진하는 것이 훨씬 효과적이라는 국민적 인식이 빠르게 전환되고 있고, 또한 최근에는 수직증축 리모델링 법안이 국회를 통과하면서 리모델링시장에 대한 많은 관심이 증폭되고 있어 내수시장 또한 탄력받을 것으로 기대되고 있다. 그러나 리모델링시 구조적인 안전성에 대한 문제는 계속 남아 있어 어떻게 하면 좀더 안전하게 구조문제를 해결할 수 있을 것인가에 대한 지속적인 연구가 필요하다고 본다.

따라서 본서에서는 일반건축물과 공동주택 리모델링에 대한 이론과 실무는 물론 리모델링이 왜 필요하며, 어떻게 해야 하는 것인가를 현장 실무 사례와 함께 리모델링에 대한 전문적인 지식과 실무를 습득할 수 있도록 구성하였다.

본 서의 각 단원별 구성내용을 살펴보면 리모델링에 대한 기본이론은 물론 리모델링 유형별 실무 사례를 수록하였으며, 특히 최근 관심이 증대되고 있는 공동주택 수직증축 리모델링에 대한 내용 또한 자세히 수록하였다.

제1편 리모델링 개론 편에서는 제1장~제2장에 리모델링 개념에 대한 이해와 시장 현황 분석 전망에 대한 내용을 수록하였으며 제3장에서는 리모델링 정책과 최근 개선되고 있는 리모델링 관련법과 제도 등에 대해 내용을 수록하였다.

제2편 리모델링 사업계획과 타당성 분석 편에서는 제1장~제2장에 리모델링 사업계획 수립과 사업 타당성 분석에 대한 내용을 실무 사례와 함께 수록하였고 제3장에서는 리모델링사업 공사비 분석에 대해 실제 공사실무 사례들을 수록하였다.

제3편 리모델링 설계계획과 사례 편에서는 제1장에 리모델링 설계계획 수립 방법을 제2장에서는 유형별 리모델링 사업계획 설계 사례를 실제 현장사진과 함께 수록하여 누구나 쉽게 이해할 수 있도록 구성하였다.

제4편 리모델링 공사계획과 사례 분석편에서는 제1장~제2장에서는 리모델링시 공사계획 수립의 단계별 시공내용과 기술적인 주요사항의 사전계획 수립에 대한 내용들을 자세히 수록하였으며, 제2장~3장에서는 리모델링 사업계획과 공사 사례 내용으로서 실제 리모델링을 시행한 사업현장을 모델로 하여 공사단계별 시공현장 사진과 공사내용들을 언급하여 전문가가 아니더라도 리모델링에 대한 기본적인 공사흐름을 경험할 수 있도록 구성하였다.

제5편 개발형 리모델링 사업계획과 마케팅 전략 편에서는 제1장~제2장에 개발형 건물리모델링 사례에 대한 현장 사례와 공동주택 리모델링에 대한 유형별 사례를 실제 현장 공사 추진 사례와 함께 수록하여 리모델링에 처음 접하는 사람도 쉽게 이해할 수 있도록 하였고, 제3장에서는 리모델링 마케팅 전략에 대한 내용을 자세히 수록하였다.

제6편 해외 리모델링시장 현황과 사례 편에서는 제1장~제2장에 해외 선진국 및 유럽과 일본, 싱가포르의 리모델링 사례를 직접 소개함으로써 해외 리모델링시장 추세 및 변화에 대해서도 현장사진과 함께 수록하였다.

제7편 리모델링 건축물 구조안전진단 편에서는 제1장~제2장에 리모델링 건축물의 안전진단과 보수 · 보강방법에 대한 내용과 방법을 자세히 수록하였다.

끝으로 본 서를 저술하기 위해 최선의 노력을 다하였으나 다소 내용이 부족한 부분은 앞으로도 계속 수정 보완하여 더욱 발전시켜나갈 것을 약속드리면서 독자 여러분의 많은 충고와 격려를 부탁드립니다. 그리고 이 글을 쓸 수 있도록 도와주신 기문당 사장님, 그 외 많은 관심과 도움을 주신 분들에게도 진심으로 감사드립니다.

2015
연구실에서 정용식

차례

제1편 리모델링 개론

제3장 리모델링사업 공사비 분석 98

제3편 리모델링 설계계획과 사례 분석

제1장 리모델링 설계계획 수립 125

제2장 리모델링 설계 사례 분석 153

제4편 리모델링 공사계획과 사례 분석

제5편 개발형 리모델링 사업계획과 마케팅 전략

제6편 해외 리모델링(유럽/아시아)시장 현황과 사례 분석

P/A/R/T/ 1

리모델링 개론

01

리모델링의 개념 이해

I. 리모델링의 개념

1. 리모델링의 정의

리모델링이란 건물의 노후화를 억제하거나 성능을 유지하고 기능 향상을 위하여 수선하는 일련의 건축행위를 말한다.(건축법/주택법 제2조)

리모델링이 신축이나 재건축과 구별되는 가장 큰 차이는 기존 건물을 허물지 않고 보존하면서 성능을 유지하고 기능을 향상시키는 데 있기 때문이다.

⇨ 리모델링 관련 용어

① 보수(repair) : 고장 또는 마모된 기능을 준공시점의 수준까지 회복시키는 행위

② 개수(renovation) : 준공시점 수준까지 기능을 높이거나 새로 부가하는 행위

③ 리모델링(Remodeling) : 골조를 제외한 모든 부분을 철거 후 새로운 시대적 요구를 만족시킬 수 있게 건물의 기능을 회복시키거나 가치를 높이는 모든 건축행위, 즉 기존 건축물의 유지 · 보수, 증 · 개축, 대수선을 포함하는 행위

- 미국 – Remodeling을 주로 사용
- 일본 – Reform, Renewal을 주로 사용

④ 재건축(Reconstruction) – 기존 건축물을 철거하고 그 자리에 새로운 건축물을 신축하는 행위

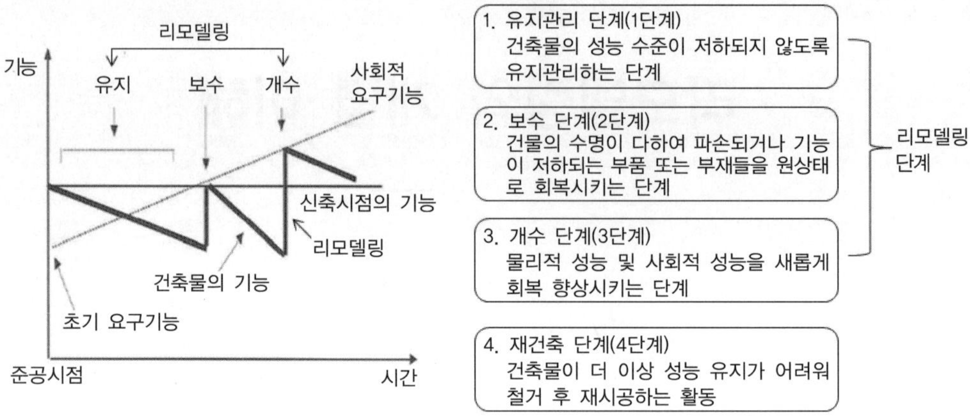

[리모델링 개념도]

2. 장기수선계획 개념

① 건물의 장기수선계획이란?

건물의 생애(라이프사이클)를 횡축으로 하고, 건물의 기능 · 성능 수준을 종축으로 하여 시간의 흐름에 따라 건물의 성능변화를 그림으로 나타낸 것이다.

② 기능 · 성능의 수준을 나타내는 선이 어떤 시점에서 올라가 있는 것은(파선) 사회적 수준이 향상되어 그 건물에 대한 기대 수준도 같이 향상되고 있음을 나타낸다.

③ 우측 하향곡선으로 나타낸 실선은 세월이 지날수록 성능 수준이 저하되어가는 것을 나타내며, 어느 시점에서 '보수' 조치를 취하여 저하된 수준이 약간 회복되지만 초기 수준까지 회복되기는 어려운 것을 볼 수 있다.

④ 어떤 하자의 발생으로 인해 통상의 성능 지하곡선보다 더욱 낮은 수준으로까지 떨어져(점선 부분) '보수'를 실시하여 허용 가능한 수준까지 복원된 것을 알 수 있다.

⑤ 소규모의 수선을 통하여 초기 수준까지 복구되거나 대규모 개량을 통하여 현재 요구되는 수준까지 단번에 끌어올린 경우도 있는데 이것이 리모델링이다.

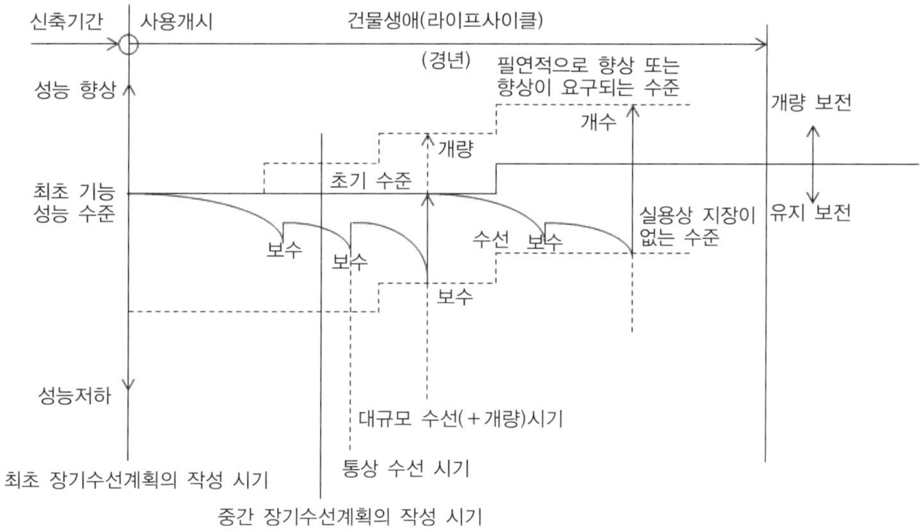

3. 리모델링의 단계별 유형

1) 제1단계 리모델링(유지관리)

(1) 개념

부분적으로 노후화되어 훼손되거나 고장난 곳을 준공시점의 수준으로 기능을 회복시키기 위해 실시하는 수선, 보수 행위로 리모델링의 일상적 유지관리를 말한다.

(2) 리모델링 내용

① 건축 및 설비 상호간 조사 · 진단 후 공사범위 결정

② 세대 내 벽지, 바닥재 등의 기초적 내부 마감재 교체

③ 철제 계단 보수

④ 공용 바닥 보수

⑤ 아스팔트 수선

⑥ 페인트 도장

⑦ 내부 인테리어

2) 제2단계 리모델링(유지관리+개수+개량)

(1) 개념

건물의 주요기능과 직접 관련된 것의 교환 · 개량 · 표면 교체 등의 리모델링으로

유지, 개수, 개량 등을 말한다.

(2) 리모델링 내용

① 건축 및 설비 상호간 조사 및 진단 후 공사범위 결정

② 1차 리모델링 상품 전부 보수

③ 엘리베이터 교체

④ 정보시스템 교체

⑤ 입면 교체

3) 제3단계 리모델링(성능개선 및 증축)

(1) 개념

환경변화에 적응하기 위해 건물 내부 및 외부공간의 주요기능과 성능 등을 적극 개선하는 리모델링으로써 전면적인 성능개선 및 증축 행위를 말한다.

(2) 리모델링 내용

① 부대시설(지하주차장, 주변공동시설) 증축 : 발코니 증축/복도식을 계단식으로 변경/각실 증축 등

② 건축 및 설비 상호간 조사 · 진단 후 공사범위 결정

③ 1차, 2차 리모델링 상품 전부 보수

④ 설비배관의 전면적 교체

⑤ 정보시스템 신설

⑥ 조경, 담장 정비

⑦ 외관 개선

⑧ 시대에 맞는 각 세대 평면 변경

4) 제4단계(재건축/재개발)

(1) 개념

기존의 건물을 다 허물고 신축개념으로 재건축하는 행위를 말한다.

(2) 내용

① 재건축

② 재개발

II. 리모델링의 필요성과 건축물 수명

1. 도시의 성장과 건축물의 노후화

1) 국내 도시의 시대별 성장 변화

국내 도시 시작기	국내 주거 1.0(성장기)	국내 주거 2.0(성숙기)	국내 주거 3.0(쇠퇴기)
1970~1980년대 극심한 주택부족 시대 →	1980~1990년대 절대적 주택부족 시대 →	2000~2010년대 상대적 주택부족 시대 →	2010년대 이후 주택공급 과잉시대
-산업화 시작기 -산업도시화 시대	-도시 신축기 -신도시 개발 시대 -대가구 주택구조(4~5인)	-도심 복원기 -재건축, 재개발 시대 -주택보급률 100%(2002년)	-도시 재생기 -리모델링 시대 -주택가구 분화(1~2인)

2) 도시의 성장 생애주기 곡선

(1) 도시의 성장 생애주기란?

어떤 지역이 물리 · 사회 · 경제적 기능을 다하기까지 성쇠현상을 나타내는 주기년한을 말한다.

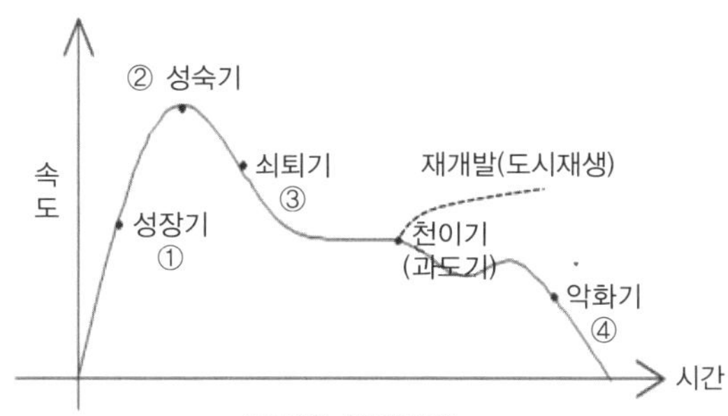

〈도시의 생애주기〉

3) 양적 성장중심 시대 → 질적 관리중심 시대

- 양적 성장한계 : 2002년 주택보급률 100%가 달성되면서 한계
- 70~80년대 건설된 건축물의 수명이 30년을 경과함으로써 물리적 노후화 발생
- 국민소득 향상(2만 5천 달러)에 따른 건물의 사회적 노후화 발생
- 전문적인 부동산 자산관리 시대 도래

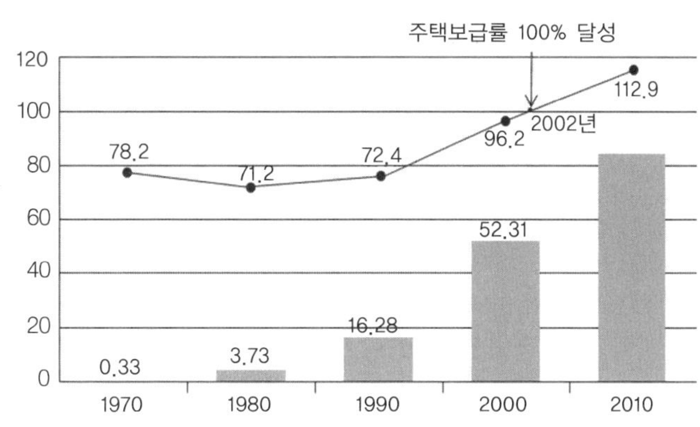

2. 리모델링의 필요성과 특징

1) 리모델링의 필요성

1. 70~80년대 건물의 노후화	• 기존 건물 경과년수(30년 이상)로 물리적 노후화 • 국민소득(2만 달러 이상) 증가로 사회적 노후화
2. 건물 유지관리비 증가	• 건물 · 설비배관 및 마감재의 노후화 • 신축 시대 → 도심재생/리모델링 시대
3. 부동산시장 패턴 변화	• 신축, 1차 시장의 종료 : 고성장 시대 • 재생, 2차 시장의 육성 : 저성장 시대
4. 부동산 투자 패턴 변화	• 양적 성장기를 지나 도심 건물 포화 상태 • 매각차익에서 운용수익 선호 시대
5. 가계자산의 부동산 비중 과대	• 가계자산의 80%가 부동산 • 외국에 비해 금융자산 비중 과소

2) 건설시장의 양적 성장 한계

(1) 건설투자 비중 감소(GDP 대비)

1991년	2003년	2005년	2010년	2020년
23.5%	17.6%	16.4%	15.0%	11%

※ 주택보급률 : 전국 100%, 수도권만 : 98%

(2) 주택사업 비중 감소(전체 건설산업 대비)

1998년	2000년	2003년	2007년	2009년	2011년
12.6%	22.4%	45.2%	58.1%	32%	26%

3) 신도시의 재건축 한계

① 저층(5층 이하) 아파트 : 재건축(용적률 120% 이하) 가능

② 중층(13층 정도) 아파트 : 증축 리모델링 가능(200% 이하), 재건축 한계

③ 고층(15층 이상) 아파트 : 유지관리형 리모델링(250% 이상), 재건축 어려움

4) 1기 신도시 아파트의 과다용적률 현황

구분	합계	분당	일산	평촌	산본	중동
위치	–	경기도 성남시 분당구 일원	경기도 고양시 일산구 일원	경기도 안양시 동인구 일원	경기도 군포시 산본동 안양시 안양동 일원	경기도 부천시 중구, 남구 일원
1. 부지면적(㎢)	50.1	19.6	15.7	5.1	4.2	5.5
2. 주택건설(천 호)	29.2	97.6	69	42	42	41.4
3. 수용인구(천 인)	1,168	390	276	168	168	166
4. 인구밀도(인/ha)	233	199	175	329	399	304
5. 용적률(%)	198	184	169	204	205	226
6. 개발기간	89~96	89~96	90~95	89~95	89~95	90~96
7. 도시계획조례 용적률(%)	2종일반 주거지역	210	230	240	230	200(250)
	3종일반 주거지역	280	250	260(280)	280	250(300)

5) 리모델링 특성

(1) 비용적인 측면

① 리모델링은 사전적 접근을 통해 개수 및 보수 비용을 감소시켜준다.

② 건물에 대한 체계적인 리모델링 접근은 기존 방식보다 비용면에서 이점을 제공한다.

(2) 이용가치의 효과 측면

① 리모델링은 기존 접근보다 건물의 이용가치를 증가시키고 경제적인 면에서 수입을 증대시키는 효과가 있다.

② 리모델링을 통해 사전에 시설을 개선하고, 용도 변경 등으로 이용가치를 높여 임대수입과 자산가치를 향상시키는 효과를 준다.

(3) 공사기간적 측면

① 리모델링은 사전적이고 계획적인 활동이므로 단기간에 집중적으로 이루어지므로 공사기간 면에서 비용을 감소시키는 효과를 준다.

② 리모델링은 기존 방식보다 공사기간 단축을 통해 수익을 창출할 수 있는 시간을 더 많이 제공한다.

(4) 기존 접근방식과 리모델링 접근방식의 차이 비교

구분	기존 접근방식	리모델링 접근방식
1. 비용	• 사후에 접근으로 비용 증대 • 비효율성 요인의 증가로 유지관리비 증대	• 사전에 예방차원에서 접근하여 비용 절감 • 효율적 관리 및 개선을 통한 유지관리 절감
2. 효과	• 이용가치 감소 • 임대수입 감소 • 자산가치 감소	• 이용가치 증대(시설개선, 용도 변경, 사용공간 확대) • 임대수입 증가 • 자산가치 증대
3. 시기	• 사후적, 분산적 행위로 비용 증대	• 사전적, 집중적 행위로 비용 감소 및 효과 증대
종합	• 비효율적(비용 증가, 수입 감소)	• 효율적(비용 감소, 수입 증가)

[주] 기존 접근방식은 리모델링에 의한 체계적인 건물의 유지 · 관리방식이 아닌 문제가 발생한 후 대응하는 일상적인 접근방식을 의미한다.

3. 건축물의 노후화와 내구수명

1) 건축물의 내구수명

구분	수명 내용	비고
1. 구조적 수명	• 콘크리트구조물의 구조적 내력 수명 • 수명년수 : 60~100년	• 콘크리트 피복두께에 의한 구조물 수명 기준 – 피복두께 3cm 경우 : 약 60년 – 피복두께 4cm 경우 : 약 100년 ※ 물시멘트비(w/c) 60% 미만시
2. 사회적 수명 (기능적 수명)	• 콘크리트구조물의 사회적 · 기능적 수명 • 수명년수 : 20년(재건축년수 기준)	
3. 경제적 수명	• 콘크리트구조물의 경제성 산출시 수명 • 수명년수 : 40년(감정평가법/법인세법 근거)	

2) 국내 신도시 아파트의 노후화

구분	내용
1. 초기 신도시 개발(1980 중반~1990년 초)	1) 5개 신시가지 개발 : 목동, 개포동, 상계동, 과천, 안산 2) 경과년수 : 23~28년 경과
2. 제1기 신도시 개발(1993~1997년)	1) 5개 신도시 개발 : 분당, 평촌, 일산, 중동, 산본 2) 경과년수 : 21~23년
3. 재건축, 재개발 호황기(2002~2008년)	1) 서울 및 수도권 2) 경과년수 : 25~30년(70년대 준공아파트)

3) 건축물의 사회적 수명

(1) 건축물의 내부 기능저하

시대의 변화와 사회적 요구성능이 증가함에 따라 건축물의 내부 설비 기능, 즉 전기설비, 마감재 등의 교체와 수선을 위한 수명을 말하며, 일반적으로 15~25년으로 보고 있으며, 이 시기가 바로 1단계 리모델링 시기로 볼 수 있다.

(2) 설비기기 및 마감재의 수명(수선) 주기(일본)

공종	수선 항목	최소년수	최대년수	평균년수
1. 전기설비	간선(幹線)	8	30	16.5
	옥내배선	20	30	25.0
2. 급배수설비	옥내급수관	12	30	20.7
	옥외급수관	12	27	21.4
	옥내배수관	15	30	24.1
	옥외배수관	15	40	26.0
3. 외장	모르타르 바름	9	25	19.6
	타일붙임	9	60	40.3
	외벽마감 도장재	7	25	15.4
4. 옥상방수	아스팔트방수	10	30	18.3
	시트(sheet)방수	13	20	17.7

(3) 설비배관의 내부 부식 상태

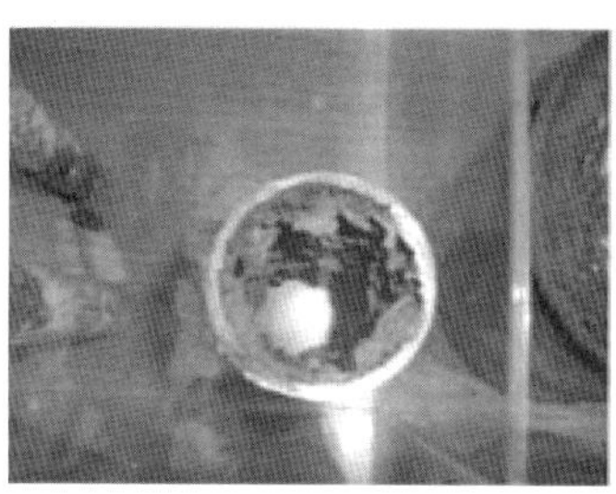

급수배관(백강관)

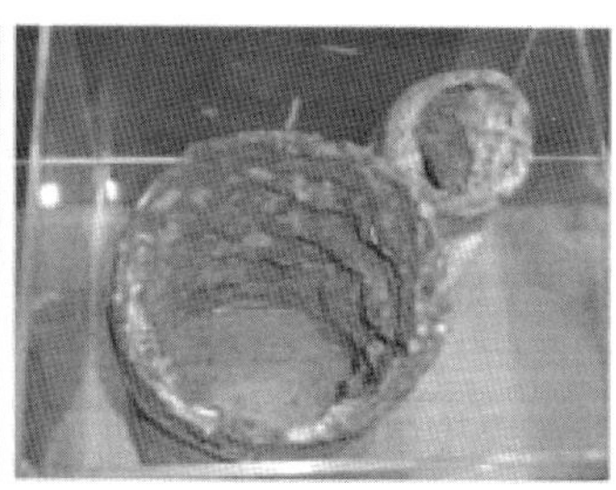

난방배관(백강관)

오 · 배수관(백강관)

III. 리모델링 발생 유형과 동기

1. 리모델링 발생 유형

구분 기준	구분
1. 원인 내지 목적	• 이용가치 향상 • 수익성 증대
2. 방향	• 성능 향상 • 용도 변경
3. 공사범위	• 부분 리모델링 • 전체 리모델링
4. 증축 여부	• 대수선방식 • 증축방식
5. 영업 여부 및 입주	• 영업 중단 후 내부 이주 • 영업 중 내부 입주 상태로 병행

2. 리모델링 발생 동기

유형	리모델링 발생 동기	적용 분야
1. 사무실 빌딩	정보화 · OA화 대응, 에너지절감, 업무환경 개선, 입주자 요구에 대한 부응	– 일반사무실 – 공공사무실
2. 상업용 빌딩	이미지 · 디자인 개선, 고객접근도 및 동선개선, 재고물품의 관리 및 이동 편리, 고객 계층별 특성 및 요구 반영	– 백화점 – 쇼핑센터
3. 주거시설	실 및 거주공간의 위치나 크기 변경, 내부 거주 및 시설환경의 변화, 증축 및 전용 부분 확대, 주거환경 개선(공용 부분)	– 단독주택 – 제1기 신도시 공공주택
4. 호텔 및 숙박시설	– 외관 이미지 현대화 – 내부 기능 및 설비 쾌적화, 관리개선	– 호텔 – 유스호텔 등
5. 의료시설	환자에 대한 서비스 향상, 신기능 부가, 환경개선, 에너지절감	– 중소의원 – 대학병원
6. 교육 및 연구시설	학생수 증감에 대한 대응(증 · 개축, 여유시설의 용도 변경), 정보화 대응, 안전성 강화	– 초 · 중등학교 – 대학교
7. 스포츠시설	법적 규제에 대한 대응, 여성이용자 증가에 대한 대응, 서비스 수준 제고	– 체육관 – 스포츠센터
8. 생산설비	작업환경 개선, 물류시스템 개선, R&D 대응	– 플랜트설비 등

제1장 학습요약 · 문제해설
(리모델링의 개념 이해)

▶ 학습목적

1. 리모델링의 개념과 필요성을 이해하고, 기존 유지 · 보수와의 차이를 파악한다.
2. 건축물의 물리적 수명과 사회적 수명을 이해하고, 리모델링 시기를 판단한다.
3. 건물 유형별 리모델링 발생 동기와 리모델링 단계별 절차를 이해한다.

▶ 학습내용

1. 리모델링의 개념
2. 리모델링의 필요성과 건축물 수명
3. 리모델링 발생 유형과 동기

▶ 사전학습

1. 리모델링 관련 용어 알아보기
   1) 유지 : 건물의 성능이 저하되지 않도록 관리하는 행위
   2) 보수 : 건물이 고장 또는 파손된 것을 보수하는 행위
   3) 개수 : 건물의 기능을 높이거나 부가하는 행위
   4) 재건축 : 건축물을 허물고 다시 건축하는 행위
2. 건축물 수명관련 용어 알아보기
   1) 건축물의 구조적 수명 : 건축물이 물리적으로 견딜 수 있는 수명
   2) 건축물의 기능적 수명 : 건물이 기능적으로 견딜 수 있는 수명
   3) 콘크리트 중성화 : 콘크리트가 알칼리성을 잃는 것을 말하며, 중성으로 변하면 철근을 부식시켜 콘크리트 수명이 단축됨
   4) 콘크리트 피복두께 : 철근 표면을 둘러싸고 있는 콘크리트 두께를 말함.
   5) 콘크리트의 알칼리성과 산성 : 콘크리트는 PH 12~13의 강알칼리성이다.
3. 건물 유형별 리모델링 발생 동기 알아 보기
4. 자신이 사는 아파트의 리모델링 시기 알아 보기

▶ **적용하기**

1. 사람의 수명과 건물의 수명을 비교하여 리모델링 개념을 생각해보자.
2. 국내 리모델링의 사례를 인터넷 사이트를 통해 조사해보자.

▶ **학습문제**

1. 리모델링의 정의에 대한 설명으로 맞는 것은?

   ① 고장 또는 마모된 기능을 준공시점으로 회복시키는 행위

   ② 준공 후 청소 · 점검 등을 통해 기능이 저하되지 않도록 하는 행위

   ③ 준공 후 건물의 성능과 기능이 노후화된 건축물의 기능을 회복시키는 행위

   ④ 건축물의 주요 구조부에 대한 수선이나 변경하는 행위

   해설: 리모델링은 준공 후 건물의 성능과 기능이 노후화된 것을 준공시점 이상으로 회복시키는 행위를 말한다.

   정답 ③

2. 리모델링의 필요성에 대한 배경 설명으로 틀린 것은?

   ① 70~80년대 건물은 노후화 시작

   ② 건물 유지관리비 증대

   ③ 고성장 시대 지속

   ④ 신축 시대에서 도시재생 시대로 변화

   해설: 고성장 시대에는 신축이 증가하는 시대이다.

   정답 ③

3. 건축물의 법적 내구수명이 아닌 것은?

   ① 물리적 수명　　② 사회적 수명

   ③ 경제적 수명　　④ 화학적 수명

   해설: 건축물의 법적 내구수명은 물리적 수명, 사회적 수명, 경제적 수명이다.

   정답 ④

4. 건축물의 물리적 수명과 사회적 수명을 간단히 설명 · 정리하시오.

   해설: 1. 물리적 수명 : 건축물이 물리적으로 견딜 수 있는 수명

   2. 사회적 수명 : 건축물이 사회적, 기능적으로 역할을 할 수 있는 수명

5. 리모델링의 유형별 발생 동기의 설명으로 틀린 것은?

① 리모델링 동기 목적은 이용가치 향상 또는 수익 증대이다.

② 리모델링 방향은 성능 향상 또는 용도 변경이다.

③ 리모델링 범위는 전체 리모델링 또는 부분 리모델링이다.

④ 리모델링방식은 재건축방식이다.

해설: 리모델링방식은 대수선 또는 증축을 통한 성능개선방식이다.

정답 ④

6. 리모델링의 단계별 내용이 아닌 것은?

① 일상적 유지관리 단계

② 유지관리, 개수, 개량단계

③ 전면 성능개선 및 증축단계

④ 건축물을 다 헐고 새로 짓는 단계

해설: 건축물을 다 헐고 새로 짓는 단계는 재건축, 재개발 단계이다.

정답 ④

▶ 정리하기

1. 리모델링은 70~80년의 고도성장에 따라 건물들이 이미 노후화되어 건물의 성능을 회복하기 위한 사회적 과제로서 리모델링이 필요하다는 것을 잘 이해해야 한다.
2. 건축물의 물리적 수명과 사회적 수명 주기를 파악하여 리모델링 시기를 잘 선택하는 것이 중요하다.
3. 리모델링의 필요성과 건물 유형별 리모델링 발생 동기를 파악하고, 리모델링 단계별 절차를 잘 이해하고 시행해야 한다.

02

리모델링시장 현황과 전망

I. 건설시장과 리모델링시장 영역

1. 협의 건설시장과 광의의 건설시장

① 협의의 건설시장

일반적으로 신축시장을 말하는 것으로 여기에 리모델링시장 중 개보수공사를 포함한 시장을 말한다.

신축시장과 리모델링시장 중 증개축 및 대수선공사를 포함한 시장을 말한다.

② 광의의 건설시장

신축시장과 리모델링시장 전부를 포함한 시장을 말한다.

신축시장과 리모델링시장 중 유지관리, 보수시장을 포함한 시장을 말한다.

2. 건설시장과 리모델링시장의 영역

① 건설/리모델링시장 영역이란? 증개축, 대수선, 유지, 보수 시장을 포함한 광의의 건설시장을 말한다.

② 기존 신축 위주 건설시장이 축소되는 반면, 리모델링시장의 비중이 커지고 있는 선진국에서는 건설시장을 광의로 해석하고 있다.

③ 우리나라는 건설시장을 협의의 시장으로 인식하고 있는데, 점차 리모델링시장의 비중이 커질 것으로 예상되므로 건설시장을 광의의 시장으로 인식할 필요가 있다.

④ 건설시장의 새로운 움직임을 반영하는 것일 뿐만 아니라 건설업체에 새로운 시장 정보를 제공하는데도 도움을 줄 것이다.

⑤ 건설시장과 리모델링시장의 범위 구분은 다음과 같다.

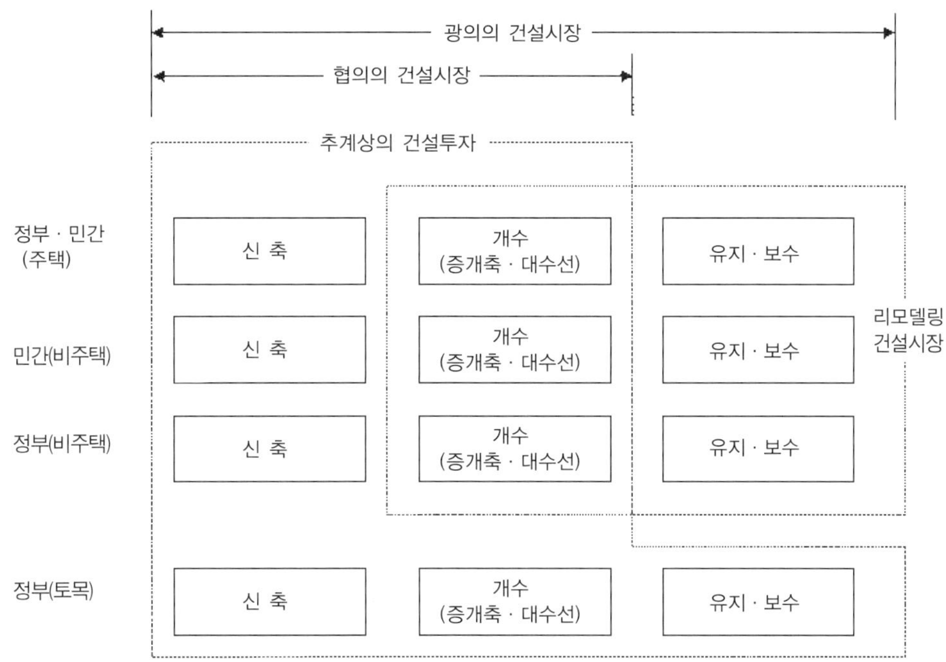

3. 광의의 건설산업시장 영역 확장

(1) 건설산업의 시장 영역 확장이란?

① 종전 신축 위주의 양적 공급에서 벗어나 유지, 보수, 관리, 서비스 차원의 건설사업으로 영역을 확대하는 것이다.

② 건물생애비용(L.C.C)에서 유지관리 운영비가 차지하는 비중은 83%이다.

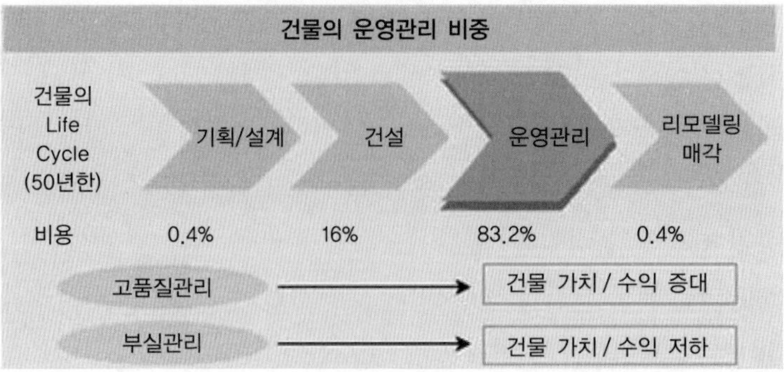

(2) 임대 유지 · 보수 · 관리 운영의 영역 확대

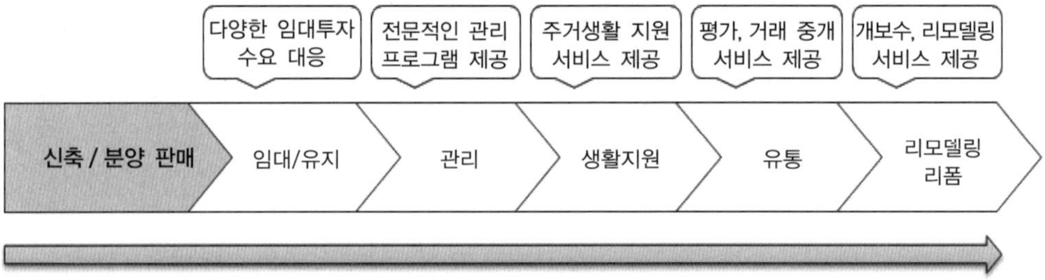

〈임대 유지관리의 영역 확대〉

(3) 주택건설 영역을 넘어 임대관리/중고주택의 리모델링 가치 제고

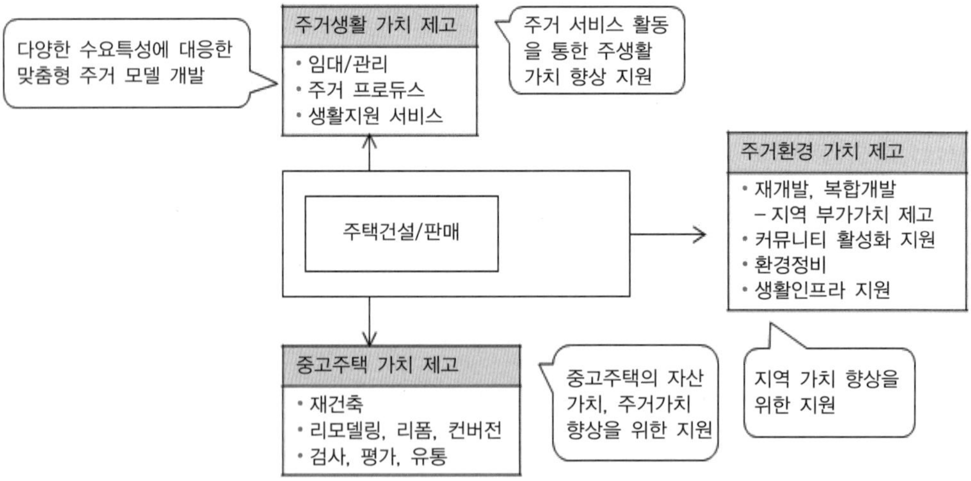

II. 해외 선진국의 리모델링시장 현황 분석

1. 유럽 리모델링시장의 특징

(1) 서유럽 국가의 리모델링시장

서유럽 국가들은 전통적으로 리모델링시장이 잘 발달되어 있는 나라들이다.

리모델링시장은 전형적인 선진국형 시장으로 오랜 산업화 과정을 거쳐 오면서 사회가 필요로 하는 건축물 및 시설물들을 안정적으로 구축해 왔다.

따라서 오늘날 선진국의 경우 신축건물에 대한 수요보다는 기존 노후 건축물을 체계적으로 유지관리하고 개선하는 활동이 더 많이 요구되고 있다.

서유럽 15개국은 오스트리아, 벨기에, 덴마크, 네덜란드, 프랑스, 독일, 아일랜드, 영국, 스페인, 스웨덴, 노르웨이, 핀란드, 이탈리아, 스위스, 포르투갈 등이다.

(2) 서유럽 건설/리모델링시장의 구성(2001년 기준)

서유럽 15개국의 건설 부문별 리모델링시장 비중을 보면 주택 리모델링 비중이 23%로 신축 23%와 함께 가장 크게 나타나고 있다.

비주택 리모델링 비중도 14%이며, 주택과 비주택을 합치면 37%이고, 여기에 토목의 유지보수를 포함할 경우에는 전체 리모델링시장은 44%에 이른다.

1. 주택신축	23%	비주택신축	19%
2. 토목신축	14%		
3. 주택 리모델링	23%	비주택 리모델링	14%
4. 유지보수	7%		

2. 유럽의 리모델링시장 증가 추이

(1) 서유럽 국가의 전체 건설시장에 대한 리모델링시장 비중은 1991년 33%에서 1998년 35.5%, 2002년도에는 44.2%로 증가하였다

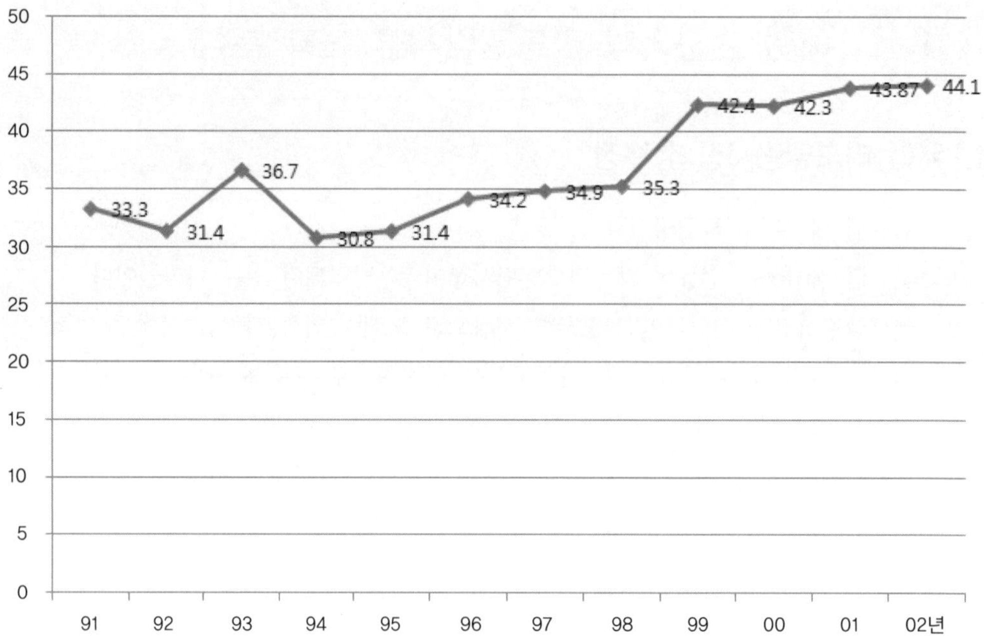

〈유럽 국가들의 리모델링시장 증가 추이〉

(2) 서유럽 국가별 리모델링시장 증가 추이

서유럽 국가 중에도 영국, 독일, 프랑스, 이탈리아와 스웨덴, 노르웨이 등이 리모델링시장이 특히 발달되어 있다.

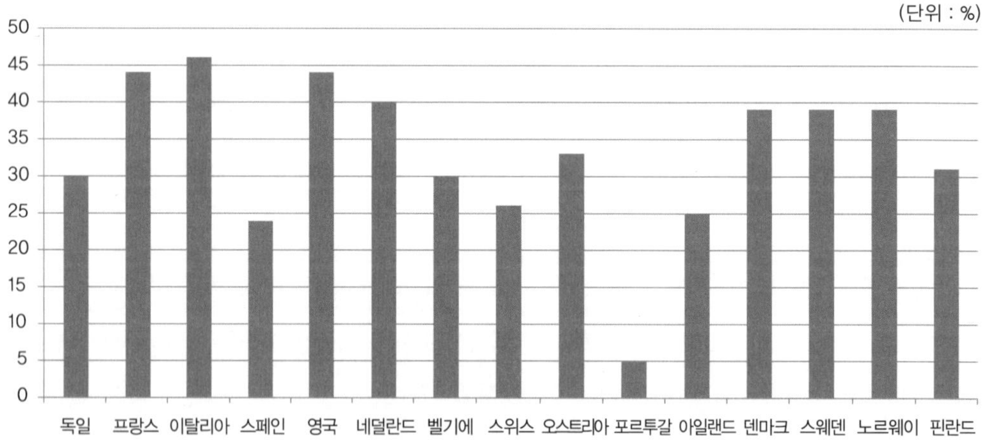

〈서유럽 국가별 리모델링시장 증가 추이〉

(3) 유럽 15개국의 GDP, 건설투자, 리모델링 수요의 성장률 추이

(단위 : %)

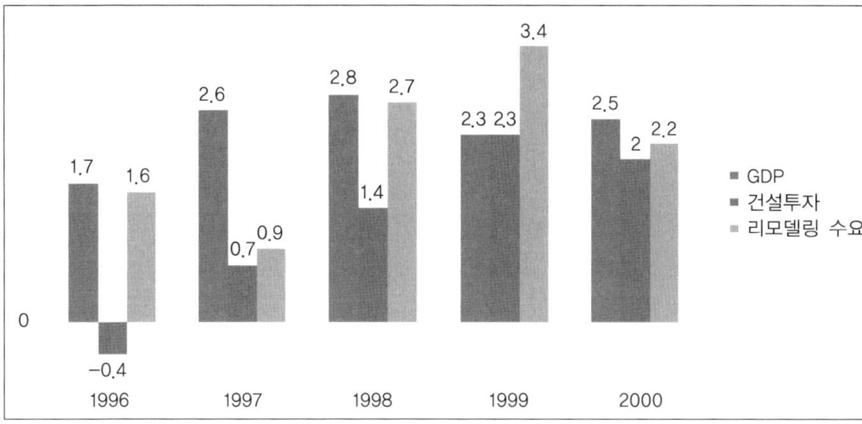

3. 국가별 1인당 GDP와 리모델링 비중 비율

국가그룹	특징	해당 국가
A그룹	1인당 GDP와 리모델링 비중이 동시에 높음	이탈리아, 영국, 프랑스 등 서유럽 대부분의 국가
B그룹	1인당 GDP 수준에 비해 리모델링 비중이 낮음	스위스, 일본 등
C그룹	1인당 GDP 수준은 낮지만 리모델링 비중이 높음	아일랜드, 폴란드 등
D그룹	1인당 GDP 수준과 리모델링 비중이 동시에 낮음	스페인, 한국, 헝가리 등

1인당 GDP 대비 리모델링 비중

■ 2009년 기준

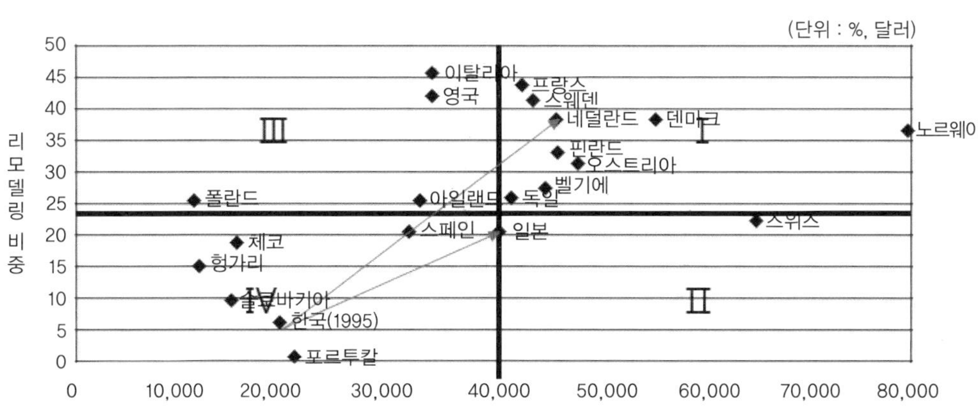

4. 일본의 리모델링시장 현황 분석

(1) 일본 리모델링시장의 특징

일본 리모델링시장의 특징은 주택 부문보다는 비주택 부문의 리모델링시장 규모가 더 크다는 점이다.

지금까지 주택 부문 리모델링시장은 단독주택 중심으로 발전해 오고 있으나 앞으로 아파트 등 공동주택 리모델링시장도 빠르게 커질 것으로 예상되고 있다.

이와 관련하여 일본주택 리폼센터가 제시하고 있는 주택 리모델링시장 성장 전망을 보면, 1985년까지는 신축 주도기였고, 1985년부터 2000년까지는 재건축 주도기이면서 1990년 거품이 붕괴되면서 리모델링 대두기로 분류되고 있다.

그리고 2000년부터 2010년까지는 재건축과 리모델링이 동시에 추진되는 병행기이고, 2010년도 이후는 완전히 리모델링 주도기로 바뀔 것으로 전망되고 있다.

(2) 일본 리모델링시장 증가 추이

유럽보다 산업화 과정이 늦게 진행된 일본은 1980년대까지 신축에 대한 수요가 왕성하게 지속되어 왔다.

그러나 1990년대 이후 불어닥친 버블붕괴 시기를 맞이하면서 민간건축 부문의 신축에 대한 수요가 줄어들고 리모델링에 대한 수요가 지속적으로 커지는 경향을 보이고 있다.

1990년도를 기준으로 일본의 전체 건설시장에서 리모델링이 차지하는 비중은 11.4%였다. 이후 리모델링 비중은 지속적으로 증가하여 2000년도에는 17.9%, 2004년도에는 23.4%를 차지한 것으로 추정되고 있다. 그리고 2010년도에는 29.1%에 이를 것으로 예측하였다.

(3) 일본의 부문별 건설시장 규모 전망

(단위 : 조 엔)

연도	1990	2000	2004	2010
전체 건설시장(B)	89.6	77.1	64.6	58.5
정부건설	25.7	30.0	21.0	17.3
민간주택	25.7	20.3	17.8	14.0
민간 비주택	30.0	15.9	13.7	13.7
리모델링(A)	10.2	13.8	15.1	17.0
리모델링시장 비중(A/B)	11.4	17.9	23.4	29.1

III. 국내 리모델링시장 전망과 규모

1. 국내 기존 노후 공동주택 현황

① 2010년을 기준으로 아파트 총 가구수는 860만 호(15년 경과 아파트는 300만 호)

② 15년 경과 아파트는 2011년 기준으로 310만 호, 2012년 기준 400만 가구, 2016년 기준은 500만 호임.

③ 서울시의 경우는 15년 경과 아파트는 60만 호로 전체 아파트의 42%를 차지하고 있다.

(1) 15년 경과 공동주택 현황과 추이

구분		전국	수도권			광역시	지방
			계	서울특별시	경기도		
총 세대수(2011년)		8,116,650	3,575,756	1,427,394	2,148,362	2,332,893	2,208,001
15년 경과 주택수	2011	3,098,208	1,269,187	603,031	666,156	1,011,562	817,459
	2012	3,470,050	1,393,503	642,244	751,259	1,137,612	938,935
	2013	3,903,303	1,564,802	703,798	861,004	1,269,919	1,068,582
	2014	4,294,745	1,704,674	760,020	944,654	1,383,751	1,206,320
	2015	4,663,117	1,879,715	841,906	1,037,809	1,474,974	1,308,428
	2020	6,242,653	2,745,185	1,168,838	1,576,347	1,813,448	1,684,020
	2025	7,819,025	3,424,730	1,391,470	2,033,260	2,257,663	2,136,632

(2) 30년 경과 공동주택 아파트 규모 추이

2010년	2016년	2022년	비고
12만 3000가구	80만 가구	200만 가구	

2. 국내 리모델링시장 성장 전망

(1) 한 · 일의 주택 재건축 및 리모델링시장 시기별 성장 전망

구분	재건축 주도 · 리모델링 성장기	재건축 · 리모델링 주도기	리모델링 주도기
한국	2005~2010	2010~2015	2015 이후
일본	1985~2000	2000~2010	2010 이후

주 : 일본에 비하여 한국은 주택산업의 성장 추이로 보아 재건축과 리모델링의 변화주기가 빠를 것으로 예상됨.
자료 : 일본자료는 「일본주택리폼센터」(2000)

① 국내 리모델링시장에 있어서 성능개선과 개보수시장은 아직 초기단계에 있다고 볼 수 있다.

② 국내 리모델링시장도 앞으로 성장가능성이 높으며 일본 리모델링시장 패턴을 따를 것으로 전망된다.

③ 일본과 한국은 상대적으로 짧은 기간에 산업화를 이루었고, 아직까지도 여전히 신축에 대한 수요가 상대적으로 높다.

④ 일본의 경우는 1990년대 신축시장의 성장세가 둔화되면서 리모델링시장이 급신장하는 추세를 보이고 있어 국내도 2010년대를 지나면서 리모델링시장이 본격화될 것으로 전망된다.

(2) 국내 리모델링시장의 성장 요인

① 노후 건축물의 재고 증가

무엇보다 노후 건축물의 재고가 급증하고 있는 점을 들 수 있다. 우리나라는 지난 30~40년간 고도성장기를 거쳐 오면서 엄청난 건축물 재고를 축적하여 왔다. 재고 건축물의 축적은 단순히 건물의 재고가 늘어나는 것만을 의미하지 않고 노후 건축물이 동시에 늘어난다는 것을 의미한다.

② 건물의 사회적 노후화

리모델링 수요가 증가하는 것은 단순히 건축물이 물리적으로 노후화되고 있기 때문만은 아니다. 건축물은 물리적으로 노후화되고 있을 뿐만 아니라 사회적으로도 노후화되고 있다. 즉 건축물에 대한 사회적 요구 기능이 빠르게 증가함에 따라 리모델링의 필요성도 동시에 급증하고 있다.

③ 재건축에 비해 비용 절감

리모델링시장의 성장 요인으로 경제적인 측면을 들지 않을 수 없다. 아무리

필요성이 높다 하더라도 경제적 실현 가능성이 낮으면 사업으로 활성화되기 어렵다. 건물 소유자 입장에서 보면 리모델링은 재건축에 비하여 적은 비용의 투입을 요구한다. 통상적으로 리모델링은 신축에 비하여 1/3 내지 1/2 정도의 비용 투입을 요구한다.

④ 정부정책적 지원 강화

리모델링사업이 활성화될 수 있는 요인으로서 정부의 정책적 지원이 강화되고 있다는 점을 들 수 있다. 정부의 주택 또는 건설 관련 정책은 앞으로 기존의 양적 공급 확대 정책 못지 않게 질적 유지관리와 개선을 동시에 중시하는 방향으로 바뀔 전망이다. 따라서 리모델링과 관련된 정책 지원 내지 개선방안으로는 조세 및 금융상의 지원, 건축규제의 완화, 리모델링 발주 및 산업정책 등의 세 가지가 있다.

3. 국내 시기별 리모델링시장 규모

① 신축 주도기 : 1970～2000년도까지

② 재개발/재건축기 : 2000～2015년

③ 리모델링기 : 2015년 이후

④ 시기별 리모델링시장 성장 규모는 다음과 같다.

구분	2000～2010년	2010～2020년	2025년 이후
시대별 특징	– 주택 부문 중심으로 성장 – 주택 부문은 인테리어 개선 중심으로 활성화 – 저밀도 고급아파트를 중심으로 동 또는 단지 리모델링 대두	– 주택(특히, 공동주택) 리모델링 활성화 – 주택 부문이 전체 리모델링시장 선도	– 서구 국가와 같이 리모델링이 전체 건설시장에서 가장 중요하고 큰 비중 차지
시장 규모 (1995년 가격 기준)	9조 5천억 원(2000) →19조 원(2010)	19조 원(2010) →30조 원(2020)	35조 원(2025)
전체 건설투자에서 차지하는 비중	8～10%(2000) →15～20%(2010)	15～20%(2010) →25～30%(2020)	35% 이상(2025)
리모델링 중점상품 부문	– 민간 오피스텔, 상가건물, 병원 등 특수건축물	– 아파트, 일반주택, 민간 및 공공 비주택 건물	

⑤ 시기별 전국 아파트의 연평균 리모델링시장 규모는 다음과 같다.

구분		15% 실시	25% 실시	40% 실시
2005년 ~2009년	증축 리모델링	8,900	11,800	23,700
	대수선 리모델링	3,000	5,000	8,000
	계	11,900	16,800	31,700
2010년 ~2014년	증축 리모델링	5,300	9,000	14,300
	대수선 리모델링	16,100	27,000	43,100
	계	21,400	36,000	57,400
2015년 ~2019년	증축 리모델링	1,500	2,600	4,200
	대수선 리모델링	23,100	38,400	61,500
	계	24,600	41,000	65,700

주 : #1. 리모델링시장 규모 추정방법 – 한국리모델링협회 연구논문 자료
- 리모델링시장 규모(금액 기준) = 대상 아파트 세대수 × 아파트 평균 평수 × 평당 리모델링 단가
- 해당 유형의 아파트가 해당 기간에 리모델링을 실시할 것으로 가정
- 재고 아파트 평균 평수 : 21.2평
- 리모델링 단가 : 증축 리모델링 270만 원, 대수선 리모델링 180만 원 기준 분석

#1. 리모델링 대상 유형 분석범위 기준

용적률 구분	180% 미만	180~230%	230% 이상
1. 대상 유형	재건축	증축 리모델링	대수선 리모델링
2. 리모델링 허용 범위	–	법적으로 허용하고 있는 30% 범위 내 증축	설비 및 내 · 외장재와 공용 부문의 개선 및 발코니 확장을 통한 증축

4. 리모델링개발과 사업전략

1) 부동산개발과 리모델링사업

(1) 리모델링을 통한 이용가치 증대

리모델링산업은 건축주 입장에서 보면 건물의 이용가치를 증대시키고 수익성을 높이기 위해 하게 된다.

따라서 리모델링시장은 부동산경기의 영향을 크게 받게 되므로 부동산경기 침체 시에는 리모델링사업 역시 사업성이 떨어져 시장이 위축될 수 있다.

그러나 경기 불황 시에는 일반적으로 건물 매입가격의 하락과 리모델링 시공비용을 낮출 수 있어 오히려 부동산개발 측면에서 리모델링을 통하여 성능 개선과 용

도 변경으로 수익성을 증대시킬 수 있다.

(2) 수익 증대 목적의 리모델링

수익 증대 목적의 리모델링은 건물의 성능을 향상시키고 용도 변경을 함으로써 가능하다.

일반건물은 성능 향상을 위한 리모델링을 통하여 수익 증대가 가능하다.

주택이나 상업시설의 경우는 용도 변경 리모델링을 통해 수익 증대가 가능하다.

리모델링사업은 대기업보다는 중소업체들이 접근하기 쉬워 적극적으로 추진해 볼 필요가 있다.

2) 리모델링사업(수주)방식

(1) 단순도급방식

① 단순공사에 대한 도급방식으로 리모델링을 추진하는 방식을 말한다.

② 단순수주의 경우라도 시공자가 개발사업 관점에서 접근하면 수주 기회를 확대할 수 있다.

(2) 개발사업방식

① 시공업체가 직접 사업주체가 되어 리모델링을 추진하는 방식을 말한다.

② 시공업체가 직접 건물을 매입하여 리모델링을 추진하고 임대 또는 매각을 통하여 수익을 확보하는 방식을 말한다.

(3) 리스크분담사업방식

① 건설업체와 건물주가 공동으로 리스크를 분담하여 리모델링을 추진하는 방식을 말한다.

② 리스크분담방식은 건설업체가 20%, 사업주가 80%를 분담하는 방식도 예가될 수 있다.

– 일부도급 + 일부분양도급

예) · 일반건물 리모델링시 : 리모델링 후 미분양시 대물로 공사비 부담

· 공동주택 리모델링시 : 수직증축 리모델링 미분양시 대물로 공사비 부담

3) 기업 규모별 리모델링사업 분야와 전략

(1) 기업 규모별 리모델링시장 진출 분야

구분		대형 · 중견 건설업체	중 · 소 건설업체	전문 건설업체	유지 · 관리 전문업체	비고
구분	유지				◎	
	보수		○	◎		
	개수	◎	◎	◎		
규모	대형 건축물	◎	○	×		Total Service 개념
	중소형 건축물	◎	◎	◎		
업무 영역	조사 · 진단	◎	○	○		
	기획	◎	○	○		
	설계	◎	○	○		
	시공	○	◎	◎		

◎ 경쟁력 있음, ○ 보통, × 경쟁력 없음

(2) 리모델링사업전략 방향과 방법

① 사업전략 방향

• 수익성 증대 목적의 리모델링 활성화
  - 건물의 성능을 향상시키고 용도 변경 등으로 실현 가능
  - 단독주택, 상업시설, 일부 아파트 등
  - 일반빌딩, 호텔, 백화점 등

• 성능 향상 목적의 리모델링 증대
  - 모든 건물에서 추진이 가능함
  - 관공서 건물, 학교 건물 등
  - 공동주택, 아파트 등

② 사업전략 방법

• 단순수주방식 탈피
  - 시공회사가 개발사업적 관점에서 적극적인 사업제안방식으로 접근할 때 수주 기회 확대 가능함

• 개발사업방식 활성화
  - 시공회사가 직접 사업 주체가 되어 추진하는 방식으로 건설업체가 건물을

직접 매입하여 리모델링을 추진하여 수익을 확보하는 방식으로 다양한 접근이 가능한 방식

5. 친환경 · 생태적 도시재생 리모델링 전망

1) 친환경 · 생태적 리모델링

① 건축물에서 발생하는 에너지는 국가 전체 에너지의 1/3, 자원소비의 40%, 이산화탄소 배출의 50%, 폐기물의 40%를 발생시킨다.

② 친환경적 리모델링

친환경 생활 문화로 건축물에 대한 환경문제와 에너지 문제를 동시에 해결하는 리모델링을 말하며, 수자원 전략, 자연생태 보전, 옥상조경, 태양열 이용, 단열시스템, 설비시스템, 재활용 유지관리 등이 있다.

③ 생태적 리모델링

기존 건물에 대한 지속성뿐만 아니라 주변환경 조건과의 생명체로서 지속성을 유지하고 자원을 유용하게 이용하고 환경부하를 최소화하기 위한 리모델링을 말하며, 패시브 솔라시스템, 우수이용, 쓰레기처리시설 등이 있다.

2) 일반 리모델링과 친환경 · 생태적 리모델링의 비교

구분	일반 리모델링	친환경적 · 생태적 리모델링
1. 주요목적	• 주거기능 개선 • 설비 및 시설의 노후화 개선	• 주거기능 및 설비의 노후화 개선에 있어서 환경부하 최소화, 자연과의 접촉 최소화
2. 건축재료	• 용도에 따른 일반재료 사용	• 거주지의 안녕 및 건강에 미치는 효과 고려 • 재생 가능성 및 재활용 가능성 • 재료와 이용의 적절성 • 가급적 해당 지역에서 생산되는 재료 사용
3. 주이용 에너지원	• 동력, 전력에너지	• 자연에너지 최대 이용
4. 건축외관 개선	• 페인팅, 마감재료 교체, 외벽단열재 부착 • 외벽 개구부 재계획 등	• 벽면 녹화 등 식물소재를 이용한 에너지절감 효과 및 자연 도입
5. 에너지절약	• 건물이 지어졌을 당시보다 효율이 우수한 기기나 에너지 성능이 좋은 설비시설로 대체	• 남향에 면한 공기의 선룸(sun room)화 • 직접 외기에 면한 공간의 발코니 설치 및 접착공법에 의한 이중창 설치 • 밝은 색채로 마감 • 외벽 개선시 외벽단열재 시공

3) 해외 사례 – 독일 보본(Vau Ban) 솔라시티 주택단지

(1) 개요

① 위치는 도심에서 약 3km 떨어진 330,000㎡의 대규모 생태주거단지이다.

② 1992년 재개발 방안으로 생태마을 조성 필요성이 제기되어 1995년 '보본 포럼'이 출범되었다.

③ 프라이부르크시는 이 지역에 4만 마르크를 지원하였다.

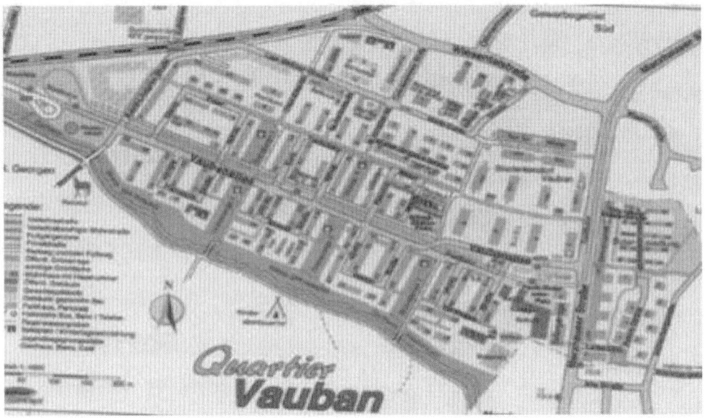

독일 보본시 친환경 생태도시의 태양열 전경

독일 보본시 지붕태양열 집열판 설치 전경

(2) 개발 방법

① 태양열을 주에너지원으로 개발함

② 자연재료로 건축물을 건축함

③ 주거지역에서 자동차 통행의 엄격 제한

독일 보본시 태양열주택 창호 설치 전경

(3) 개발 규모

① 태양열만을 에너지로 하는 40여 가구의 패시브 주택단지

② 주변 슐리어베이크에는 태양열 잉여에너지 주택 150가구 분포

- 주택은 모두 남향
- 지붕에는 태양광전지 설치(500㎡ 태양광 전지판)
- 벽은 에너지 손실을 막기 위해 두께 30cm 무기질 섬유벽체 설치

4) 에너지절약 아파트 차별화

■ 서울시 노원구 에너지 자급자족 아파트 단지

- 규모 : 공동주택 3개 동(106가구), 단독 2개 동(2가구), 연립주택 1개 동(9가구), 땅콩주택 2개 동(4가구) 총 122가구 규모
- 사업비 : 442억 원

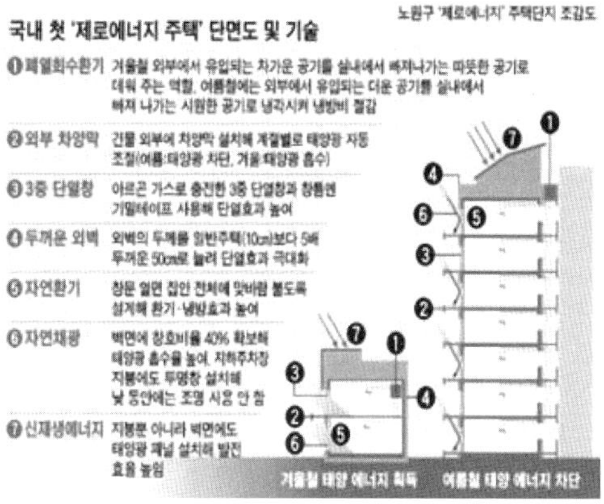

5) 리모델링 장수명 공동주택 설계방안

(1) 가변형 공동주택 설계방안

환경보존과 미래 사회 및 가족 변화에 대응할 수 있게 주택의 규모 · 형태 · 기능을 변화할 수 있는 내부의 재료와 설비의 모듈화와 규격화될 수 있도록 한 주택 설계를 말한다.

(2) 장수명 공동주택 설계방안

공동주택의 수명을 50~100년까지 연장하기 위해서는 당초 신축설계 계획시부터 구조체의 내구성 강화를 전제로 사회변화와 가족의 라이프 스타일 변화에 맞게 주택형태, 설비시스템 등의 내부를 가변요소(Infil)로 이루어진 주택설계를 말한다. 외국에서는 태양열을 에너지로 한 장수명 주택건설이 활성화되고 있다.

(3) 한국형 "100년 수명 아파트" 2015년부터 의무화

국토부 장수명 세부 설계기준을 마련하고 가변성 50점, 유지보수 용이성 40점, 내구성 30점 등 총 120점으로 점수화해 4등급으로 구분하는 '장수명 인증제도'를 도입할 방침이다.

이에 따라 2015년부터 500가구 이상 아파트를 건설하는 단지는 최소기준을 충족시켜야 한다.

장수명 최소기준(50점)은 현행 '주택성능등급 표시제도'에 따른 최소등급을 모두 만족한 경우(40점)보다 강화된 수준이다.

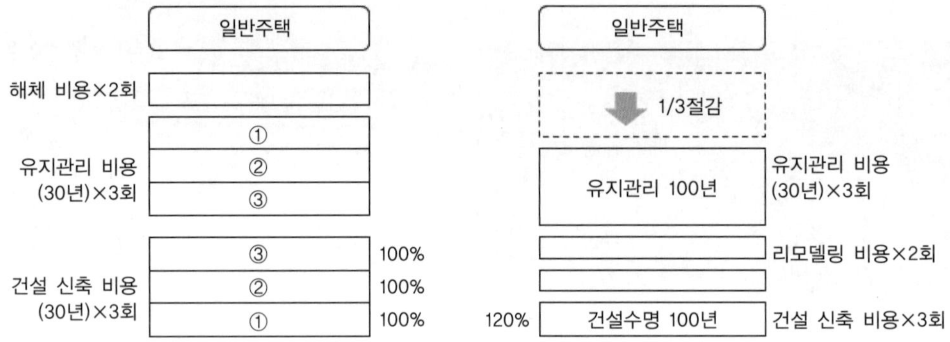

- 조기건축비 100% 기준
- 건설비 : 100%×3회 재건축
- 해체비 : 3.2%×2회
- Total 공사비 : 306.4%

- 조기건축비 120% 기준
- 리모델링비 : 48.2%×2회
- 해체비 : 없음
- Total 공사비 : 216.4%

6) 도시재생과 리모델링 전망

(1) 도시재생의 개념

① 도시재생이란?

노후화된 도시를 부분적으로 리모델링하고, 실제 거주하는 지역 주민들의 의사를 반영해 복지 · 문화시설 등을 확충해 활성화하는 사업이다. 그 점에서 전면 철거방식인 기존 재개발 · 재건축과는 다르다.

② 도시재생과 기존 재건축 · 재개발과 차이점

도시재생은 주택재개발(Redevelopment), 주택재건축(Reconstruction), 뉴타운(New town) 등을 포함하는 보다 광의의 개념이면서도 기존 도시재정비방법과는 달리 기존의 정비사업이 물리적 환경개선 중심이었다면 도시재생사업은 물리적 환경개선과 경제적, 사회적, 문화적 활성화를 통하여 도시의 모습을 변화시켜 재생하는 것이라 할 수 있다.

(2) 국가도시재생 기본방침의 주요내용 및 지원방안(2013년 기준)

① 도시정책 방향 전환	• 기성 시가지 재생을 통해 신규 도시 용지 공급 • 공공청사, 백화점 등 주요시설의 기성 시가지 내 우선 입주
② 도시재생 지원 확대	• 각 부처 도시재생 관련 사업의 예산 쇠퇴 지역을 우선 지원 • 4년간 도시경제기반형 사업과 근린재생형 사업을 지원
③ 금융 지원 및 규제 완화	• 국민주택기금 지원 대상을 도시재생사업까지 확대 • 국가, 지자체, 공공기관, 민간투자자 등 공동참여 한국형 금융 지원 모델 개발 • 건폐율, 용적률 등 건축 규제 완화
④ 공동체 활성화	• 협동조합, 마을기업, 사회적 기업 등 도시재생 주체로 육성

(3) LH 도시재생 지원지구 주요업무

도시재생 지원 내용	LH의 해당 업무 수행 역량
① 도시재생 시책 발굴, 제도조사 · 연구	도시재생 R&D 및 국책연구 다수 수행 전문연구 기반시설 구축
② 전략 및 활성화계획 수립 등 지원	도시재생 T/B사업 추진, 정비계획 및 촉진계획 수립 경험
③ 도시재생사업 시행 및 운영 · 관리지원	다양한 사업 경험, 재정비촉진사업 및 도시활력사업 운영관리
④ 도시재생종합정보체계 구축 · 운영	종합정보체계 개발 · 실용화 등 국가정보업무 수탁 및 정보체계 구축 · 운영
⑤ 재생전문가 육성 및 파견	도시대학, 토지주택대학 운영경험 및 전문가 다수 보유
⑥ 도시재생지원센터 운영 등 지원	도시재생지원센터 운영 경험(창원, 전주) 있는 지역조직 · 인력 보유

제2장 학습요약 · 문제해설
(리모델링시장 현황과 전망)

▶ 학습목적

1. 건설시장에서 리모델링시장은 광의의 시장 영역으로서 개수, 유지, 보수영역을 설명할 수 있다.
2. 해외 선진국의 리모델링시장 성장과 국내 리모델링시장을 비교해 보고, 향후 국내 리모델링시장 전망을 진단할 수 있다.
3. 리모델링사업 시장은 설계변경 등의 변수가 많다는 것을 사전에 인지하고 전략을 세워야 한다.
4. 친환경 도시재생 리모델링에 대한 이해와 전망을 진단해 볼 수 있다.

▶ 학습내용

1. 건설시장과 리모델링시장 영역
2. 해외 선진국의 리모델링시장 현황 분석
3. 국내 리모델링시장 전망과 규모
4. 리모델링개발 사업전략
5. 친환경 생태적 도시재생 리모델링 전망

▶ 사전학습

1. 리모델링시장 영역 관련 용어 알아보기

   1) 대수선

      해설: 건축물의 주요구조부를 수선하는 행위

   2) 증 · 개축

      해설: 건축물을 추가, 증축하거나 수선하는 행위

   3) 건설산업영역 확장이란?

      해설: 건설의 신축 준공 후 유지관리 보수까지 토털 서비스의 건설업무영역을 말한다.

2. 한국과 일본의 주택 리모델링이 주도되는 시기가 언제인지 찾아보기

해설: 일본은 2015년부터 본격적인 리모델링 주도기가 시작될 것으로 예측되고 있으며, 한국은 2015년 이후부터로 예상된다.

▶ 학습문제

1. 건설시장과 리모델링시장 영역에 대한 설명으로 틀린 것은?

① 협의의 건설시장이란 신축시장만을 말한다.

② 광의의 건설시장이란 신축시장과 리모델링시장을 포함한 시장을 말한다.

③ 해외 선진국 시장은 이미 광의의 시장이 형성되어 있다.

④ 향후 건설산업시장은 신축만의 시장을 벗어나 유지관리 시장을 포함한 시장의 확대가 될 것이다.

해설: 협의의 건설시장은 신축시장과 개보수공사를 포함한 시장을 말한다.

정답 ①

2. 건설/리모델링시장 영역을 간단히 설명하라.

해설: 건설/리모델링시장 영역이란 증개축, 대수선, 유지 · 보수공사를 포함한 광의의 시장을 말한다.

3. 해외 유럽 각 국가 중 리모델링시장 비율이 가장 떨어지는 나라는?

① 영국 ② 프랑스 ③ 스웨덴 ④ 스페인

해설: 유럽국가 중에서 스페인은 리모델링 비중이 23%로 낮은 국가에 속한다.

정답 ④

4. 한국의 리모델링시장 주도기는 언제쯤 될 것으로 보는가?

① 2005~2010년 ② 2010~2015년

③ 2015년 이후 ④ 2020년 이후

해설: 2005~2010년 재건축구도, 리모델링 성장기

2010~2015년 재건축, 리모델링 주도기

2015년 이후 리모델링 주도기

정답 ③

5. 2012년 말 기준 15년 넘은 국내 아파트는 약 몇 호 정도 될까요?

① 300만 호 ② 400만 호

③ 500만 호 ④ 600만 호

해설: 2012년말 기준 국내 15년 이상된 아파트 수는 400만 호 정도이다.

정답 ②

6. 리모델링 성장 요인이 아닌 것은?

① 노후 건축물의 증가

② 건물의 사회적 노후화

③ 재건축에 비해 비용이 조금 비싸다.

④ 정부의 정책적 지원강화

해설: 리모델링 공사비는 재건축에 비해 싸다.

정답 ③

7. 리모델링사업 수주방식이 아닌 것은?

① 턴키방식 ② 단순도급방식

③ 개발사업방식 ④ 리스크분담방식

해설: 리모델링사업은 설계변경 등의 변수가 많아 턴키방식이 될 수 없다.

정답 ①

▶ 적용하기

1. 국내 친환경 도시 에너지절감 주택 사례 찾아보기

해설: 서울시 노원구 상계동 친환경 에너지절감 주택단지 사례가 있다.

▶ 정리하기

1. 기존 신축 위주의 건설시장에서 리모델링 위주의 시장 영역이 확대되고 있으므로 이에 대한 준비가 필요하다.
2. 해외 선진국 리모델링 사례를 바탕으로 향후 국내 리모델링시장 발전에 대한 전망을 분석해 본다.

03

리모델링 정책과 제도 변화

I. 리모델링 관련법 개정 현황과 제도 개선

1. 리모델링 관련법 개정 현황과 내용

1) 공동주택 리모델링 관련 제도 변화

① 리모델링은 2001년 리모델링에 대한 용어 정의를 시작으로 2009년 건축법 시행령 및 시행규칙이 개정된 이후 매년 꾸준히 개선되고 있다.

② 재건축만으로는 노후된 공동주택의 문제점 해결에 한계가 있으므로 리모델링이 본격적으로 추진되기 시작하였다.

③ 특히 1980년대 중반 이후 공급된 아파트는 재건축을 추진할 수 있는 사업성을 지니지 못했으므로 2003년 주택법 개정시 이러한 사회적 요청을 반영하여 기존 주택의 유지관리 및 리모델링 관련 제도를 대폭 보완하였다.

④ 2013년 6월 발의된 수직증축 리모델링 법안이 2013년 12월 국회본회를 통과하면서 14층 이하 2개 층, 15층 이상 3개 층 수직증축이 허용되고, 기존 세대수의 15% 이내 세대수 증가가 허용될 수 있도록 제도가 개선되었다.

2) 리모델링 관련법령 개정 현황 내용

관련법령	개정년도	주 요 내 용
건축법 시행령 6조1항	2001.09	• 법적 개념 리모델링 용어 정의 • 건축심의, 건축기준 완화 여부 및 증축범위 규정
공동주택관리령 및 시행규칙	2002.03	• 공동주택 리모델링 행위허가 기준 신설 • 준공 후 20년 경과시 증축 허용(대수선은 10년) • 리모델링시 동의율 100% 충족
국토의계획 및 이용에 관한 법률	2003.01	• 용도지구에 리모델링 지구 신설
도시 및 주거환경정비법	2003.07	• 정비사업시 일부 건물 존치 및 리모델링 특례 인정
주택법 32조 및 동법 시행령 47조	2003.11	• 리모델링 주택조합제도 도입, 동별 및 전체 리모델링 인정 • 리모델링 동의율 80% 개정
집합건물소유 및 관리에 관한 법률 48조	2003.11	• 리모델링 특례 인정(대지지분 변동 없음)
주택법 및 주택법 시행령 47조	2005.01	• 리모델링조합 매도청구권 인정 (소유자 4/5 동의요건 충족시 매도청구 가능)
주택법 48조 주택법 시행령 47조 및 별표 7	2005.05	• 전유 부분 면적 30% 이내 증축 허용 • 조합설립요건 단지 전체 4/5 동의, 동별 2/3 동의 완화 • 세대 주민편의시설(필로티) 변경시 수직증축 허용 • 건축법 공동주택 리모델링 주택조합 허용
건축법 시행령 6조3	2006.05	• 리모델링 용이한 구조변경 용적률 20% 추가 제공
조세특례제한법 시행령 106조5항, 주택법 63조	2006.02	• 리모델링시 부가가치세 면제 • 기존 국민주택규모 주택 30% 이내 증축시 부가가치세 면제 (국민주택기금지원-3,000만 원 한도, 이자율 4.5% 적용)
주택법 시행령 47조	2007.02	• 증축 허용년한 20년에서 15년으로 단축
건축법 시행령 6조	2008.10	• 증축 허용년한 20년에서 15년으로 단축하여 주택법과 일치
건축법 시행령 6조의1	2009.05	• 활성화를 위한 일반건축물 경과년한 단축 및 완화규정 확대
주택법 제2조	2012.01	• 85㎡ 미만 공동주택 증축범위 30% → 40%로 확대 • 세대별 증축 가능 면적범위에서 세대수 증가 허용 (수평, 별동 증축, 세대분할로 한정하여 기존 세대수의 10% 이내에서 허용) 세대수 증가 리모델링시 도시계획 심의 신설
주택법 제2조	2012.05	• 멀티홈 리모델링 기준 발표 • 1개 세대를 분리하여 임대가 가능하게 한 리모델링 • 임차가구의 전용면적이 전체 전용면적의 1/3을 초과하지 않을 것
주택법 제48조	2013.06	• 수직증축 리모델링 가능 14층 이하-2개 층 허용, 15층 이상-3개 층 허용, 기존 세대수의 15% 이내 세대수 증가 허용

2. 리모델링사업 추진절차제도 개선

1) 인허가 행정절차제도 개선

기존 절차	개설 절차
건축심의(적용 완화) → 행위 허가	도시계획심의 → 건축심의(적용 완화) → 권리변동계획 수립 → 사업계획 승인

2) 리모델링사업 추진절차제도 개선

절차	주 요 내 용	관련법령
1. 추진제안	• 입주자대표회의 등에서 리모델링 추진 제안	
2. 리모델링 주택조합설립	• 리모델링 주택조합의 소재지를 관할하는 시장 · 군수 또는 구청장에게 설립 등 인가 - 전체 : 단지 전체 및 각 동의 구분 소유자와 의결권의 각 2/3 이상 결의 - 동별 : 동별 구분 소유자 및 의결권의 각 2/3 이상 결의	법 32조 영 37조
3. 안전진단	• 도정법 제12조를 준용하여 안전진단 실시 • 안전진단 결과 건축물 구조의 안전에 위험이 있다고 평가되어 재건축사업의 시행이 필요하다고 결정된 경우 증축을 위한 리모델링 허가는 불가	법 42조
4. 건축심의	• 용적률 특례 등 증축 허용범위 결정 - 불허 : 수직증축 등에 의한 세대 증가, 복리시설 분양 - 허용 : 세대의 일부 또는 전부를 필로티구조로 전용하여 부대, 복리시설로 사용시 최상층 상부 1개 층 증축 가능	
5. 행위허가(사업계획 승인)	• 조합 또는 입주자대표회의가 시장 · 군수의 허가를 받아 시행 - 전체 : 단지 전체 구분 소유자 및 의결권의 각 4/5 이상 동의와 각 동별 구분 소유자 및 의결권의 각 2/3 이상 동의 - 동별 : 동별 구분 소유자 및 의결권의 각 4/5 이상 동의 ※ 세대수 증가시 기반시설 영향 등에 대해 별도 도시계획심의 및 20세대 이상 증가시에는 별도 사업계획 승인절차 이행	법 42조 영 47조
6. 후속절차	• 분담금 확정 및 총회, 이주 및 착공, 사용검사	

3) 리모델링 관련법 적용의 완화제도 시행

구분	기 존 내 용	완화
1. 용적률(제56조)	• 용적률 : 대지면적에 대한 건축연면적의 비율 • 용적률의 최대 한도는 「국계법」 제78조에 기준 • 개별 법령에 따라 완화 또는 강화	건축주 · 설계자 · 시공자는 건축위원회 심의에서 정한 범위 이내에서 완화할 수 있다.
2. 건폐율(제56조)	• 건폐율 : 대지면적에 대한 건축면적의 비율 • 건폐율의 최대 한도는 「국계법」 제77조에 기준 • 개별 법령에 따라 완화 또는 강화	
3. 높이제한(제60조)	• 허가권자는 대통령령으로 정하는 기준과 절차에 따라 건축물의 최고 높이를 지정 · 공고(조례)	
4. 일조권(제61조제2항)	• 공동주택(일반상업지역과 중심상업지역은 제외) 채광 등의 확보를 위하여 대통령령으로 정하는 높이 이하로 하여야 함 • 제61조1항 및 제3항의 정북방향 일조권은 특례대상에서 제외	
5. 건축선 지정(제46조)	• 도로와 접한 부분에 건축물을 건축할 수 있는 선을 대통령령으로 정하는 범위 내에서 지자체장이 지정	
6. 조경(제42조)	• 면적 200제곱미터 이상인 대지에 건축하는 건축주는 해당 지자체의 조례에 따라 대지에 조경 등 설치	
7. 대지 안의 공지(제58조)	• 건축선 및 인접대지경계선으로부터 6미터 이내의 범위에서 해당 지자체의 조례로 정하는 거리 이상 띄워야 함	
8. 공개공지(제42조)	• 일반이 사용할 수 있도록 대통령령으로 정하는 기준에 따라 소규모 휴식시설 등의 공개공지를 설치	

3. 현행 리모델링 관련법과 제도의 문제

1) 건축법과 주택법에 혼재하는 문제

리모델링은 주택법에 의한 기존 건축물을 대수선 또는 증축하는 행위를 말하면서 현행법과 상충되는 부분은 건축법에 의해 완화하는 행위로 처리되고 있다.

① 건축법의 리모델링 정의

건축법 제2조 10호에는 "리모델링"이란 건축물의 노후화를 억제하거나 기능 향상 등을 위하여 대수선하거나 일부 증축하는 행위를 말한다.

② 주택법의 리모델링 정의

주택법 제2조 15호에는 "리모델링"이란 건축물의 노후화를 억제하거나 또는 기능 향상 등을 위한 행위를 말하는 것으로서 대수선, 증축, 세대수 증가를 칭한다.

2) 리모델링시 법적용의 완화 문제

① 건축법 시행령 제6조에는 리모델링 적용대상을 사용승인, 즉 준공받은 후 15년이 경과되어 리모델링이 필요한 건축물로 규정하고 있다.

② 건축법에 의한 리모델링의 완화조건을 보면 다음과 같다.

- 건축법 제42조(대지 안의 조경) / 건축법 제43조(공개공지 등의 확보) / 건축법 제46조(건축선의 지정)
- 건축법 제55조(건축물의 건폐율) / 건축법 제56조(건축물의 용적률) / 건축법 제58조(대지 안의 공지)
- 건축법 제60조(건축물의 높이제한) / 건축법 제61조(일조 등의 확보를 위한 건축물의 높이제한)

③ 리모델링의 완화조건은 내용이 너무 포괄적이어서 적용자에 따라 다를 수 있다.

- 공공의 이익을 해하지 아니하고 주변의 대지 및 건축물에 지나친 불이익을 주지 아니해야 하며
- 도시의 미관이나 환경을 지나치게 해하지 아니하고 또한
- 공동주택은 세대수를 늘리거나 복리시설을 분양하기 위한 것이 아니어야 한다고 되어 있다.(건축법 개정 중)
- 건축위원회 심의에서 정한 범위내 완화 가능하다.

3) 현행 공동주택 리모델링제도의 문제점

지금까지 도입된 리모델링 관련제도는 리모델링 추진을 위한 제도적 기반을 마련하는 데 크게 기여하였으나 안정적인 사업추진을 유도하는 단계까지는 아직 이르지 못하고 있는 것으로 평가된다. 현행 리모델링제도의 문제점을 압축하면 크게 다음 네 가지로 요약할 수 있다.

(1) 리모델링사업 추진절차와 기준의 문제점

① 리모델링 주택조합설립을 통한 사업 추진절차 내지 요구기준 등이 아직 미비하다.

② 「주택법」에 관련제도가 규정되어 있으나 절차규정이 명확하지 않아 표준적인 절차 관행이 정착되어 있지 않다.

③ 또한, 리모델링 특성에 부합하는 방향으로 안전진단과 감리규정이 설정되어 있지 않고 있는 것도 문제로 지적되고 있다.

(2) 리모델링시 건축기준 완화 및 범위 문제

① 리모델링 시 건축기준의 적용 완화 및 범위와 관련하여 여러 애로사항이 발생하고 있다.

② 가장 큰 문제는 「주택법」에서 규정하고 있는 증축 리모델링 시 건축기준의 적용 완화가 현실적으로 일선 자치단체에서 잘 지켜지지 않거나 불합리하게 적용되고 있다.

(3) 리모델링 특성에 적합한 규정 미흡

① 증축 리모델링에 대한 수요가 커지고 있음에도 불구하고, 이를 효과적으로 유도할 수 있는 규정이 미흡한 편이다.

② 기술적으로 실현 가능한 범위 내에서 아파트 동의 특징 및 구조를 고려하여 다양한 증축을 유도할 수 있도록 하는 관련 규정이 미흡하고, 상가 등 복리시설을 포함한 리모델링이 허용되고 있으나 여전히 관련제도가 명확하지 않아 혼란이 초래되고 있다.

(4) 리모델링시 조세 및 금융지원제도 미흡

① 리모델링사업 추진을 지원할 수 있는 조세 및 금융상의 지원대책이 미흡하다.

② 조세 지원에 있어서 리모델링 시 취득세 및 등록세 경감이 요구되고 있다.

③ 국민주택기금의 리모델링 대출 관련 금융지원에 문제가 있다.

II. 공동주택 리모델링의 주요제도 개선 내용

1. 사업 추진절차와 조합설립인가 제도

1) 사업 추진주체 및 추진방안에 대한 규정

(1) 주택법의 리모델링 추진규정

① 공동주택 리모델링에 대한 법적 근거는 주택법에 규정하고 있다.

② 현행 공동주택 리모델링제도는 주택법에 의해 허가를 받도록 하고 있다.

③ 공동주택 리모델링사업 규정에는 3가지 유형으로 리모델링사업을 추진할 수 있다.라고 규정하고 있으나 주택조합을 구성하여 추진하는 방식이 가장 현실적인 방안이다.

(2) 주택법의 리모델링사업방식

① 입주자 직접 추진방식

입주자, 사용자 또는 관리주체가 전체 소유자의 동의를 얻어 리모델링을 추진하는 방식을 말한다.

② 주택조합을 구성하여 추진하는 방식

일정한 요건의 조합을 구성하여 리모델링을 추진하는 방식을 말한다.

③ 입주자대표회의 추진방식

입주자대표회의는 소유자 전원의 동의를 얻어 추진하는 방식을 말한다.

2) 리모델링 절차에 대한 규정

(1) 리모델링의 경우 도시 및 주거환경정비법에 의거하여 안전진단을 받아야 한다.

(2) 별도의 동 증축에 의한 세대 증가 또는 복리시설을 분양하는 행위가 아니어야 한다.(세대수 증가가 아닌 경우는 예외로 한다.)

(3) 내력벽 철거에 의한 세대 통합 행위를 불허한다.

(4) 리모델링사업은 일정 조건을 갖춘 리모델링 주택조합이 주체가 되어 일정한 기준과 조건을 충족시키는 범위 내에서 시장 · 군수의 허가를 받아 추진할 수 있다.

3) 리모델링 주택조합설립 행위 허가요청 규정

(1) 건축법에서 요구하는 서류 및 설계도서와 주택조합설립인가신청서가 필요하다.

(2) 단지 전체 리모델링의 경우

- 전체 구분 소유자 및 의결권의 4/5 이상 동의 필요
- 각 동별 소유자 및 의결권의 2/3 이상 동의 필요

(3) 동별 리모델링의 경우

- 각 동의 구분 소유자 및 의결권의 4/5 이상 동의 필요

4) 리모델링 주택조합설립인가 규정

(1) 주택법에 리모델링 주택조합을 통하여 사업을 추진할 수 있도록 규정하고 있다.

(2) 단지 전체 리모델링의 경우

단지 전체 및 동별 구분 소유자 및 의결권의 2/3 이상 결의 필요

(3) 동별 리모델링의 경우

각 동별 구분 소유자 및 의결권의 2/3 이상 결의 필요

(4) 리모델링 주택조합의 결의에 찬성하지 않는 자는 주택 및 토지에 대해 매도청구권을 허용하고 있다.

① 단지 전체 리모델링의 경우

단지 전체 구분 소유자의 4/5 이상 동의 필요

② 각 동별 리모델링의 경우

동별 구분 소유자의 2/3 이상 동의 필요

5) 리모델링사업 추진규정

(1) 주택법에 의해 리모델링사업 추진규정을 두고 있다.

(2) 사용검사일로부터 15년이 경과하면 증축 리모델링을 할 수 있다.

(각 세대 주거 전용면적의 3/10 이내에서 증축 가능)

(3) 리모델링에 의하여 전유 부분의 면적이 증감하는 경우에는 대지사용권(대지지분)은 변하지 않는 것으로 본다.

(4) 리모델링사업 시는 감리자격자를 지정하여야 한다.

(5) 리모델링 시공자는 내력구조부별 및 시설공사별로 담보 책임기간 동안 하자보수 책임을 진다.

6) 공동주택 리모델링사업 추진절차

리모델링 결의(추진위원회 설립)

⇩

조합설립인가
- 단지 전체 및 동별 소유자 2/3 이상 동의
- 인가권자 : 시장, 군수, 구청장

⇩

안전진단 실시
- 안전진단결과 재건축 판정시 증축 리모델링 불가

⇩

건축 심의
- 증축범위 · 규모 결정
- 건축법 완화 여부 및 범위 결정

⇩

매도청구
- 행위허가 신청요건 구비 후 미동의자 매도청구 신청 가능

⇩

행위허가
- 단지 전체 소유자 4/5 이상 및 각 동별 소유자 2/3 이상 동의
- 허가권자 · 구청장

⇩

이주 및 착공

⇩

사용검사 및 준공
- 사용검사권자 : 구청장
- 하자보수 보증금 예치증서 및 장기수선계획 수립 제출

⇩

입 주

⇩

조합해산

2. 공동주택 멀티홈 리모델링제도

1) 멀티홈방식이란?

멀티홈방식은 세대구분형 아파트로 분양을 전제로 하는 임대가 가능한 세대증축방식을 말하는 것으로써 아파트 리모델링시 세대내 일부 공간을 별도로 구분하여 대학생, 독신자, 고령자 1~2인 가구에 임대를 줄 수 있게 한 아파트 증축 리모델링을 말한다.

2) 멀티홈 건설지침 기준(2012.5.14 시행)

항 목	내 용
1. 적용대상	• 신축 아파트 • 리모델링 아파트(기준 명문화)
2. 규모 제한 완화	• 기존 85㎡ 초과 가능 > 면적에 관계 없이 가능 • 최소 주거면적 14㎡ 이상
3. 설계기준	• 독립된 현관 • 1개 이상의 침실, 개별 부엌 및 샤워시설이 구비된 욕실 • 세대간 통합이 가능한 연결문 설치 • 가스, 전기, 수도 등에 대한 별도의 계량기를 구비
4. 부대, 복리시설 설치 완화	• 부대, 복리시설 및 주차장 설치 의무면제 • 기반시설 부담이 과중하지 않도록 임차가구의 수 및 임차가구의 전용면적이 각각 전체 세대수의 수 및 전용면적의 1/3을 초과하지 않도록 한다.
5. 기대효과	• 임대를 통한 수익 발생(전세금으로 공사비 대체 효과 또는 월세 수익 발생) • 대형 평형 1~2인 소유주 사업 참여 기대

3) 멀티홈 리모델링 활성화 세부추진

세대별 규모/대상	독립적 생활보장	부대 · 복리시설 설치	비고
1) 아파트 면적에 관계 없이 건설 허용 2) 임차되는 가구의 면적 상한 없음 3) 신축 아파트와 함께 리모델링에도 적용	1) 독립된 현관 1개 이상, 침실, 개별 부엌 및 샤워시설이 구비된 개별 욕실 2) 가스 · 전기 · 수도 등 별도의 계량기 구비 3) 세대간 통합 가능한 연결문 설치	1) 설치의무 면제 2) 임차가구수와 임차가구 전용면적은 전체 세대수 3분의1 초과하지 않도록 함 3) 주차난 우려는 60㎡ 이하 세대구분형 아파트는 임차가구당 0.2대 이내에서 주차장 설치	• 종전 규정 1) 85㎡ 이상 아파트만 적용 규정 완화 2) 임대가구 면적제한도 30㎡에서 14㎡ 이하로 축소

첨부1. 공동주택 멀티홈 리모델링기법(리모델링+소형임대)

한 집에 3가구가 사는 임대주택개발

GS건설의 2세대 임대수익형 평면(전용면적 114㎡)

한 집에 두 가족... '2 in 1' 주택개발(59㎡)

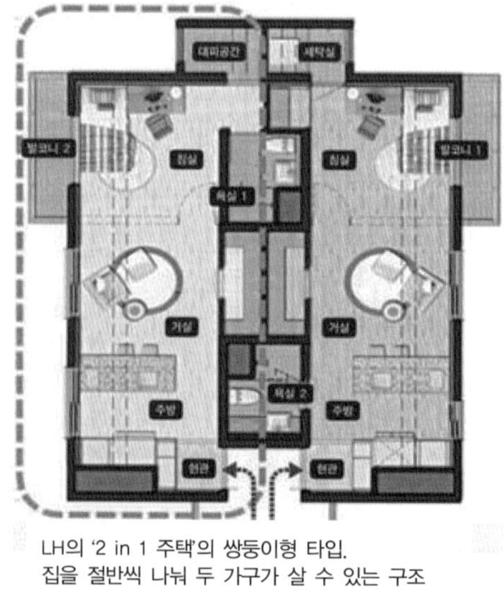

LH의 '2 in 1 주택'의 쌍둥이형 타입.
집을 절반씩 나눠 두 가구가 살 수 있는 구조

3. 공동주택 수직증축 리모델링제도

1) 공동주택 증축 리모델링제도 개선

(1) 수직증축 리모델링법 개정(2013.6.5, 시행 : 2013.12.31)

1. 수직증축 허용	14층 이하 2개 층, 15층 이상은 3개 층까지 수직증축 가능(기존에는 수평증축, 별동 증축만 허용)		
2. 일반분양 비율 확대	전체 세대수의 10% → 15%	용적률	2종의 경우 300%까지 가능
3. 구조안전성 검토 강화	건축심의와 사업계획 승인 때 전문기관에서 구조설계에 대한 안전성 검토 2회 실시		
4. 가구당 늘릴 수 있는 면적	• 85㎡ 이하 : 기존의 40% • 85㎡ 초과 : 기존의 30%		
5. 가구분리형 가능 범위	• 전체 가구수의 1/3까지 허용 • 900세대 단지의 경우 300세대까지 가구분리 가능 • 전용면적 100㎡ 아파트의 각 경우 50㎡씩 두 채로 가구분할 가능(1세대 임대 가능)		

2) 공동주택 수직증축 리모델링기법

(1) 수평증축 리모델링기법

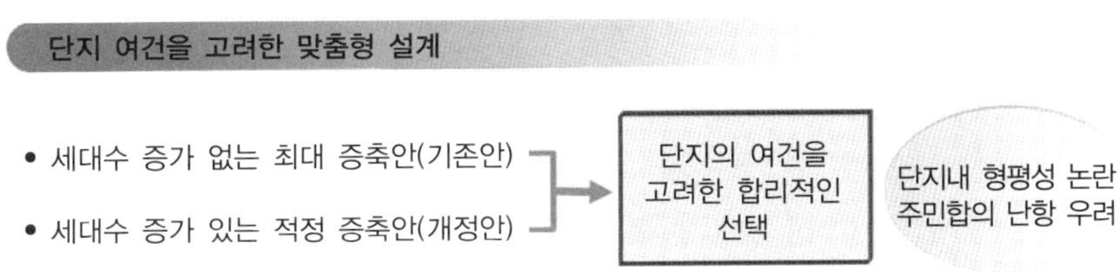

※ 현행 리모델링방식이 사라지는 것이 아닌 새로운 리모델링방식 추가

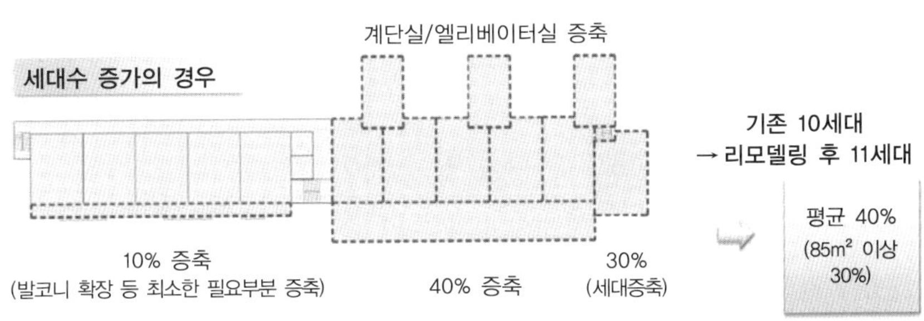

(2) 수직증축 리모델링기법

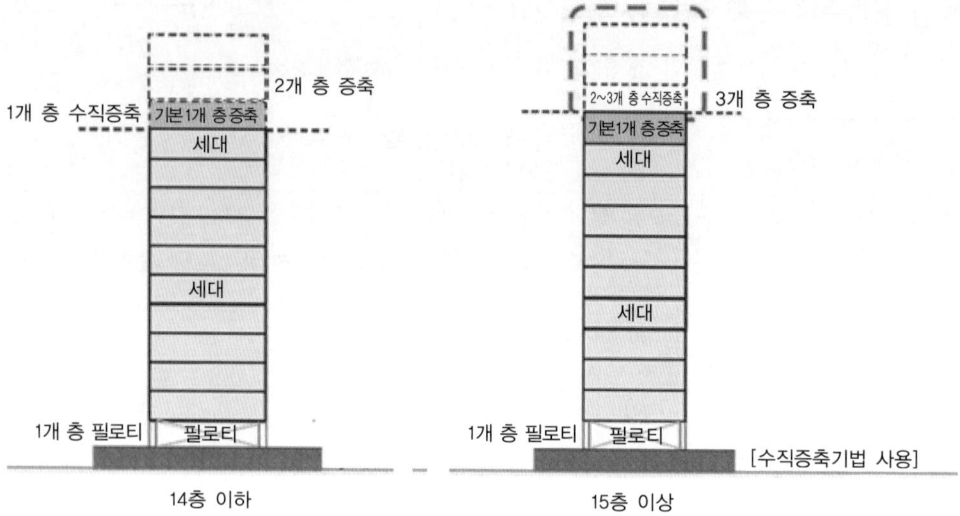

4. 공동주택 수직증축 리모델링 안전성 제도 보완

1) 수직증축시 안전성에는 문제가 없는 것인가

① 15층 이상 공동주택설계시 통상 25% 정도의 안전허용률을 두고 설계하고, 내진보강을 하므로 기술적으로 큰 문제는 없다.

② 수직증축시는 반드시 기초 부분보강과 내진설계를 하여 수평횡력이 보강되므로 내진성은 더 확보될 수도 있다.

③ 수직증축된 세대는 주요벽체 일부만 콘크리트로 하고 나머지 내부벽체는 경량칸막이로 하여 하중 증가를 최소화할 수 있다.

2) 수직증축에 대한 국민들의 안전성 인식 차이

① 기본 뼈대는 그대로 둔 상태에서 2~3개 층을 수직증축하면 안전상에 큰 문제가 있다고 생각한다.

② 기존 아파트 시공의 품질이 동일할 수 없으며, 부실시공인 경우 문제 발생 소지가 있을 수 있다.

③ 기존 아파트에 수직증축한 신규 아파트는 분양이 쉽지 않을 것이라는 우려 등이다.

3) 수직증축시 안전보강규정 강화

① 리모델링 안전관리규정 강화

① 조합설립인가 이후 1차 안전진단 강화
② 건축, 도시계획심의 단계에서 기본설계 검토 추가
③ 사업계획 승인 단계에서 실시설계 검토 추가
④ 이주, 철거 이후 2차 안전진단 강화
⑤ 건축 당시 구조 도면이 없는 아파트는 수직증축을 허용하지 않음

② 리모델링의 주요구조 보강기준 강화

구분	기초 보강	기둥 보강
① 1개 층 증축	일부 특수강관 파일 보강	일부 저층부 보강
② 2개 층 증축	특수강관 파일 전체 보강	저층부 철판 보강
③ 3개 층 증축	단면 보강+특수강관 파일 보강	저층부 철판 보강
④ 내진보강	가로벽설치 또는 지진 완충 장치 의무화	
⑤ 공통	아파트 실내벽체 및 마감부분 경량화로 하중 경감	

4) 수직증축에 대한 지자체의 입장

① 안전진단 D등급 이하 아파트 : 재건축 추진

② 안전진단 C등급 이상 아파트 : 선별적 수직증축 리모델링 추진

- 서울시 직속 안전진단 전문기관을 통한 진단의무 강화
- 안전진단 신뢰구축의 제도적 지침 마련

5) 공동주택 리모델링 추진에 따른 신 · 구 안전강화 절차 비교

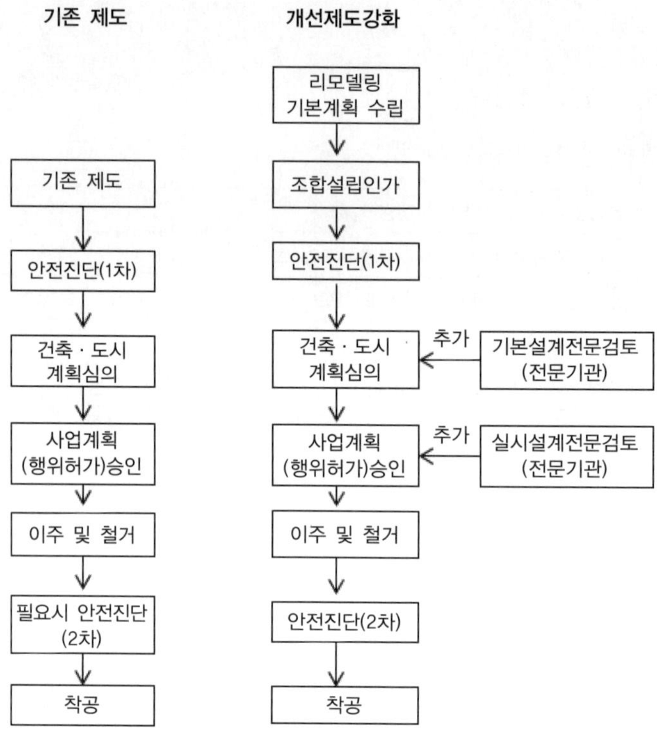

5. 해외 선진국 공동주택 리모델링제도와 사례

1) 일본

공동주택 리모델링 시 주거면적 확대 사례는 흔치 않으며 발코니를 활용하여 면적을 확대하거나 엘리베이터 설치를 위해 외부에 덧붙이는 공법을 활용함.

(1) 주거면적 증축

발코니 외부에 증축 부분을 덧붙이는 공법으로 주거면적을 확장, 철거 부분 거의 없음.

(2) 발코니 실내화

발코니를 실내화하여 주거면적으로 활용하는 방법으로 철거 부분 없음.

(3) 엘리베이터 증축

복도식 및 계단식 아파트 모두 엘리베이터를 기존 건물에 덧붙이는 공법을 적용,

철거 부분 거의 없음.

2) 싱가포르

공동주택 리모델링 시 별도의 방이나 엘리베이터를 추가 설치하는 경우가 있으나 외부에 덧붙이는 공법을 활용함.

(1) 주거면적 증축

PC로 제작된 별도의 유닛을 덧붙여 쌓아올리는 공법을 적용, 철거 부분 거의 없음.

* PC(Precast Concrete)란 공장에서 미리 제작하는 콘크리트구조물

(2) 엘리베이터 증축

PC로 제작된 별도의 유닛을 덧붙여 쌓아올리는 공법을 적용, 철거 부분 거의 없음.

3) 프랑스

공동주택 리모델링 사례에서는 부엌을 확장하고 별도의 발코니를 추가로 설치하고 있으나 철거 없이 덧붙이는 공법을 활용함.

(1) 주거면적 증축

강재를 사용하여 기존 구조물에 덧붙이는 공법으로 부엌을 확장함, 철거 부분 거의 없음.

(2) 발코니 증축

발코니 또한 강재를 사용하여 기존 구조물에 덧붙이는 공법 적용, 철거 부분 거의 없음.

4) 독일

공동주택 리모델링 사례에서는 발코니를 추가로 설치하고 있으나 철거 없이 덧붙이는 공법을 활용함.

(1) 발코니 증축

PC판 및 경량철골 등을 이용하여 덧붙이는 공법을 적용, 철거 부분 거의 없음.

제3장 학습요약 · 문제해설 (리모델링 정책과 제도)

▶ **학습목적**

1. 리모델링 관련법 개정 현황과 제도 개선 사항을 파악해야 리모델링계획을 세울 수 있다.
2. 공동주택 리모델링의 경우는 조합설립과 세대증축에 대한 제도 변화를 파악하는 데 있다.
3. 국내 리모델링 추진 현황과 해외 리모델링 사례를 통해 향후 국내 리모델링에 대한 제도 변화를 하고자 하는 데 있다.

▶ **학습내용**

1. 리모델링 관련법 개정 현황과 제도 개선
2. 공동주택 리모델링 주요제도와 개선 내용
3. 멀티홈과 수직증축 리모델링 법개정 내용
4. 해외 공동주택 리모델링제도 추진 내용

▶ **사전학습**

1. 리모델링 법규 용어 알기
   - 용적률과 건폐율

     해설: 용적률은 대지면적에 대한 건축연면적(각층 바닥면적 합계) 비율을 말하고, 건폐율은 대지면적에 대한 건축면적 비율을 말한다.
   - 건물 높이제한

     해설: 건축물의 높이는 전면도로 폭의 1.5배 높이만 올라 갈 수 있도록 규정하고 있는 제도를 말한다.
   - 일조권

     해설: 인접 건물의 일조 채광을 가리지 않도록 옆 건물과 띄우는 법적 거리를 말한다.

2. 리모델링제도 개선 용어 알기

- 멀티홈 리모델링방식

  해설: 공동주택 리모델링 증축시 세대구분형으로 가구를 증가시켜 1세대를 임대놓을 수 있도록 한 제도를 말한다.

- 수직증축 리모델링

  해설: 공동주택 리모델링시 수직으로 증축을 허용한 제도 개선을 말한다.

▶ **학습문제**

1. 리모델링 관련법 개정 현황 설명으로 틀린 것은?

   ① 2002년 리모델링 관련법이 처음 개정되었다.

   ② 2007년 준공 후 20년에서 15년으로 리모델링 증축 허용년한이 단축되었다.

   ③ 2012년 공동주택 멀티홈 리모델링법이 도입되었다.

   ④ 2013년 수직증축 리모델링시 14층 이하는 2개 층, 15층 이상은 3개 층으로 허용되었다.

   해설: 2001년 리모델링법이 처음 개정되었다.

   정답 ①

2. 리모델링 관련법 완화 적용 대상이 아닌 것은?

   ① 용적률과 건폐율 ② 건물 높이제한

   ③ 일조권 ④ 용도지역 변경

   해설: 리모델링 관련법 완화대상은 용적률과 건폐율, 높이제한, 일조권, 건축선 지정, 조경, 대지 안의 공지, 공개공지 등이다.

   정답 ④

3. 공동주택 리모델링 주요제도 내용에 대한 설명으로 틀린 것은?

   ① 공동주택 리모델링에 대한 법적 근거는 주택법에 규정하고 있다.

   ② 주택법에 의한 공동주택조합설립 요건은 소유자의 2/3 이상 동의가 필요하다.

   ③ 공동주택 리모델링시 전용면적 85㎡ 이하는 30%까지 증축이 가능하다.

   ④ 공동주택 리모델링시는 반드시 안전진단을 실시해야 한다.

해설: 공동주택 리모델링시 전용면적 85㎡ 이하는 40%까지 증축이 가능하고, 85㎡ 초과는 30%까지 증축이 허용된다.

정답 ③

4. 공동주택 멀티홈 리모델링제도에 대한 설명으로 틀린 것은?
   ① 멀티홈방식이란 공동주택 증축 리모델링시 세대구분형으로 하며, 1세대를 임대할 수 있도록 한 것을 말한다.
   ② 멀티홈 적용대상은 신축 아파트와 리모델링 아파트 둘 다 대상이다.
   ③ 임대가구의 최소 주거면적은 14㎡ 이상이다.
   ④ 임차가구의 전용면적은 전체 가구 전용면적의 1/4을 초과하지 않도록 하고 있다.

해설: 임차가구의 전용면적은 전체 가구 전용면적의 1/3을 초과하지 않도록 규정하고 있다.

정답 ④

5. 공동주택의 수직증축 리모델링제도에 대한 설명으로 틀린 것은?
   ① 수직증축 허용 세대수는 14층은 이하 2개 층, 15층은 이상 3개 층을 허용하고 있다.
   ② 증축 리모델링으로 인한 일반분양세대 비율은 전체 세대수의 10%이다.
   ③ 가구당 리모델링으로 늘릴 수 있는 면적은 전용면적 85㎡ 초과의 경우는 30%이다.
   ④ 가구분리형 가능 범위는 전체 가구수의 1/3까지 허용된다.

해설: 증축 리모델링으로 인한 일반 세대 분양 비율은 전체 세대수의 15%이다.

정답 ②

6. 해외 공동주택 리모델링제도와 사례에 대한 설명으로 맞지 않는 것은?
   ① 일본은 주거면적을 확대하는 사례는 많지 않다.
   ② 싱가포르는 별도의 방이나 엘리베이터를 추가 설치하는 경우가 많다.
   ③ 프랑스는 기존 철거 없이 부엌이나 발코니를 덧붙이는 방법을 많이 사용한다.

④ 독일은 덧붙이는 공법을 사용하지 않고 철거하고 증축하는 방법을 많이 쓴다.

해설: 독일도 프랑스와 같이 기존 철거 없이 부엌이나 발코니를 덧붙이는 방법을 많이 사용한다.

정답 ④

▶ **적용하기(1)**

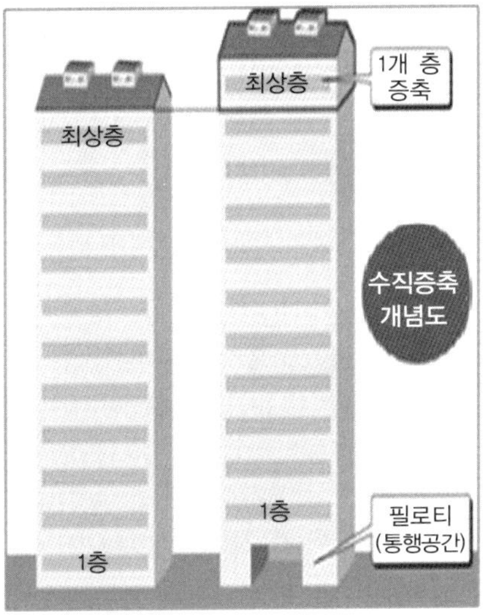

1. 공동주택 리모델링 수직증축은 몇 층까지 할 수 있을까요?

   해설: 공동주택의 경우는 14층 이하는 2개 층까지, 15층 이상은 3개 층까지 할 수 있다.

2. 공동주택은 증축 리모델링하여 세대 증가시 임대를 놓을 수 있을까요?

   해설: 멀티홈방식의 제도 개선으로 임대를 놓을 수 있다.

▶ **적용하기(2)**

1. 용적률과 건폐율의 의미를 한 번 생각해 보시오.

   해설: 1) 용적률은 대지면적에 대해 건축연면적의 비율을 말하는 것으로서, 즉 얼마나 건물을 크게 지을 수 있느냐를 말한다.

   2) 건폐율이란 대지면적에 건물이 앉는 면적을 말하는 것으로서, 즉 건물을 홀쭉하게 해서 높게 지으면 건폐율이 작은 것이고, 건물을 뚱뚱하게 지으면 건폐율이 커서 답답해진다.

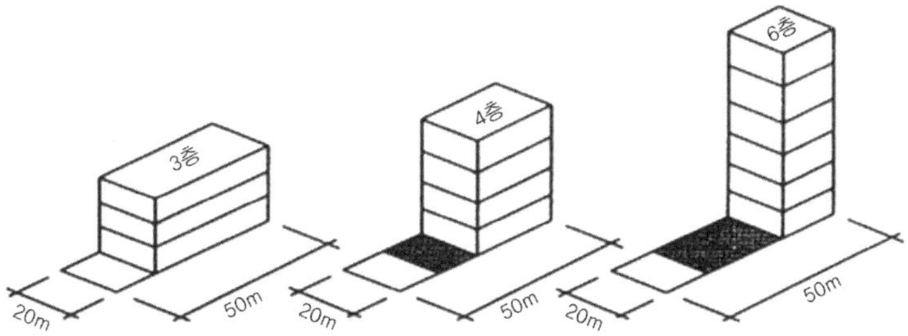

2. 건물을 지을 때 일조권이란 어떻게 적용되는 것인가?

해설: 일조권이란 인접건물의 일조채광을 가리지 않도록 옆 건물과 띄어야 하는 법적 거리를 말하는 것으로서 건물의 수직으로 올라가지 못하고 중간에서 띄어서 짓는 경우가 여기에 해당된다.

단독주택을 지을 때 일정거리를 띄워 짓도록 하는 '일조권 이격거리' 제한이 완화된다. 사진은 일조권 거리제한에 묶여 계단식 벽체와 경사지붕이 적용돼 신축된 서울 방배동의 한 도시형 생활주택 모습

▶ **정리하기**

1. 리모델링은 기존 제도의 변화에 따른 법개정을 정확히 이해해야 리모델링 사업계획과 인허가를 받을 수 있다.
2. 공동주택 리모델링제도는 앞으로도 꾸준히 개선될 것으로 보며 멀티홈과 수직증축 리모델링 관련 제도는 충분히 숙지한다.
3. 해외 선진국의 공동주택 리모델링 사례를 통해 국내 리모델링 방법을 개선해야 한다.

P/A/R/T/ 2

리모델링 사업계획과 타당성 분석

01

리모델링 사업계획 수립

I. 리모델링 사업계획 프로세스

1. 기존 건물조사 및 진단 분석

(1) 기존 설계도서검토 및 현지조사

- 리모델링계획과정에서 대부분의 건물관리실에는 기존 도면이 없는 경우가 많고 보관되어 있는 도면상태도 미흡하고, 시공 당시의 기술 수준에 따라 구조체의 위치 및 크기가 달라서, 현지 실측을 통해서만 리모델링계획을 진행하 있는 실정이다.
- 따라서 준공도서를 검토하고 현장조사를 통해 불일치하는 점을 체크함으로써 건물의 상태를 파악하여야 한다. 또한 수선이력 등을 파악하여 보수 및 보강공사 부분, 설비교체공사 등의 내용도 파악하여야 한다.

(2) 구조예비진단 및 분야별 진단

- 리모델링계획은 기존 건물을 기초로 하므로 기존 건물에 대한 구조진단이 매우 중요하며, 건물의 노후화된 부분은 구조예비진단을 해야 한다.
- 구조뿐만 아니라 기계설비, 전기설비, 소방설비 등 각 분야별로 기존 건물의 현재 상황을 조사 · 분석한다.

(3) 분석결과종합 및 최종진단보고서 작성

각 분야별 분석결과를 종합하여 기존 건물의 성능을 종합적으로 판단할 수 있는 보고서를 작성한다.

2. 진단종합분석과 대안 설정

(1) 도출된 문제점의 입체적 평가분석

- 각 분야별 문제점 분석과 정확한 노후도 판정으로 리모델링공사 범위와 경제적인 공사방법을 채택한다.
- 대상 건물의 리모델링 전후로 가치평가를 위해 건물의 어느 부분을 어떻게 리모델링할 것인가를 결정해야 한다.

(2) 개 · 보수계획 및 대안 설정

리모델링계획의 기본방향을 설정하기 위해서는 대수선, 개축 등의 리모델링범위를 결정하는 것이 매우 중요하다. 건물의 해체 및 철거범위를 명확히 설정하여 개 · 보수계획을 수립한다.

3. 리모델링사업 타당성 검토

(1) 리모델링사업 타당성 검토란 리모델링 대상 건물을 효율적으로 사용하기 위하여 사업환경, 사업컨셉, 적정규모, 경제적 타당성, 재원조달방안, 사업추진방안 등을 검토하여 사업시행의 최적 대안을 모색하기 위한 사업성 검토를 말한다.

(2) 리모델링 예상공사비 및 운영비를 산정하여 예산을 설정하고 건물 리모델링 후 보유기간을 산정하여 임대수익을 추정한다. 이때 리모델링 투자 대비 리모델링 전후의 건물 임대수입 차이를 현가로 할인하여 사업 타당성 여부를 판단한다.

4. 리모델링 공사범위 확정과 계획안 수립

(1) 리모델링사업성 여부가 결정되면 공사범위를 확정하고 건축, 토목, 설비, 전기공조별로 리모델링 유형에 따라 계획안을 수립한다.

(2) 리모델링공사는 신축공사와 달리 철거공사가 수반되므로 리모델링 전후 도면뿐만 아니라 철거도면 작성도 요구된다.

II. 일반건물 리모델링 사업계획

1. 사업계획 개요 및 절차

1) 개요

리모델링 사업계획은 크게 두 가지로 일반건물 리모델링계획과 공동주택 리모델링 사업계획으로 나눌 수 있다.

일반건물 리모델링 사업계획은 건물 소유자의 리모델링 발생 요구를 토대로 리모델링방침과 목표를 설정하고 대상 건물에 대한 사전조사 진단과 함께 리모델링 기본계획과 설계를 통해 사업계획을 한다.

2) 절차

절차	내용
1. 리모델링 요구 발생	• 건물의 소유자, 이용자, 관리자 등의 요구
2. 리모델링방침 계획 작성	• 리모델링방침 계획서 작성
3. 리모델링 목표 설정	• 리모델링 요구에 따른 적합 · 부적합 등 개선항목 제안
4. 사전조사 · 진단	• 기존 건축물 현황조사 • 관리현황 파악 • 입지분석(교통, 접근성, 대지여건 등)
5. 타당성 검토	• 사업 타당성 분석 • 관련도면 검토(건축, 설비, 전기, 구조 등) • 리모델링 계획 • 관련법규 검토 • 계약조건 등 검토 • 안전점검, 정밀안전진단
6. 기본계획	• 기본개념의 도면화(계산견적 포함) • 리모델링 범위 결정
7. 기본설계	• 리모델링 기본설계 방향 • 설계설명회
8. 적산 · 견적	• 리모델링 공사비견적
9. 리모델링 방안 결정	• 리모델링 제안서 작성, 평가, 결정
10. 설계 용역계약	
11. 실시설계	
12. 업체 선정 및 본공사계약	• 주택법 제32조 • 주택법 시행령 제37조
13. 시공계획	• 리모델링 공사범위, 공사관리 (공정, 품질, 원가, 안전, 자재 및 노무관리 등)
14. 리모델링공사	• 리모델링 공사수행 • 철거, 매장공사, 보수 · 보강공사, 골조공사, 기계설비, 전기설비
15. 유지관리	• 시공상세도 작성(Shop Drawing)

2. 일반건물 리모델링 사업계획 범위와 내용

1) 일반건물 리모델링 단계별 사업 영역

구 분	1. 유지계획(1단계)	2. 보수계획(2단계)	3. 개수계획(3단계)
1. 기획 및 설계계획	1) 건물 유지계획 작성 2) 관리비 적산 3) 관리 메뉴얼 작성	1) 건물 정보 제공 – 리모델링 정보 제공 2) 건물 안전 진단 – 구조 안전 진단 – 단열 진단 – 에너지 진단 – 실내 환경 진단 – 방재 진단 – 노후화 진단 3) 사업 타당성 평가 – 리모델링 방향설정 – 리모델링 투자 타당성 분석	1) 건물 정보 제공 – 리모델링 정보 제공 2) 건물 안전 진단 – 구조 안전 진단 – 단열 진단 – 에너지 진단 – 실내 환경 진단 – 방재 진단 – 노후화 진단 3) 사업 타당성 평가 – 리모델링 방향설정 – 리모델링 투자 타당성 분석
2. 시공관리 계획	1) 건축 점검 – 주요 구조 부문 – 기타 구조 부문 2) 설비 점검 – 공기조화설비 – 급배수, 위생시설 – 전기통신설비 – 방재설비 – 승강기 설비 3) 환경 위생 관리 – 환경 측정 – 해충 방재(소독) 4) 경비 · 방재 · 주차장 관리 5) 건물 내 · 외부 청소	1) 구조 점검 – 구조 보수보강공사 – 콘크리트 중성화 방지 – 부식 방지 2) 외장 상태 – 외벽 도색, 수선 – 지붕 수선, 방수 3) 내장 상태 – 천장 · 벽 도색, 수선 – 노후 부분 교환 4) 설비 상태 – 상수도 설비 수선 – 전기통신설비 수선 – 방재설비 수선 – 승강기 수선	1) 정보화 내용 – 정보회선 설치 – Home Automation화(주택) – Office Automation화(비주택) 2) 쾌적화 – 화장실, 욕실 등 개선 – 공기 환경 개선 – 광 · 음 환경 개선 3) 방재 · 안전화 – 방재 · 방범시스템 설치 – 외벽 · 내장재 불연화 4) 에너지 절약화 – 기기 · 운전의 고효율화 – 단열재의 설치 · 증설 – 자연에너지의 이용 5) 건물 인텔리전트화 – 중앙감시장비 도입 – 주차장 관리장비 도입 – 중앙집중관리화 6) 이미지 향상 – 외관 이미지 향상 – 실내 인테리어 개선 7) 공간 유효 활용 – 레이아웃 변경 – 수납 증가 – 옥외형 기기 설치 8) 편의시설 설치 – 계단 · 승강기 설치 – 고령자 편의시설 설치

2) 일반건물 리모델링 사업계획 방향과 내용

구분				
1. 사회환경의 변화 대응	1) 구조보강 • 내진보강 • 설비기기의 내진 성능 향상	2) 방재 · 방범 향상 • 소방설비 향상 • 자가발전기 설치 • 급수시설 확충 • 경비시설 설치	3) 노약자 보호 • 손잡이 설치 • 장애인용 화장실 설치 • 계단턱 높낮이 해소 • 동선단축	4) 환경배려 • 쓰레기 문제 • 물이용, 관리 • 가스배출 문제
2. 니즈(needs)의 다양화 대응	1) 정보화 대응 • OA기기 대응 • 전원용량 증강 • 광케이블 설치 • Access Floor 설치	2) 에너지절약 • 에너지절약 공조 시스템 설치 • 자연에너지 채용 • 청소 곤돌라 설치	3) 쾌적성 향상 • 공조환경 향상 • 빛환경 개선 • 화장실 개선 • 휴게실 개선	4) 이미지 향상 • 외관 쇄신 • 인테리어 개선 • 조명 개선
	5) 용도 변화 • 타 용도 전화 • 이용방법 변경	6) 증축 • 스페이스 확장 • 공간절약 기기 설치	7) 재생 • 경관 개선	8) 보존 • 역사적 환경 보존 • 건물의 유효 이용
3. 건물의 기능 유지대응	1) 설비 갱신 • 열원설비 갱신 • 공조기 갱신 • 전원설비 갱신	2) 안전성 확보 • 외벽타일 낙하방지 • 철구조물의 부식방지 • 콘크리트 중성화 대책	3) 방수성능 확보 • 옥상방수 갱신 • 옥외건구 갱신	4) 오염 제거 • 외벽 청소 • 백화현상 대응

[자료] 윤영선(2001) 재인용

III. 공동주택 리모델링 사업계획

1. 리모델링 사업절차

공동주택 리모델링은 리모델링추진위 결성, 소유자 설문조사, 사업계획 수립, 리모델링 결의, 동의서 청구, 조합창립총회 및 시공자 선정, 계약체결, 조합설립인가 및 행위허가 신청, 착공 순으로 진행한다.

리모델링 사업계획 절차

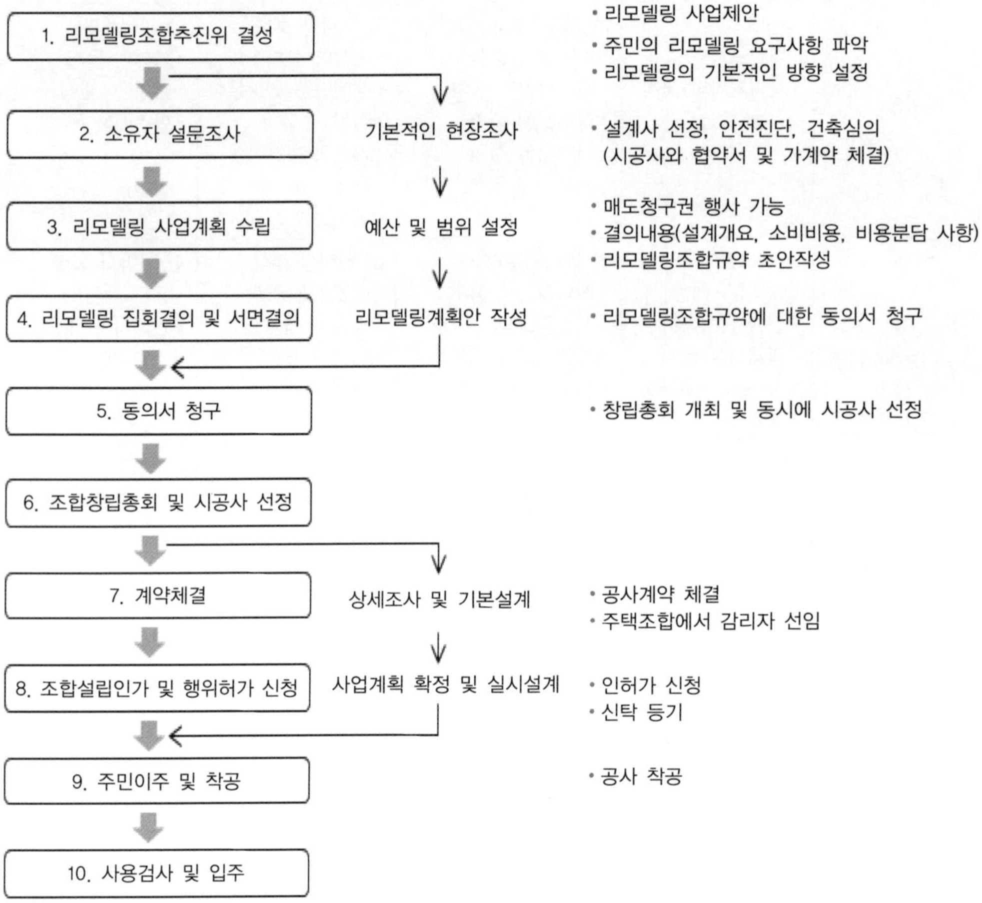

2. 기존 단지의 문제점 파악

(1) 전체 단지 환경개선 문제

(2) 주차장 증설문제

(3) 동별 단지계획문제

(4) 단위세대 증축문제

(5) 부대시설 개선문제

3. 리모델링 사업계획 내용

(1) 리모델링조합추진위 결성

리모델링을 추진하기 위해서는 입주자대표회의에서 리모델링추진위원회를 먼저 구성하여 리모델링 추진계획을 세워야 한다.

(2) 소유자 설문조사

건물소유자, 이용자, 관리자 등의 이해 관계자로부터 리모델링 요구사항 청취 및 조사작업을 시행한다.

(3) 리모델링 사업계획 수립

① 설계회사 선정

입주자대표회의나 리모델링추진위원회에서 설계사를 먼저 선정한다.

② 안전진단실시

증축 리모델링을 위해서는 기존 건물에 대한 안전도가 우선되어야 하므로 설계사무소에서 안전진단을 실시할 수 있도록 한다.

③ 건축심의

설계회사에 리모델링 증축범위와 완화적용범위를 결정하여 건축심의와 안전진단까지 마친 후 리모델링 설계개요를 작성하여 입주자의 서면결의가 진행된다.

④ 리모델링 서면결의 내용 및 동의서 징구

- 리모델링의 서면결의는 각 동별 구분 소유자의 2/3 이상 찬성 결의가 있어야 하고, 서면결의 내용에 대한 동의서 징구가 있어야 한다.
- 서면결의 내용
  - 리모델링 설계개요
  - 리모델링시 소요되는 비용금액
  - 리모델링 비용분담에 관한 사항
  - 리모델링의 결의 효력(매도청구권 행사 등)

⑤ 조합창립총회 및 시공자 선정

- 리모델링조합원의 1/2 이상 출석과 1/2 이상의 찬성으로 결의한다.
- 창립총회 의결사항 내용
  - 시공사 선정 / • 조합규약 승인
  - 조합장 선출 / • 리모델링사업계획안 의결

(4) 조합설립인가

- 리모델링 서면 결의서
- 리모델링사업계획서

(5) 리모델링 행위허가
- 리모델링 동의서
- 매도청구 결의서
- 리모델링사업계획서
- 건축심의 도면
- 신탁 등기서류 등

(6) 주민 이주 및 착공

(7) 사용 검사 및 입주

IV. 일반주택 및 기타 리모델링 사업계획

1. 일반주택 리모델링 사업계획

1) 주택 리모델링사업 개요

(1) 주택 리모델링은 다른 건물과 달리 사용자 대부분이 실제 건축주로 리모델링 목적이 수익성보다는 건축물의 편의성과 성능 향상에 있다.

(2) 상가주택 리모델링은 수익측면의 가치상승과 더불어 성능 향상으로 인한 편의성이 복합적으로 작용한다.

2) 주택 리모델링의 특징

(1) 주택의 노후화에 따른 내부기능 향상

(2) 내부공간 변화와 편의성 추구

(3) 외관의 변화와 주변환경 조화

(4) 주택의 정보화와 에너지 절약

(5) 배리어프리화와 노령화 배려

(6) 친환경과 안전성 향상

3) 주택 리모델링 사업계획

(1) 기존 주택도면 유무

- 기존 건물의 설계도면과 리모델링 유무

(2) 주택노후화의 구조적 안전검토

- 건물구조적 안전진단
- 조적조 주택의 경우 구조안전
- 설비 전기시설의 노후화 정도

(3) 주택 외벽의 단열, 보온성 검토

- 단열벽체 리모델링공법
- 내부공간의 단열성능 처리

(4) 주택의 외관 디자인 제고

- 기존 구조에 맞는 디자인 변경
- 에너지 절감과 친환경 외관

(5) 주택 내부 공간별 리모델링

- 침실과 거실공간 변화
- 주방과 욕실공간 변화
- 현관과 기타

4) 주택 리모델링시 검토사항

(1) 구조와 내부 설비재에 대한 면밀한 안전성 검토가 필요하다.

(2) 주택외관은 디자인과 기능성이 중요하다.

(3) 침실은 가구배치와 조명계획이 중요하다.

(4) 거실은 응접 겸용 거실, 부엌 겸용 거실, 생활 겸용 거실 등으로 선택한다.

(5) 욕실은 입욕, 변기, 세면의 기능 배치가 중요하다.

(6) 발코니는 유형에 맞게 확장 등으로 공간활용을 할 수 있도록 한다.

2. 원룸형 주택빌딩 리모델링 사업계획

1) 도시형 생활 주택 리모델링 사업개요

① 도시형 생활주택은 원룸형의 1~2인 주거용 주택으로서 소형룸의 집단 주택건물

을 말하며 주택유형에는 단지형 다세대와 원룸형(12~50㎡), 기숙사형(7~30㎡)이 있다.

② 원룸형 주거는 1~2인 가구의 증가와 함께 2010년 5월 준주택법 개정을 계기로 많은 양이 공급되어 왔으나 기공급된 원룸형 주거도 벌써 4~5년이 지나 리모델링 시기가 도래하였다.

2) 원룸형 주택빌딩 리모델링 사업계획

① 입지 위치와 노후화 정도

- 일반적으로 원룸의 선호유형은 9~12평 사이로 입지 위치와 노후 정도에 따라 사업계획이 달라진다.

② 리모델링 등급 수준 정도

- 원룸형은 도심지 역세권 입지로 사무실 밀집지나 대학가를 위주로 하므로 주차장 확보, 정보통신망 등의 최신시설이 될 수 있도록 리모델링 사업계획을 세워야 한다.

③ 초기 사업성 검토 중요

- 원룸형 리모델링 계획은 초기 사업성에 대한 컨설팅에서 사업완료 후 수익성이 있는지에 대한 면밀한 사업성 분석이 필요하다.

3) 원룸형 주거빌딩 사업타당성 검토

① 사업타당성 분석 중요성

- 리모델링 전후 사업 투자 대비 수익성은 입지여건에 따라 다르지만 1.2배 이상은 되어야 한다.

② 외관 디자인과 서비스 면적 확충 여부

- 대상 건물만의 차별화된 외관 필요
- 발코니 등의 수납공간 확대로 임대효과 상승 유도

③ 저렴한 유지관리 비용 검토

- 리모델링 후 건물 외장이나 내부 설비 시스템을 충분히 사전 검토하여 유지관리비를 최소화할 수 있어야 한다.

④ 투자 시점과 처분 시점 예상

- 리모델링 후 매각 시점과 일정기간 보유 후 매각 등을 사전 검토하여 매각 후의 투자 수익성이 타당한지 검토가 중요하다.

02

리모델링사업 타당성 분석

I. 리모델링사업 타당성 분석절차와 기준

1. 리모델링사업 타당성 분석 개요 및 절차

1) 타당성 분석 개요

(1) 리모델링사업 타당성 분석작업은 건축프로젝트의 기획 초기화단계에서 임의로 설정된 대안의 만족도와 가능성에 대한 분석이며, 리모델링 실현 가능성의 척도를 나타내는 분석작업으로써 리모델링사업 타당성 작업을 통해 최적의 실현 가능한 리모델링 대안을 결정할 수 있다.

(2) 여러 결정대안과 그에 따르는 세부대안 작성지침인 법적, 윤리적, 정치적, 환경적, 물리적, 기술적 제약과 제한된 자금이나 인력 등의 시간적 범위 내에서 실행 가능성을 뜻한다.

2) 타당성 분석절차

단계	내용
1. 리모델링 목표 설정	• 기능적, 질적 향상 • 쾌적한 환경조성 • 개략적 투자수익성 파악
2. 기존 자료조사 및 분석	• 시장조사 및 대상건물의 현황분석
3. 리모델링 방향 및 방법 설정	• 대상건축물 조사 · 진단 결과를 통한 리모델링 수행방향 선정
4. 리모델링 대안 설정	• 구체적인 개발발향 설정 • 대상건물 분석을 통한 적정 용도 및 규모의 대안 설정 등
5. 리모델링 개념설계	• 초기디자인 작업 • 개략적인 공사비용 추출
6. 리모델링 타당성 검토	• 총예상비용과 완공 후 예상수익 추출 • 재무분석을 통한 수익성 분석
7. 리모델링 최적안 결정	• 시설 기대효과에 대한 추가 검토 및 결정

3) 공동주택의 구조형태별 리모델링사업 타당성 검토

공동주택 리모델링사업 타당성은 아파트의 구조형태에 따라 많이 다를 수 있다. 예를 들어 70년대에 준공된 아파트들은 기둥식 구조로 되어 있고, 80년대 준공된 아파트들은 벽식구조 형태로 되어 있으며, 90년대 아파트들은 격자형 벽식구조 형태를 띠고 있어 리모델링사업 타당성 분석에 많은 차이가 있을 수 있다.

〈시대별 아파트 구조형태와 리모델링 타당가능성 분석〉

1. 70년대 아파트 구조형태	2. 80년대 아파트 구조형태	3. 90년대 아파트 구조형태
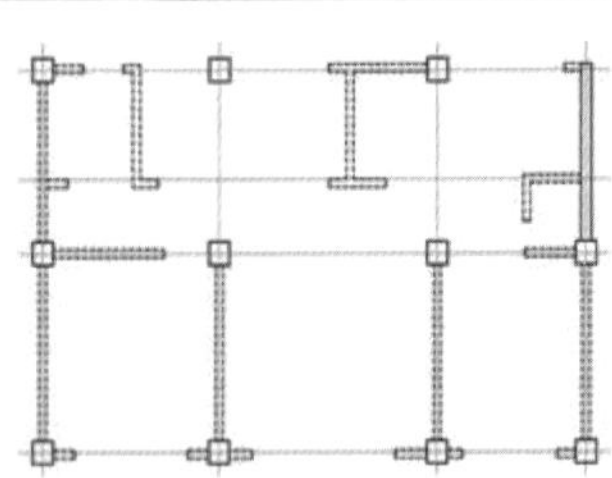	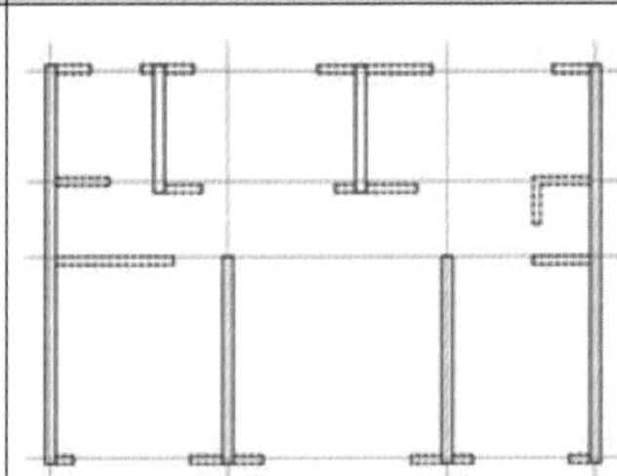	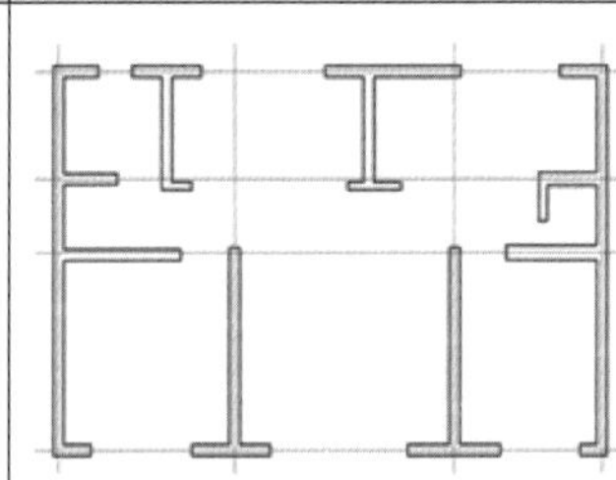
1. 구조형태 : 기둥, 보 구조형태 (층고 높음) 2. 리모델링 가능성 : 내부 칸막이 벽 해체 후 다양한 평면으로 리모델링 효과 큼 3. 사업성 : 사업성 효과 큼 4. 사례 : 방배동 구 궁전아파트	1. 구조형태 : 세로벽식 구조+내부 칸막이 구조형태 2. 리모델링 가능성 : 세로벽식 구조이나 내부칸막이 해체로 리모델링 효과 적당 3. 사업성 : 사업성 효과 적당 4. 사례 : 서초동 삼호아파트	1. 구조형태 : 가로, 세로 내력벽식 구조형태 2. 리모델링 가능성 : 가로, 세로 내력벽의 해체 불가능으로 리모델링 어려움 3. 사업성 : 사업성 효과 적음 4. 사례 : 없음, 내부 인테리어 수준

2. 공동주택 리모델링의 타당성 분석과 문제점

1) 타당성 분석 기준

(1) 주민 동의율 : 매도청구에 따른 리스크를 감안하여 90%까지 동의율 확보 필요

(2) 기준 준공도서 확보 여부 : 기존 건물의 구조도면 필수

(3) 구조 육안검사 시 문제 없는 단지 기준(지하 1층, 옥상 등 공용 부위 위주 검사)

(4) 설계 및 시공상 문제점이 없는 단지

① 30% 증축에 따른 동별 간섭현황 문제 여부

② 15% 일반분양가능 및 2~3개 층 증축 가능 여부 판단

③ 수직, 수평, 별동 증축에 따른 적용공법 등 검토

④ 증축을 위한 세대 내부 평면계획 가능 여부 / 배관라인 등

⑤ 단지별 현황조사 필수(지장물, 암반 여부 등)

(5) 주민 능력에 맞는 리모델링사업방식 선정(증축형, 맞춤형, 수선형 등)

(6) 공사비 변동에 영향을 줄 수 있는 제반 사항 검토

① 대지 내 교회, 상가, 부대시설 및 기타 현황 파악

② 공사 시 민원 발생 우려 지역 / 차량진입로 등

③ 토지소유권 이전 문제

(7) 각 세대별 기존 담보 부채현황

(8) 입주자대표회의, 부녀회, 노인회 등 자생단체 현황

(9) 사업제안 시와 착공 시 주민분담금 변동이 없어야 사업 가능

2) 타당성 검토의 문제점

(1) 증축형 리모델링의 경우 주민분담금 부담 과다(30평 → 40평 증축시 : 2억 원 이상 분담)

(도급공사비 + 조합사업비 / 금융비용 별도)

(2) 사업 초기 정확한 분담금 선정 어려움 : 추진중 상승에 따른 불신 초래 발생

– 리모델링의 경우 엔지니어링 과정 필수

– 현실은 불가능 : 시스템 및 인력 부족 이유

(3) 리모델링시 중고 아파트 인식 / 평면설계의 한계 : 증축 없이 욕실 개수 증가 어려움

(4) 미래가치에 대한 불확실성

① 집값 하락에 따른 미래가치 불투명

② 현재시세+분담금 ≤ 인근 신규 아파트 시세

③ 면적 증가 없이 수익창출 어려움 : 증축 리모델링시 가능

(5) 리모델링을 주거환경개선이 아닌 재테크의 개념으로 인식하는 문제

① 투자가치에서 이용가치로 집을 바라보는 인식의 전환 필요

② 시작은 주거환경개선이나 궁극적으로 얼마나 수익성이 있느냐 문제로 귀결

(6) 리모델링과 재건축은 별도의 시장이라는 인식 부족

① 재건축 : 신축 / 저층아파트 주거환경 개선 / 사업성 위주

② 리모델링 : 고쳐쓰는 개념 / 고층아파트 주거환경 개선 / 삶의 질의 문제

3. 공동주택 리모델링 사업비 분석 기준

(1) 도급공사비 : 370~450만 원/평
(증축 리모델링의 경우 재건축의 95%~동등한 수준)

(2) 조합사업비 : 30~40만 원/평

(3) 이주비 금융비용 : 인근지역 전세가 기준, 금리 4% 수준

(4) 중도금 금융비용 : 계약금 20%, 중도금 60%, 잔금 20%, 금리 4~5% 수준

(5) 증축형 리모델링 가능 범위

- 공동주택 증축형 리모델링의 경우 재건축의 80% 수준 이하로 가격을 내려야 아파트의 리모델링 활성화 가능(리모델링 공사비 약 350~400만 원/평)
→ 세대수 증가 및 일반분양 / 수직증축 요구(분담금 20~50% 절감 가능)
- 증축형 : 증축에 따른 일반분양분을 감안하여 세대당 2억 원 이상 분담하는 경우 강남권 이외 지역은 리모델링 활성화 어려움
- 증축 최소화+맞춤형 : 분담금 1.5억 원 이상
- 맞춤형(수선형) : 세대당 1억 원 이하로 상품 기획 필요

4. 리모델링사업 유형별 타당성 검토 분석 비교

1) 리모델링사업 유형별 타당성 검토 비교

구 분		Model 1 증축형 리모델링 리파이닝(Refining)	Model 2 증맞춤형 리모델링 리노베이션(Renovation)	Model 3 수선형 리모델링 리폼(Reform)
1. 목적		大개발이익+삶의 질 향상	小개발이익+삶의 질 향상	삶의 질 향상
2. 내용		- 수직 · 수평 증축 포함 - 전체 리모델링	지역적 특성에 부합한 선별적 선택	구조변화 없는 디자인 및 성능개선
3. 지역		- 서울 강남 중심부, 한강조망권 - 투입대비 높은 가치 향상 예상	서울 비강남, 1기 신도시 선별적 개선이 요구되는 지역	노후화로 인한 불편지수가 높은 지역
4. 평면구조		○	△	X
5. 면적변경		○	△	X
6. 인테리어		○	○	○
7. 사업범위	노후설비 성능환경	○	○	○
	지하주차장	○	○	△
	입면특화	○	○	△
8. 투입비용 추정		평당 380만 원 이상 30평 기준(2.5억 이상)	모델1의 50~70% 수준 30평 기준(1~1.5억)	모델1의 20~40% 수준 30평 기준(5천~1억)
9. 현황		대형 건설사 위주 10여년 간 11단지 준공 실적 미미	현재 비즈니스 모델 없음	한샘, LG하우시스 홈씨씨 등 사업활성화 단계

재건축공사비 : 530만 원/3.3㎡ (자료 : HDC 이근우 부장 세미나 자료 참조)

2) 공동주택 리모델링 사업비 내용 분석 사례(강남 OO아파트)

구 분		평당가(천 원)	금액(백만 원)		비 고
			총금액	세대별	연면적 6,285평 기준
건설비용	도급공사비	@3,860	24,260	225	슬래브구조 보수보강
	초가공사비		2,000	19	
	조합사업비	@400	2,500	23	
건설비용 소계			28,760	266	
금융비용	이주비/사업비			30	3억, 5%
	중도금			13	
금융비용 소계				43	
세대별 분담금				309	
투자수익	현재시세		850		리모델링 착수시점 7억
	현시세+세대별 분담금		1,159		
	주변시세	인근 S자이 36평	1,400~1,500		3억 수익 추정

II. 리모델링과 재건축의 사업비 타당성 검토 분석

1. 리모델링과 재건축의 개념 비교

구 분	리모델링	재건축
1. 개념	기존 건물의 골조는 그대로 두고 내부 배관과 마감재 등을 성능개선하는 행위	기존 건물을 부수고 다시 신축하는 행위
2. 평균사업비	평당 약 380~400만 원	평당 약 450~500만 원
3. 평균사업기간	약 3년	약 5~10년
4. 추진절차	①추진위원회 구성→②리모델링 결의 및 창립총회→③시공사 선정→④조합설립인가→⑤건축심의→⑥행위허가→⑦이주→⑧철거→⑨착공	① 지구지정→②추진위원회 설립인가→③안전진단신청→④재건축판정→⑤조합설립인가 획득→⑥건축설계→⑦사업승인→⑧시공사 선정→⑨관리처분계획→⑩철거→⑪착공→⑫분양승인 및 분양→⑬준공→⑭입주 및 청산
5. 장점	– 재건축보다 공사기간 짧고, 비용 적음 – 기존의 층수와 동(棟)배치, 향(向)유지 – 자원 재활용을 통한 환경보호 효과	– 철거, 신축을 통해 최신 단지 배치와 신평면 적용 가능
6. 단점	– 세대평면 재구성 한계 – 구조체 보수보강비 과다 – 철거해체비 과다 – 수익성 한계	– 공사기간이 길고, 비용 많음 – 안전진단 강화 / 환경피해 심각 – 임대주택 의무비율 적용(세대수의 7~8%) – 개발부담금 제도실시(토지평가 상승분의 25%) – 슬래브 두께 강화(120~180mm)

2. 재건축의 사업성 검토분석 기준

(1) 재건축 : 비례율(개발이익률) 산정

– 재건축, 재개발사업이 완료된 후 조합이 벌어들이는 총수입(개발이익)에서 총사업비를 제외한 금액을 구역내 토지 및 건물 감정평가액으로 나눈 금액(자산가치)을 말함.

– 비례율을 통하여 조합원 권리가액(무상지분)을 산정할 때 반드시 필요

– 비례율이 낮으면 사업성이 낮고, 비례율이 높으면 사업성이 좋다고 판단함.

(2) 비례율 산정공식

비례율 = (구역내 사업완료 후 대지 및 건축시설의 총추산액 – 총사업비) / (구역내 조합원의 종전 토지 및 건축물의 총평가액) × 100%

– 개발이익에 따라 변동되며 도급제사업에서 통상 사용되는 방법

3. 리모델링과 재건축의 사업성 분석 사례

■ 사례 : 서울시 성동구 OO동 아파트

1) 단지개요

(1) 대지면적 : 46,394㎡ (14,034평)

(2) 규모 : 지하 1층, 지상 15층, 10개 동/부속시설

(3) 구조 : 철근콘크리트

(4) 건축면적 : 11,262㎡ (3,406평)

(5) 연면적 : 109,360㎡ (33,081평)

(6) 용적률 : 215%

(7) 주차대수 : 468대(0.55대)

(8) 평형 및 세대수

- 26평형 : 75세대
- 31평형 : 360세대
- 41평형 : 270세대
- 45평형 : 150세대

2) 재건축 300%(215% → 300%) 비례율 기준시 세대수(855 → 1,139세대)

(1) 개발이익

구 분		항 목	분양가(백만 원)	금액(억 원)
수입	조합원 및 일반	18평 197세대	18.5	656
		25평 393세대		1,818
		34평 391세대		2,459
	임대	18평 158세대	4.5	128
합계				5,061
지출	도급공사비	공사비 등 (금융비용 포함)	@5.30×60,013평	3,181
	사업경비	설계, 감리 등	@0.5×60,013평	300
합계				3,481

(2) 자산가치평가 (4,639억)

평형	지분(평)	세대수	현시세(억) 실거래가 기준	종전평가 합계 (억)
26평형	11.8	75	3.5	262
31평형	14.07	360	4.5	1,620
41평형	18.61	270	6.1	1,647
45평형	20.4	150	7.4	1,110
합계		855		4,639

(3) 비례율 산정 (68.12%)

개발이익	수입-지출	1,580억
비례율	개발이익(1,1580억) / 종전평가(94,639억)	68.12%

<table>
<tr><td rowspan="6">조합원
분담금</td><td rowspan="2">기존평형</td><td rowspan="2">종전평가
(천 원)</td><td rowspan="2">권리가액
(천 원)</td><td colspan="3">분양가(18,500)(천 원)</td><td colspan="3">추가분담금(천 원)</td></tr>
<tr><td>18평형</td><td>25평</td><td>34평</td><td>18평형</td><td>25평</td><td>34평</td></tr>
<tr><td>26평형</td><td>350,000</td><td>238,420</td><td rowspan="4">333,000</td><td rowspan="4">462,500</td><td rowspan="4">629,000</td><td>91,580</td><td>224,080</td><td>390,580</td></tr>
<tr><td>31평형</td><td>450,000</td><td>306,540</td><td>23,460</td><td>155,960</td><td>322,460</td></tr>
<tr><td>41평형</td><td>610,000</td><td>415,532</td><td>−82,532</td><td>46,968</td><td>213,468</td></tr>
<tr><td>45평형</td><td>740,000</td><td>504,088</td><td>−171,088</td><td>−41,588</td><td>124,912</td></tr>
</table>

3) 리모델링사업성 분석 1안(전용면적 30% 증축안)

– 평형 : 26 → 33평, 31평 → 40평, 41평 → 57평, 45평 → 62평

– 용적률 : 2125% → 281% 세대수 변함 없음

<table>
<tr><th colspan="2">구분</th><th>평당가(천 원)</th><th>금액(백만 원)</th><th>비고</th></tr>
<tr><td rowspan="2">리모델링비용</td><td>도급공사비</td><td>@3,850</td><td>205,817</td><td>계약면적 53,459평 기준</td></tr>
<tr><td>조합사업비</td><td>@250</td><td>13,365</td><td></td></tr>
<tr><td colspan="2">건설비용</td><td></td><td>219,182</td><td>세대당 평균 2.65억 원</td></tr>
<tr><td rowspan="2">금융비용</td><td>이주비/사업비 이자</td><td></td><td>28</td><td>2.5억 기준 30개월 4.5%</td></tr>
<tr><td>중도금 이자</td><td></td><td>16</td><td>분담금 60%, 4.5%</td></tr>
<tr><td colspan="2">세대별 분담금(평균)</td><td></td><td>300</td><td></td></tr>
</table>

* 분담금이 높아 사업추진 어려움

4) 리모델링사업성 분석 2안(맞춤형 리모델링+15% 일반분양)

- 평형 : 변동 없음, 서비스면적 전용면적화, 개방형 발코니
- 일반분양(15%) : 32평형 128세대, 수직, 수평, 별동 증축

구분		평당가(천 원)	금액(백만 원)	비고
수입(A)		@18,500	75,776	32평 128세대
리모델링비용	도급공사비(B)	@3,200	148,390	계약면적 53,459평 기준
	조합사업비(C)	@250	11,593	
건설비용(B+C)-A			84,207	세대당 평균 98백만 원
금융비용	이주비/사업비 이자		19	2.5억 기준 20개월 4.5%
	중도금 이자		12	분담금 60%, 4.5%
세대별 분담금(평균)			129	

* 강남권 이외의 지역에서 추진 가능 방안 (자료 : HDC 이근우 부장 세미나 자료 참조 수정)

4. 리모델링과 재건축의 총사업비(L.C.C) 비교분석

관련 내용은 필자의 박사학위 논문 "고밀도 공동주택 재건축과 리모델링 유형별 L.C.C 분석연구(2003)"를 참조하였다.

(1) 재건축 주기

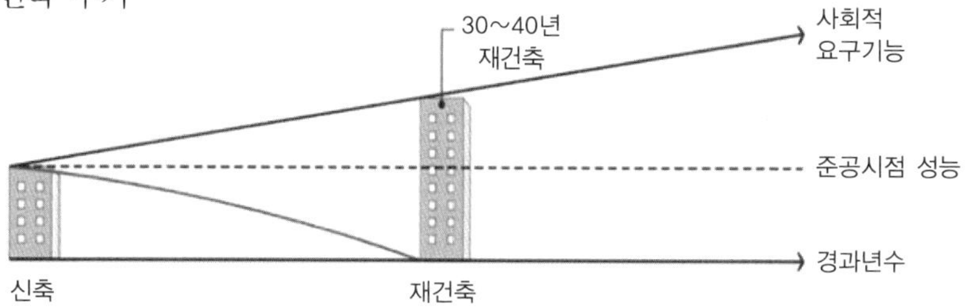

(2) 리모델링 주기

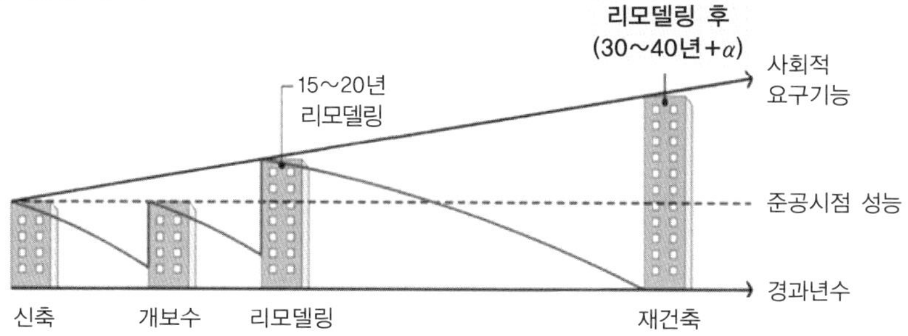

1) L.C.C 분석을 위한 리모델링 유형별 비교

구분	A형 타입(계단식)	B형 타입(복도식)
1. 구조형태	• 구조 : RC구조 • 평면형태 : 계단식 아파트 • 준공년도 : 1976년	• 구조 : RC구조 • 평면형태 : 복도식 아파트 • 준공년도 : 1972년
2. 건물규모	• 건물층수 : 12층 1개 동 • 연면적 : 96세대	• 건물층수 : 12층, 3개 동 • 연면적 : 216세대
3. 개선방식	• 주동 및 단지 전면 개선 • 발코니 수평증축 및 부대시설 증축	• 주동 및 단지 전면 개선 • 발코니 수평증축 및 부대시설 증축

1) A형 리모델링(계단식 아파트)

2) B형 리모델링(복도식 아파트)

2) L.C.C 분석을 위한 기준조건(전제조건)

① L.C.C(초기투자비+유지관리비)의 종합분석

공동주택의 총수명을 40년으로 설정하고 준공된 지 20년 경과 후에 1:1재건축과 리모델링을 한다는 가정하에 초기투자비와 유지관리비를 종합적으로 L.C.C를 분석한다.

② 재건축과 리모델링의 분석대상 아파트 유형 기준

- 재건축 : 대형 건설회사 평균공사비 적용
- 리모델링

  A형 : 기둥+보, 라멘구조 계단식 아파트 리모델링

  B형 : 기둥+보, 라멘구조 복도식 아파트 리모델링

③ 분석기간 및 할인율

- 공동주택의 수명주기 : 총 40년으로 가정
- 20년 경과 시점 : 재건축과 리모델링을 하는 것으로 가정
- 할인율 : 한국은행 10년간 일반대출금리 6.24% 적용

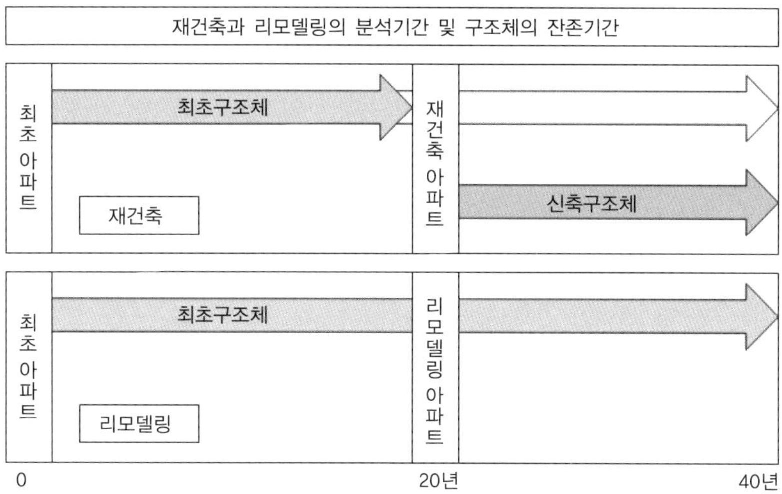

3) 재건축과 리모델링의 L.C.C 분석모델 구축

4) 재건축과 리모델링 L.C.C 분석 비교 결과

① 재건축과 리모델링 유형별 초기투자비 산정 비교

연차 \ 항목 분류		재건축 공동주택		리모델링 유형별 공동주택					
				A형		B형		C형	
		금액	%	금액	%	금액	%	금액	%
할인 비용	해체 · 폐기비	9,608	100	13,366	139	14,449	150	16,255	169
	20년차	88,846		145,111		141,123		187,826	
	21년차	90,015		38,062		58,780		85,581	
	22년차	72,966		–		–		–	
	계	251,828	100	183,173	73	199,904	77	273,407	109
	합계	261,436	100	196,538	75	214,353	79	289,622	111

② 재건축과 리모델링 유형별 L.C.C 산정 비교

		재건축			리모델링 유형						
					공기	A형		B형		C형	
		공기	금액	%		금액	%	금액	%	금액	%
불변	0년~ 40년차	●	2,583,792	100	●	2,372,330	82	2,414,612	83	2,674,742	98
할인	0년~ 40년	●	1,280,982	100	●	1,209,874	84	1,208,338	85	1,283,53	96

제1장, 2장 학습요약 · 문제해설
(리모델링 사업계획과 타당성 분석)

▶ 학습목적

1. 일반건물 리모델링계획은 정보화대응, 에너지절약, 사무쾌적성 확보에 그 목적이 있다.
2. 공동주택 리모델링은 입주자 요구를 잘 반영하여 주거의 편리성과 쾌적성을 확보하는 데 있다.
3. 공동주택 리모델링사업 타당성은 입주자의 부담금이 최소화될 수 있도록 계획한다.

▶ 학습내용

1. 일반건물 리모델링 사업계획 수립
2. 공동주택 리모델링 사업계획 수립
3. 리모델링사업 타당성 분석
4. 재건축과 리모델링의 사업비 비교분석

▶ 사전학습

- 용적률과 건폐율

해설: 리모델링 대상 기존 구조물의 노후화 상태를 조사하고 진단하는 것을 말함.

- 리모델링조합

해설: 리모델링을 추진하기 위해 아파트 주민들이 조합을 결성하는 것을 말함.

- 사용검사

해설: 리모델링공사가 끝난 후 사용검사를 받는 것을 말함.

▶ **학습문제**

1. 일반건물 리모델링 사업계획 절차 내용에 포함되지 않는 것은?

① 리모델링 목표 설정　② 사전조사, 진단

③ 기본계획　④ 조합결성

해설: 조합결성은 공동주택 리모델링 사업계획 절차 내용이다.

정답 ④

2. 일반건물 리모델링의 요구발생 내용이 아닌 것은?

① 사회환경 변화대응　② 구조물 변경

③ 에너지절약　④ 용도 변경

해설: 일반건물 리모델링의 요구발생 동기에 구조물 변경을 위한 것은 아니다.

정답 ②

3. 공동주택 리모델링사업 절차 내용에 포함되지 않는 것은?

① 소유자 설문조사　② 건물 용도 변경

③ 조합총회　④ 동의서 징구

해설: 공동주택은 주택 이외의 용도 변경을 할 수 없다.

정답 ②

4. 공동주택 리모델링 서면결의 내용이 아닌 것은?

① 리모델링 설계개요　② 리모델링 비용금액

③ 조합장 선출　④ 리모델링 결의 효력 사항

해설: 조합장 선출은 리모델링 창립총회 의결사항이다.

정답 ③

5. 공동주택 리모델링 행위허가 서류내용이 아닌 것은?

① 시공사 선정　② 리모델링 동의서

③ 리모델링 사업계획서　④ 건축심의 도면

해설: 리모델링 행위허가 서류는 리모델링 동의서, 리모델링 사업계획서, 건축심의도면, 신탁등기서, 매도청구결의서 등이 있으며, 시공사 선정은 창립총회 의결사항이다.

정답 ①

6. 리모델링사업 타당성 검토를 위한 사업 유형이 아닌 것은?

① 증축형 ② 증맞춤형

③ 재건축형 ④ 수선형

해설: 리모델링의 사업 타당성 검토를 위한 사업 유형은 증축형, 증맞춤형, 수선형을 말한다.

정답 ③

7. 일반적으로 리모델링 비용이 재건축 비용의 몇 % 이상이면 추진이 어려운가?

① 50% ② 60%

③ 70% ④ 80%

해설: 일반적으로 리모델링 비용이 재건축 비용의 80%가 넘으면 주민 부담금이 높아져 추진이 어려워질 수 있다.

정답 ④

▶ 적용하기(1)

1. 공동주택 리모델링사업 절차에서 매도청구가 무엇인지 알아보세요.

해설: 공동주택 리모델링 추진시 2/3는 동의를 하고 나머지 몇 사람이 동의를 하지 않을 때는 법적으로 매각할 수 있는 청구권을 말한다.

2. 공동주택 신탁등기가 무엇인지 알아보세요.

해설: 공동주택 리모델링공사를 위해서는 공동주택의 소유권리를 법적으로 신탁한 후 사업을 진행하는 것을 말한다.

3. 리모델링사업 타당성 분석을 하는 이유는 무엇인가?

해설: 리모델링공사를 하기 위해 소요되는 투입자금이 입주민들이 분담할 수 있는 금액인지 여부를 분석해보는 것을 말한다.

4. 공동주택 리모델링시 동의하지 않은 주민이 있다면 리모델링을 할 수 없을까요?

해설: 공동주택 입주자의 2/3 이상 동의를 얻으면 나머지 동의하지 않은 입주민의 아파트를 법적으로 매도청구할 수 있기 때문에 시간은 좀 걸리지만 가능하다.

▶ 적용하기(2)

1. 공동주택 리모델링사업 추진절차를 조합추진위 결성부터 소유자 동의, 조합설립인가, 행위허가, 공사, 준공까지의 절차를 정리해 본다.

해설: 공동주택 리모델링사업 추진절차를 이해하기 쉽게 만화로 정리하면 다음과 같다.

리모델링사업 절차

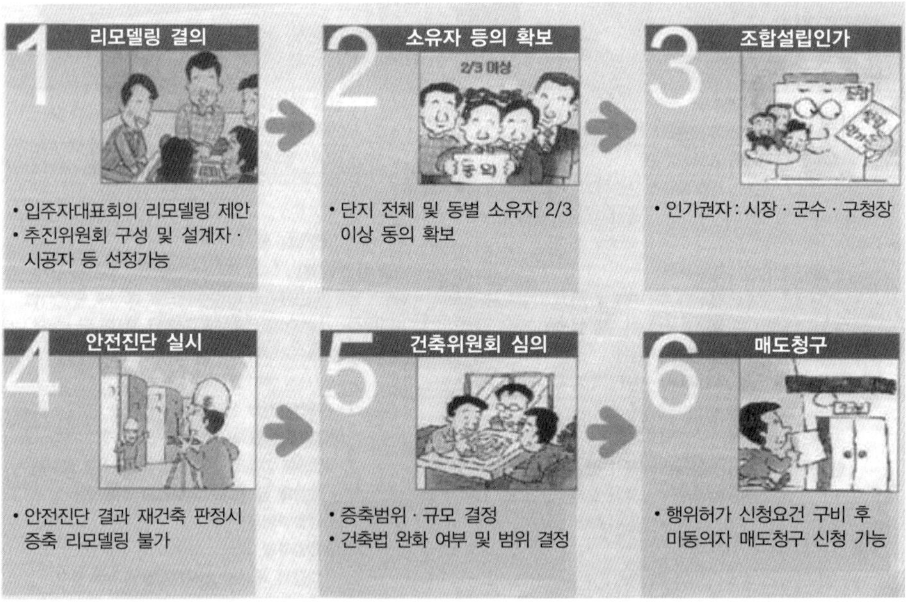

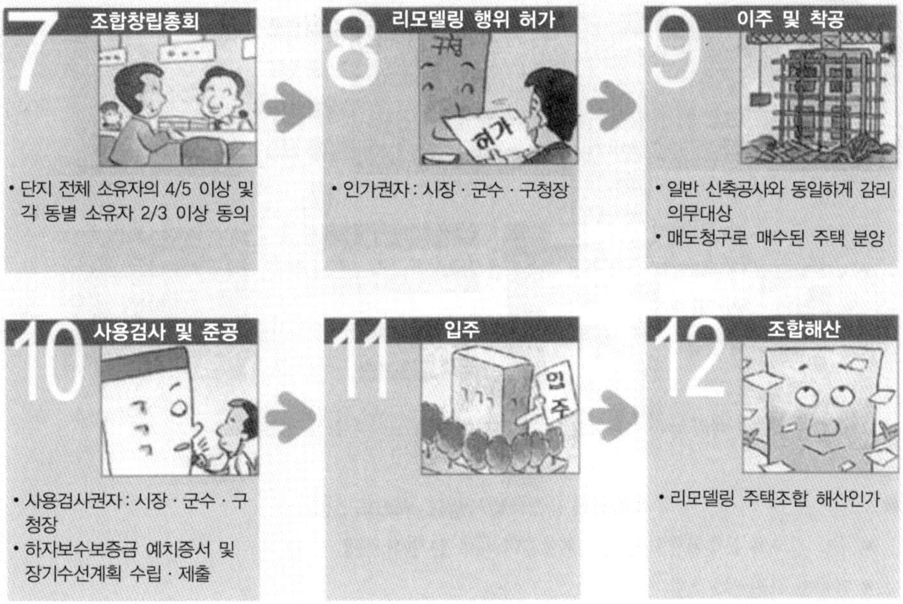

▶ 정리하기

1. 일반건물 리모델링 사업계획시에는 용도 변경에 따른 임대수익성이 나올 수 있도록 리모델링이 계획되어야 한다.
2. 공동주택 리모델링계획시에는 입주자의 요구를 잘 반영하여 리모델링하되 입주자의 분담금이 최소화될 수 있도록 해야 한다.

03

리모델링사업 공사비 분석

I. 리모델링사업 공사비 분석절차와 검토기준

1. 리모델링사업 공사비 분석절차

1) 리모델링 사업비 분석 개요

① 리모델링 사업비 분석은 신축공사와 달리 기존 건물의 상황에 따라 사업비 분석이 많이 달라질 수 있다.

② 기존 건물의 입지가 협소하거나 건물이 오래 되었을 경우에는 기존 도면의 재작성 기존 건물의 보수보강 등이 소모되는 비용이 예상보다 많이 투자될 수 있기 때문이다.

③ 리모델링의 사업비 분석은 사전조사단계부터 기획, 설계, 공사단계에 이르기까지 종합적인 사업비 분석이 필요하다.

2) 리모델링 사업비 분석절차

분석단계	분석내용
1) 대상건물 파악	• 개발 이용목적 • 개발 가능성 여부
2) 예비조사	• 주변 입지여건 파악 • 대상건물 상태조사
3) 사전조사 및 진단	• 구조물 상태에 따른 보수 · 보강 범위 설정 • 각종 전기 · 설비류의 노후도 조사
4) 사업계획 수립	• 동기의 적합성 • 사업의 투자 타당성 분석
5) 발주자 의도 파악	• 발주자 의도와 현재 여건 분석 • 발주자의 경제적 규모
6) 투자가치 효율성 분석	• 투자의 타당성 분석 • 대안별 투자비 분석(분담금 지불능력)
7) 리모델링 범위 설정	• 내부 인테리어 수준 • 외장, 내장 및 전기설비공사 수준 • 내 · 외장과 구조변경 및 증축 수반 수준
8) 리모델링방식 설정	• 리모델링 단계에 맞는 방식 결정 • 리모델링 유형과 규모에 맞는 방식 설정

2. 리모델링사업 공사비 산정 기준

1) 관련법규 검토

① 리모델링의 인허가는 신축과 달리 비교적 간단하다.

② 증축을 포함한 리모델링시는 세부적인 법규 검토가 필요하다.

- 주차장법(아파트 주차 : 1대/85㎡)
- 정화조법(정화조 용량 변경시)

2) 용도 변경시 검토

① 기존 구조물의 불법 증 · 개축 부분이 있는지 확인이 필요하다.

② 건물의 용도를 바꾸는 경우에는 세심한 검토가 필요하다.

- 주차장법 적용 검토 : 주차대수 증가에 따른 증설 문제
- 정화조법 적용 검토 : 정화조 용량 증가에 따른 증설 문제

③ 외부공사 시 벽체두께 변화

건물의 면적 산정은 중심선을 기준으로 하므로 건축물의 면적이 증가될 경우에는 증축으로 보는 경우가 있어 주의해야 한다.

3) 설계도면 검토

① 기존 도면이 있는 경우

리모델링 견적을 위해서는 기존의 도면이 있더라도 반드시 주요 부위는 실측을 통해 확인해야 한다.

② 기존 도면이 없는 경우

- 기존 도면이 보존되어 있지 않는 경우 건축평면도나 구조도가 현재 상태와 일치하는지 확인하기 위해 현장실측을 통해 도면을 재작성한 후 견적을 내야 한다.
- 재작성 도면의 종류는 건축도면, 구조도면, 설비도면, 전기도면 등이다.

(1) 기존 도면이 있는 경우와 없는 경우의 견적 검토내용

구분	도면작성을 위한 조사내용	조사시 검토사항
1. 설계도서가 있는 경우의 조사	1) 설계도서와 건축물 비교 2) 노후화계수 산출 3) 보강설계에 사용할 자료수집 4) 콘크리트 및 철근의 강도조사 5) 콘크리트 중성화깊이조사 6) 철근부식도조사	1) 원설계도서와 다른 부분 확인 2) 설비기기 등의 설치 상황 파악 3) 구조균열 및 변형도 확인 4) 지반침하 및 노후화 상황 파악 5) 콘크리트강도 및 중성화 깊이 확인 6) 철근의 규격 및 강도 확인
2. 설계도서가 없는 경우의 조사	1) 실측에 의한 구조체 치수조사 2) 배근상황조사 3) 실측에 의한 설계도서 재작성 4) 나머지는 설계도서가 있는 경우 조사와 같다.	1) 구조체 및 철근치수 배근 상황 확인 2) 설계도서가 있는 경우의 조사항목과 같다.

(2) 설계도서의 현장 확인과 실측도 작성시 필요조사 항목

항 목	설계도서의 현지확인	실측도 작성의 필요성	적용방법
1. 바닥면적	결여 또는 변경 있음	◎	설계도서 또는 실측도에 의한 계산
2. 층수 및 층고	〃	◎	상동
3. 기둥 단면치수	〃	필요	실측도를 토대로 조사 (필요에 따라 단면결손, 시공불량 등을 고려하여 수정)
4. 기둥 순높이	〃	필요	
5. 벽체 단면치수	〃	필요	
6. 허리벽, 매달린 벽치수	〃	필요	
7. 벽 개구부 치수	〃	필요	

▶ 주요 구조부재에 대한 실측 현황

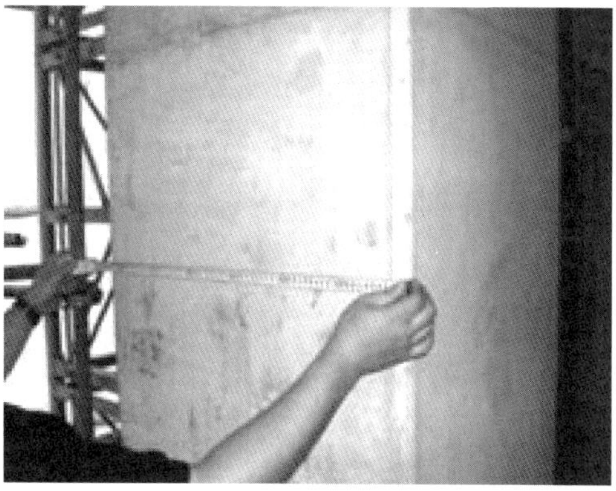

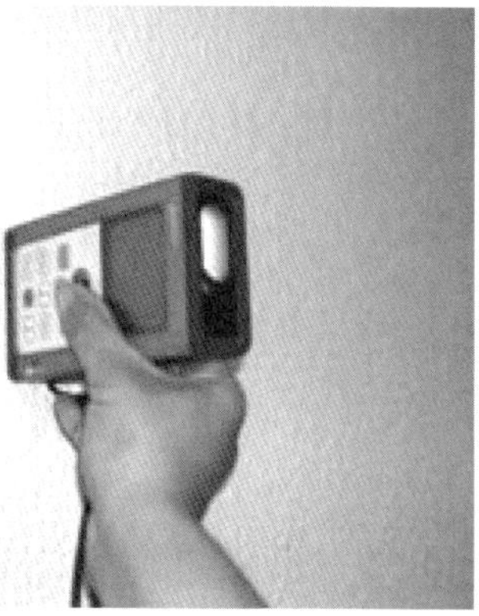

▶ 주요 구조부재에 대한 철근배근 측정현황

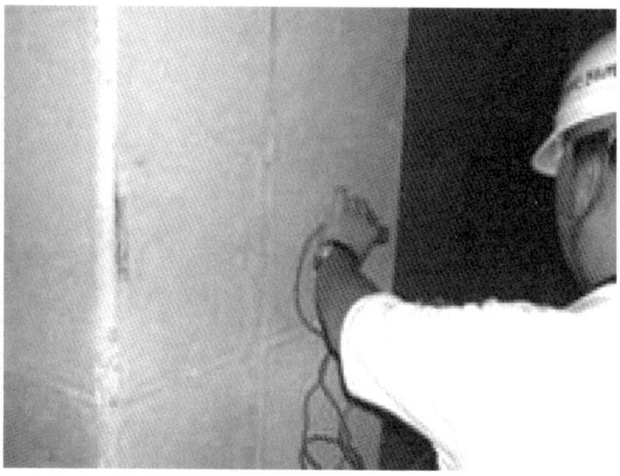

▶ 주요 구조부재에 대한 철근부식도 측정현황

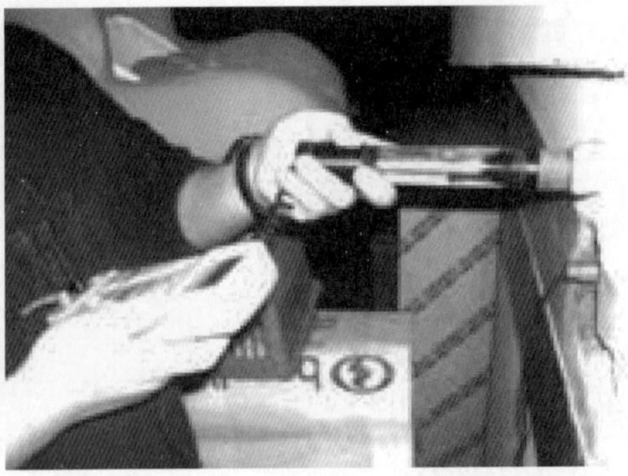

▶ 콘크리트 중성화 물리적 시험

- 지시약 : 페놀프탈레인 1% 용액
- 방법 : 콘크리트면에 지시약 도포
- 반응 : 적색-정상
  무색-중성화

II. 리모델링 공종별 공사비 산출범위와 기준

1. 리모델링 공종별 공사비 산출범위

1) 리모델링사업 유형별 분석기준

(1) 증축형 리모델링공사의 경우

① 투자회수를 위한 부가가치 상승 목적

② 증축조건에 따라 다양하여 공사비 상승 가능

(2) 유지관리형 리모델링공사의 경우

① 기존 기능유지 목적

② 공사비는 거의 일정하여 공사비 절감이 가능

2) 리모델링 공사비 산출기준과 범위

(1) 리모델링공사의 견적기준 설정

- 리모델링공사의 견적은 신규 공사와 달리 기존 건물의 해체 및 철거와 구조체의 보수·보강공사에 대한 기술과 경험의 자료가 중요하며, 나머지는 신축공사와 같다고 볼 수 있다.
- 해체공사와 보수·보강공사의 견적은 구체적인 견적 자료가 없으므로 반드시 실사를 통한 견적기준 마련이 필요하다.

(2) 리모델링공사의 요소별 공사범위 설정

- 리모델링공사는 신규 공사와 달리 공간별, 부위별로 수선·교체의 공사범위가 다를 수 있으므로 그에 따른 기준 마련이 필요하다.
- 리모델링공사에 있어 리모델링 범위를 명확히 정하는 것은 매우 중요하며 또한 어느 부위를 어느 정도까지, 얼마의 공사비를 투입하여 어떻게 공사할 것인가에 대한 것을 기본설계단계에서부터 면밀히 검토하여 확정하는 것이 무엇보다 중요하다.

(3) 리모델링공사의 요소별 분류와 순서

리모델링공사는 우선 리모델링할 공간의 범위를 분류하고, 그 공간을 구성하고 있는 부위별(벽, 천장, 바닥) 마감 및 기타 구성재 등을 대상으로 리모델링 기본계획방향을 고려한 후 노후화 정도와 수선주기, 전면교체 등의 필요성을 종합하여 분류한다.

1.공간별 분류 ⇨ 2.부위별 분류 ⇨ 3.마감 및 구성재 파악 ⇨ 4.보수 및 교체 범위 검토 ⇨ 5.리모델링 공사내역 확정

3) 리모델링 주요 공종별 공사비 산출시 검토사항

(1) 가설공사비 : 저층과 고층에 따라 공사비 편차가 크다.

(2) 외벽공사비 : 재료 정도에 따른 공사금액의 편차가 크다.

(3) 구조보강비 : 구조물 상태에 따라 공사금액에 많은 편차가 있다.

(4) 설비공사비 : 기존 냉·난방이 있는 경우와 없는 경우에 따라 공사금액 편차가 있다.

(5) 전기공사비 : 전기용량 변경이 있는 경우와 없는 경우에 따라 공사금액 편차가 있다.

(6) 기타 비용 : 정화조 용량 변경 등에 따라 공사금액 편차가 있다.

(7) 철거공사 : 기계철거냐 인력철거냐에 따라 공사비 편차가 크다.

4) 리모델링 공사비 견적시 Risk 검토사항

(1) 저층 또는 고층에 따른 공사비 Risk 검토

① 저층형 : 가설비와 자재운반비가 상대적으로 적게 든다.

② 고층형 : 가설비가 상대적으로 많이 든다.

③ 10층 이상 : 자재운반 및 콘크리트장비 등의 가설비용에 따른 금액이 많이 든다.

(2) 기존 시설 이용 시에는 임대인과 분쟁이 공사에 큰 변수가 된다.

– 임대인이 있는 상태에서 공사 시, 공기중단 및 지연 등의 문제 발생 가능성이 크다.

(3) 구조체의 경우는 기존 구조설계와 실제 구조물과의 차이 발생시 공사비 증가요인이 발생할 수 있다.

(4) 공사도중 건축주의 잦은 설계변경에 따른 공사비 · 공사기간 증가 문제가 발생한다.

(5) 기존 자료가 부실한 경우 추가견적에 따른 공사비 증가 문제가 발생한다.

(6) 보통 15년에 한 번 리모델링한 후 재리모델링할 경우에는 실제 도면과의 차이에 따른 문제가 더 발생할 수 있다.

(7) 리모델링 설계의 경우는 경험자가 많지 않고 견적 후 실제 공사 시 설계변경 등의 문제가 발생할 수 있다.

2. 리모델링 공종별 공사비 산출기준

1) 현장조사 및 진단시 검토 분석 기준

구 분	내 용
1. 현장 기본조사	1) 리모델링은 현장 기본조사가 가장 중요 2) 현장의 입지여건, 구조물의 노후도 상태 파악
2. 기존 도면 확보 여부	1) 기존 도면이 있는 경우 : 기존 도면 보완 후 사용 2) 기존 도면이 없는 경우 : 구조체의 치수, 철근의 치수, 배근상황, 재료강도 등을 조사하여 설계도서를 재작성 후 견적 및 공사시행
3. 구조물의 상태조사	1) 보수, 보강 여부 판단 후 견적
4. 각 부분의 노후화 정도 조사	1) 노후화 정도에 따라 견적기준이 다를 수 있음
5. 전기 및 설비 노후화 상태조사	1) 각 부분별 설비기능의 노후 상태조사 후 견적

2) 가설공사비 검토계획

① 지하의 사전탐사 즉 가스, 지역난방, 소화설비, 오·배수, 전기배선 등의 조사방법과 범위에 대한 검토가 필요하다.

② 건축공사의 경우는 외부공사와 철거·해체공사에 따른 가설설비와 폐기물 배출에 대한 검토가 필요하다.

3) 철거 및 해체공사비 검토계획

(1) 철거공사 개요

① 국내의 철거공사는 대부분 일부 기계와 손장비에 의한 철거로 이루어지고 있으며 크게는 건축공사의 철거, 전기·설비사의 철거로 나눌 수 있다.

② 건축공사의 경우 기존 벽체 및 슬래브 철거 범위, 전기설비 자재의 철거 부위와 범위를 명확히 한 후 철거공사를 실시해야 한다.

③ 철거공사 시에는 반드시 폐기물처리에 대한 범위와 한계를 규정해야 한다.

④ 철거 사용장비의 무소음, 무진동공법에 대한 검토 또한 중요한 사항이다.

(2) 철거공사 시 검토 분석 기준

① 부분 철거 시

- 기존 구조물의 손상을 최소한으로 줄이기 위해 인력 철거를 하므로 기계로 하는 것보다 비용이 더 많이 든다.

  ex) 재건축시 기계 철거 : 10~15만 원/평

  리모델링시 인력 철거 : 20~25만 원/평

- 기존 골조에 영향을 최소화할 수 있게 철거해야 한다.

② 보수·보강공사와 연계하여 철거 부분의 범위를 결정해야 한다.

③ 철거공사는 반드시 폐기물 반출에 대한 계획을 세운 후 공사해야 한다.

바브캣장비 투입

콘크리트 날개벽 커팅

목재 폐기물 투하 후 인력정리

목재 폐기물 반출

4) 기초(보강)공사비 검토계획

- 기초보강파일공사는 기존 건물 내에서 작업이 이루어지므로 작업공간 협소 문제와 장비 진출입 동선 확보에 대한 사전검토가 필요하다.
- 일반적으로 기존 파일과 마이크로 소구경 파일을 사용한다.

① 마이크로파일공법

지반을 천공하여 고강도강봉이나 강선을 삽입한 후 시멘트 밀크를 주입하여 지지파일을 형성하여 기초를 보강하는 공법을 말한다.

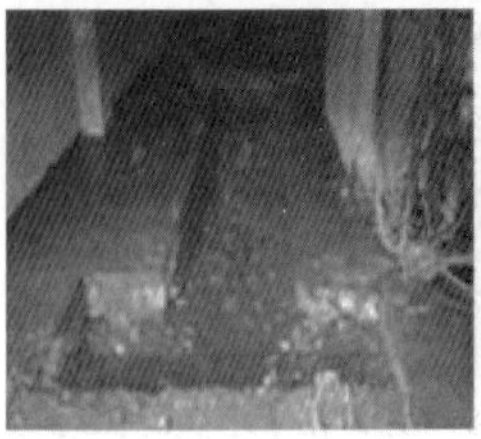
1. 기초커팅 후 기초보기

2. 천공장비 굴착

3. 케이싱파이프 삽입

4. 기초지압판 설치

② 시공순서

파일아웃케이싱작업 ➡ 천공장비굴착 ➡ 케이싱 파이프 삽입 ➡ 인케이싱 수직도 검사

강봉작업 ➡ 그라우팅작업 ➡ 두부정리 ➡ 기초지압판 고정

③ 전문업체 견적 공사비 비교

(수량 : 28공기준, 2003년)

명칭/규격	단위	A사	B사	C사	D사	비고
마이크로파일 (자재비+시공비)	원/m	117,280	158,270	122,955	119,931	
두부조립 및 설치	본	100,000	65,000	79,000	101,000	자재비 포함
추정공사비	백만 원	116	155	121	119	

5) 골조(증설)공사

① 기존 건물의 코어부분 철거나 엘리베이터 증설, 기존 벽체 및 슬래브의 보강·증설 등 범위와 방법에 대한 검토가 중요하다.

② 건물 내부의 용도 변경이나 주차장 증설에 따른 골조 증설 또는 골조보강의 범위에 대한 사전검토가 필요하다.

6) 구조균열보수공사

(1) 균열보수 기준

- 구조체의 보수공사 범위와 보수 부위를 명확히 한 후 공사해야 한다.
- 균열 부위가 0.3mm 이상으로써 실내 슬래브로 내구성 확보가 목적이라면 건식에폭시 주입공법에 대한 검토가 필요하고 발코니, 천장 누수 부위의 균열보수공법이라면 습식 균열보수공법 등에 대한 검토가 필요하다.

(2) 균열 부위 목적에 따른 보수공법 분류

위치	목적	보수공법
1) 구조체 균열 부위 보수	내구성 확보	건식에폭시주입 휨균열, 건조수축균열 : 폭 0.3mm 이상 휨전단균열 : 폭 0.1mm 이상
2) 재료분리, 공극, 단면결손 보수	내구성 확보	무수축 모르타르 충전 (철근부식 부위는 녹 제거)

주) 폭 0.2mm 이하의 균열 부위는 필요에 따라 건식에는 에폭시주입공법 또는 표면처리공법으로 보수한다.

(3) 보수공사 시 검토 분석 기준

보수공사 범위는 복구목표 수준, 보수공법 등에 따라 구조물의 내하력에 영향을 미치지 않도록 부분적인 보수와 전면적인 보수 등으로 나누어 설정한다.

▶ 보수공법의 범위 구분

1. 부분 보수시	- 보수대상 개소 중 부식된 철근 주변의 콘크리트만을 보수한다.
2. 전면 보수시	- 철근이 부식되어 있는 개소를 포함한 주변 개소에 대해서도 테스트해머로 타격하여 콘크리트 박리가 우려되는 곳 전부를 보수함. - 부식한계 염화물이온량이 1.2㎏/㎥를 초과하는 부분 - 결속선, 스페이서, 인서트 등에 녹이 발생한 경우
3. 보수공법 종류	- 표면처리공법, 충진공법, 주입공법
4. 보수공사 금액 산정	- 건물의 상태에 따라 보수공법이 다르다. - 보수공법에 따라 견적이 다르다.

보수공사비 예) 일반사무소 건물 : 8만~10만 원/3.3㎡
아파트 : 12만~15만 원/3.3㎡

(4) 부위별 균열보수공법 종류와 단가

(2010년)

보수부위	보수공법	보수단가
1. 조적벽체 균열보수	균열 부위 V커팅 후 탄성퍼티 충진	
2. 실내슬래브 균열보수	에폭시수지 건식공법	32,000~35,000원/㎡
3. 발코니, 천장 누수 부위 균열보수	습식 균열보수공법(폴리우레탄 그라우팅공법)	58,000~63,000원/㎡
4. PIT 골조면 불량 부위	수지모르타르 바르기	

(5) 보수공법 시공

① 에폭시 모르타르 도포공법

보수 범위 확인 → 균열면 처리 → 프라이머 도포 → 에폭시수지 모르타르 도포 → 표면마감 → 양생 → 검사

② 에폭시 수지 실(seal)공법

보수 범위 확인 → 균열면 처리 → 실링재도포 → 양생 → 검사

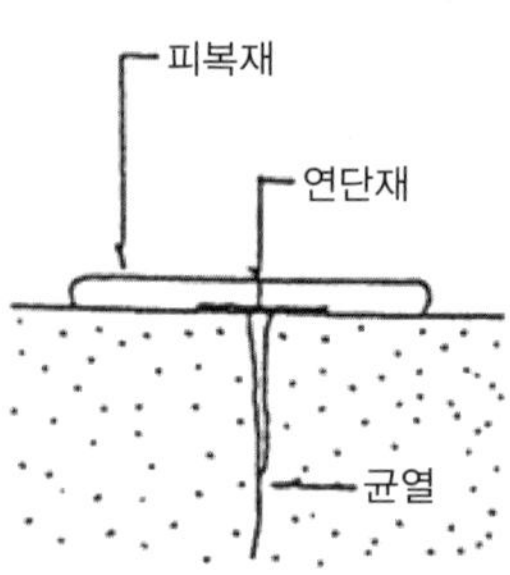

보수주입 위치 바탕처리

에폭시 퍼티 실링

③ 주입공법 시공방법

보수 범위 확인 → 균열 부위 청소 → 주입파이프 설치 → 균열면 실링주입 → 주사 및 실링제거 모르타르 미장마감

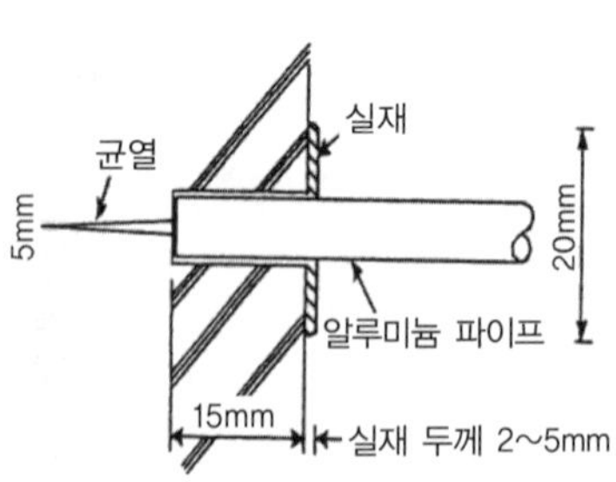

균열폭(mm)	파이프 간격(mm)
0.3 이하	50~100
0.3~0.5	100~200
0.5~1.0	150~250
1.0 이상	200~300

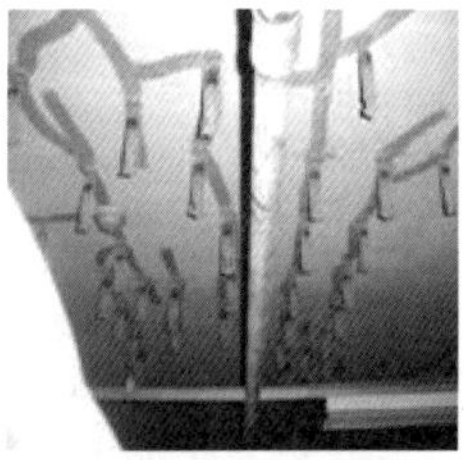

주입기 부착

7) 구조보강공사

(1) 보강공사 범위 산정

보강공사 범위는 구조기술자의 검토를 받아 안정성과 경제성을 고려하여 여러 가지 대안을 검토한 후 보강공법 범위를 결정해야 한다.

구 분	보강 내용 및 범위
1. 기본구조 평가	- 골조상태, 부재치수, 실측, 내력평가 - 구조재료의 성능평가
2. 골조, 바닥 보강	- 부재의 신설, 증타설 - 강판 또는 섬유판 보강
3. 노후 부재의 보수	- 콘크리트 보수, 철근부식 보수
4. 내진, 수평하중 보강	- 설계기준 강화, 수평내력벽 설치 - 가대설치, 바닥 격막 설치
5. 설비에 대한 보강	- 설비설치시 골조보강 방안
6. 엘리베이터 추가	- 바닥 개구부공사, 엘리베이터 피트공사 - 굴토 및 기초공사, 말뚝공사
7. 구조체 보강 설치	- 내력벽 추가, 기둥 및 보 설치
8. 기초 또는 지정 보강	- 기초 내하력 검토, 벽체 균열침하 등

(2) 보강공법의 종류

① 부재단면 증설 보강공법 : 콘크리트기둥, 보

② 강판부착 보강공법 : 콘크리트보, 슬래브

③ 탄소섬유시트 보강공법 : 슬래브, 보

④ 마이크로파일 기존 보강공법 : 기초

(3) 보강공사 시 금액 산정

① 건물상태에 따라 보강공법이 다르다.

② 보강공법에 따라 견적이 다르다.

(4) 구조물 보강공법 시공

구조물의 보강공사는 보강부위와 보강범위, 보강공법에 대한 기준을 분명히 한 후 공사를 시행해야 한다. 일반적인 골조 부위에 따른 골조 성능개선공법을 정리하면 다음과 같다.

▶ 부위별 골조구조 성능개선공법 단가

(2010년)

보강부위	보강공법	보강단가
1. 기둥, 보	강판보강공법	200,000~350,000원/㎡
2. 슬래브	탄소섬유보강공법	90,000~100,000원/㎡
3. E.V기초 파일 보강	마이크로파일 기초보강공법	400~450만 원/1공당(30m)

① 강판부착보강공법

- 강판부착공법은 콘크리트구조물의 콘크리트 표면, 특히 인장측 표면에 강판을 접착하여 기설구조물과 일체화시킴으로써 내력 향상을 도모하는 공법이다.
- 슬래브의 상하부 강판부착에 의한 휨보강공법 사례

보강판 보강 시공상세

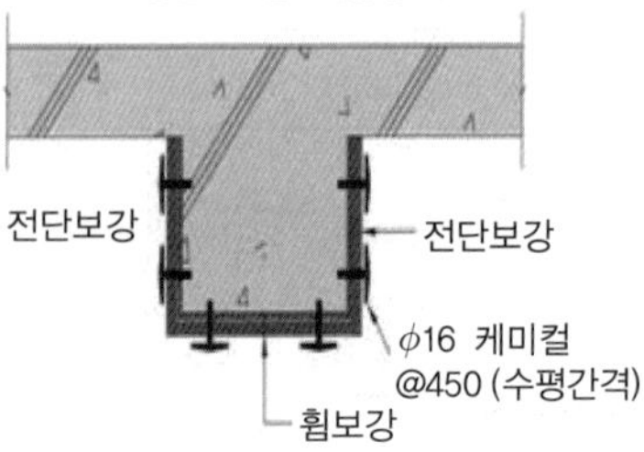

철판보강 전 마감제거 작업

철판압착 보강공법 실시 후

② 탄소섬유시트 보강공법

- 표면처리 및 균열보수 → 프라이머 도포 → 퍼티작업 → 에폭시 도포 → 탄소섬유시트 부착 → 마감에폭시 도포
- 탄소섬유보강공법 시공상세 및 사례

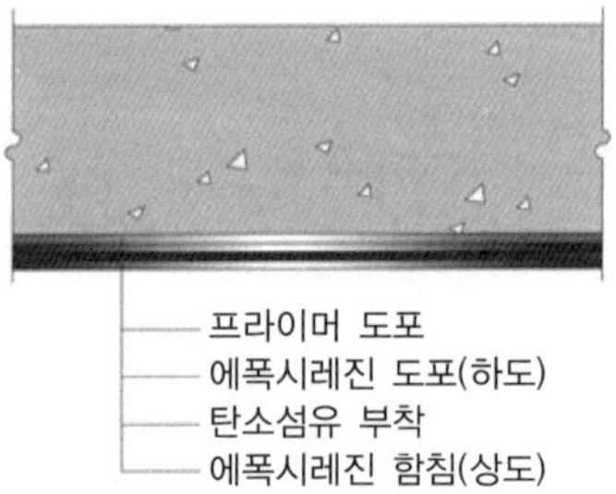

시공순서

탄소섬유보강 시공상세

탄소섬유 부착상세

8) 건축 및 인테리어공사

(1) 건축공사

건축공사 리모델링 견적은 신축공사와 차이가 없으며 리모델링 부위와 범위는 ① 외장공사, ② 조적공사, ③ 창호공사, ④ 방수공사, ⑤ 단열공사, ⑥ 마감공사 등을 들 수 있다.

(2) 인테리어공사

- 인테리어공사의 주요 부위는 건물 내부의 바닥, 벽, 천장, 주방, 화장실 등의 인테리어 등을 들 수 있다.
- 건물 내부 인테리어는 마감치수를 고려한 shop drawing에 의한 공사시스템 구축이 필요하다.

9) 기계설비 및 전기공사

(1) 기계설비공사

기계설비공사는 오배수 및 급배수관 등에 대한 노후배관 교체가 주류로서 PD입상배관, 세대내 및 화장실 배관, 지하횡주관, 위생기구 등이 주요 철거 및 리모델링 대상 범위이다.

(2) 전기통신공사

전기공사는 주로 옥내배선 설비의 교체와 건축 내부 평면 변경에 따른 입선과 콘센트 증설, 방범, 방재 기능 등의 개선에 중점을 두고 계획하게 되며, 광케이블 등의 신설에 대한 검토도 필요하다.

III. 리모델링사업 공사비 산출 사례

■ 사례 1. 서울시 강남구 도곡동 OO아파트 공사비

1. 리모델링사업 개요

1) 기존 아파트 현황

① 대지 위치 : 강남구 도곡동 OO번지 외 2필지

② 규모 : 아파트 6개 동(474세대), 층수 11~12층, 용적률 188.18%

③ 용도지역 : 제3동 일반주거지역

④ 준공년도 : 1978년도(2011년 기준 33년 경과)

2) 리모델링공사 현황

① 리모델링 대상 : 5개 동 384세대(1개 동은 재건축 추진)

② 사업규모 : 1개 층 수직증축, 용적률 290% 적용, 전용면적 30% 증가

구분	59㎡ → 84㎡ (18평 → 25평)	95㎡ → 133㎡ (29평 → 40평)	99㎡ → 137㎡ (30평 → 41평)	125㎡ → 171㎡ (38평 → 51평)	178㎡ → 233㎡ (54평 → 70평)
세대수	48세대	216세대	72세대	24세대	24세대

2. 사업 추진 경과

구분	조합설립인가	건축심의	안전진단	행위허가	착공	임시사용
시기	'06.2.15	'06.5.24	'06.8.24	'06.11.3	'08.11.19	'11.5.20

3. 리모델링공사 비용(310만 원 / 3.3㎡)

공종		공사비	3.3㎡당 (구성비)	
공사비 단가계		73,117,628,580	3,100,000	(100%)
1. 골조공사		7,757,996,760	328,919	(10.6%)
2. 설비공사	전기 · 통신	1,939,499,190	82,229	(2.7%)
	급수설비	1,382,947,249	58,634	(1.9%)
	오 · 배수	657,743,204	27,887	(0.9%)
	기타	3,103,198,704	131,567	(4.2%)
3. 주차장공사	지하주차장	876,990,938	37,183	(1.2%)
	지상주차장	404,765,048	17,161	(0.6%)
4. 마감재공사		56,994,487,487	2,416,420	(77.9%)

4. OO아파트 리모델링 후 가격상승 비교

구분	리모델링		증감
	전('06. 4~5월)	후('11. 7월)	
59㎡ → 84㎡	43,500	62,500	19,000 ↑
95㎡ → 133㎡	78,000	102,500	24,500 ↑
99㎡ → 137㎡	88,000	117,500	29,500 ↑
125㎡ → 171㎡	115,000	150,000	35,000 ↑
178㎡ → 233㎡	135,000	190,000	55,000 ↑

5. OO아파트 리모델링과 재건축사업 사례 비교

구 분	리모델링 추진 (가~마동)	재건축 추진 (바동, 상가동)
1. 재건축 안전진단	2001. 1. 29일 통과	
2. 규모(기존)	5개 동 384세대	1개 동 90세대+상가 45호
3. 조합인가	'06.2.15	'07.1.29 (추진위) '09.2.27 (조합인가)
4. 사업규모	1개 층 수직증축 용적률 291.68% 전용 30% 증	지상 20층 1개 동 용적률 249.80%, 107세대
5. 공사비	310만 원 / 3.3㎡	407만 원 / 3.3㎡
6. 건축심의	'06.5.24	'10.5.13
7. 안전진단평가	'06.8.24	-
8. 행위허가	'06.11.3	'10.11.29 사업시행인가
9. 착공	'08.11.19	-
10. 현 공정	'11.5.20 임시사용승인필증 수령	'10.7.7 시공사 선정

■ 사례 2. 서울시 강남구 청담동 OO아파트 공사비

1. 리모델링사업 개요

1) 기존 아파트 현황

① 대지 위치 : 강남구 청담동 OO번지

② 규모 : 아파트 1개 동(177세대), 층수 지하 2층/13~16층 용적률 258.35%

③ 용도지역 : 제3동 일반주거지역

④ 준공년도 : 1992년도(2011년 기준 19년 경과)

▲삼성물산이 서울시 강남구 청담동 두산 아파트를 리모델링해 '래미안 청담 로이뷰 아파트' 전용면적 84㎡였던 아파트는 리모델링공사로 110㎡로 커졌고 피트니스센터 · 골프연습장 등 커뮤니티시설과 지하 1~3층 주차장도 시공했다. 왼쪽 사진은 리모델링공사 전 두산 아파트의 모습 /삼성물산 제공

2) 리모델링공사 현황

① 대상 : 1개 동 177세대

② 사업규모 : 1개 층 수직증축, 용적률 370.71%, 전용면적 29.78% 증가

구분	84.77㎡ → 110.20㎡ (25평 → 33평)	84.92㎡ → 110.20㎡ (25평 → 33평)
세대수	12세대	165세대

2. 추진 경과

구분	조합설립인가	안전진단	건축심의	행위허가	착공	사용
시기	'08.06.25	'08.07.28	'09.12.23	'09.12.30	'11.06.27	-

3. 리모델링공사 비용(349만 원 / 3.3㎡)

공종		공사비	3.3㎡당 (구성비)	
공사비 단가계		43,354,116,000	3,942,000	(100%)
1. 골조공사		4,124,964,675	375,065	(10%)
2. 설비공사	전기 · 통신	3,650,250,000	331,901	(8%)
	급수설비	821,320,000	74,679	(2%)
	오 · 배수	390,400,000	35,497	(1%)
	기타	1,840,000,000	167,303	(4%)
3. 주차장공사	지하주차장	3,734,620,000	339,573	(9%)
	지상주차장	240,000,000	21,822	(1%)
4. 마감재공사		33,794,116,000	3,072,751	(78%)

■ 사례 3. 서울시 여의도 일반빌딩 리모델링 공사비

1) 리모델링공사 개요

① 위치 : 서울시 여의도동 OO빌딩

② 공사 개요 : ㉠ 연 면 적 : 6,000평

㉡ 공사규모 : 지하 4층~지상 15층

③ 구　　조 : R.C조

④ 공사방법 : 1~5층 근무 / 6층 이상 전면 철거 후 시공

⑤ 공사기간 : 1년

2) 리모델링공사 입면도

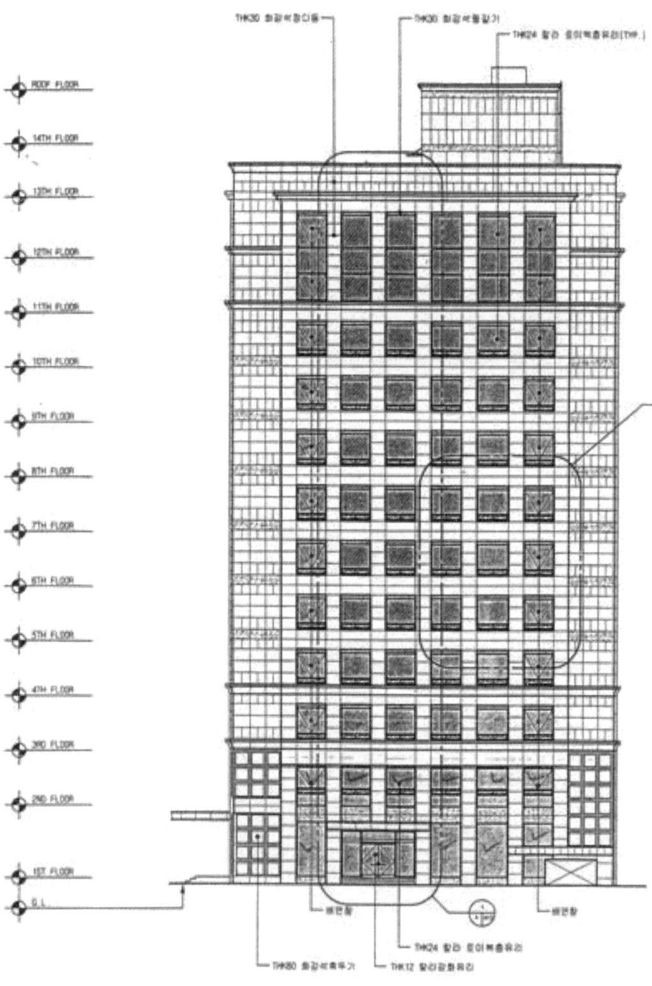

3) 리모델링공사 단면도

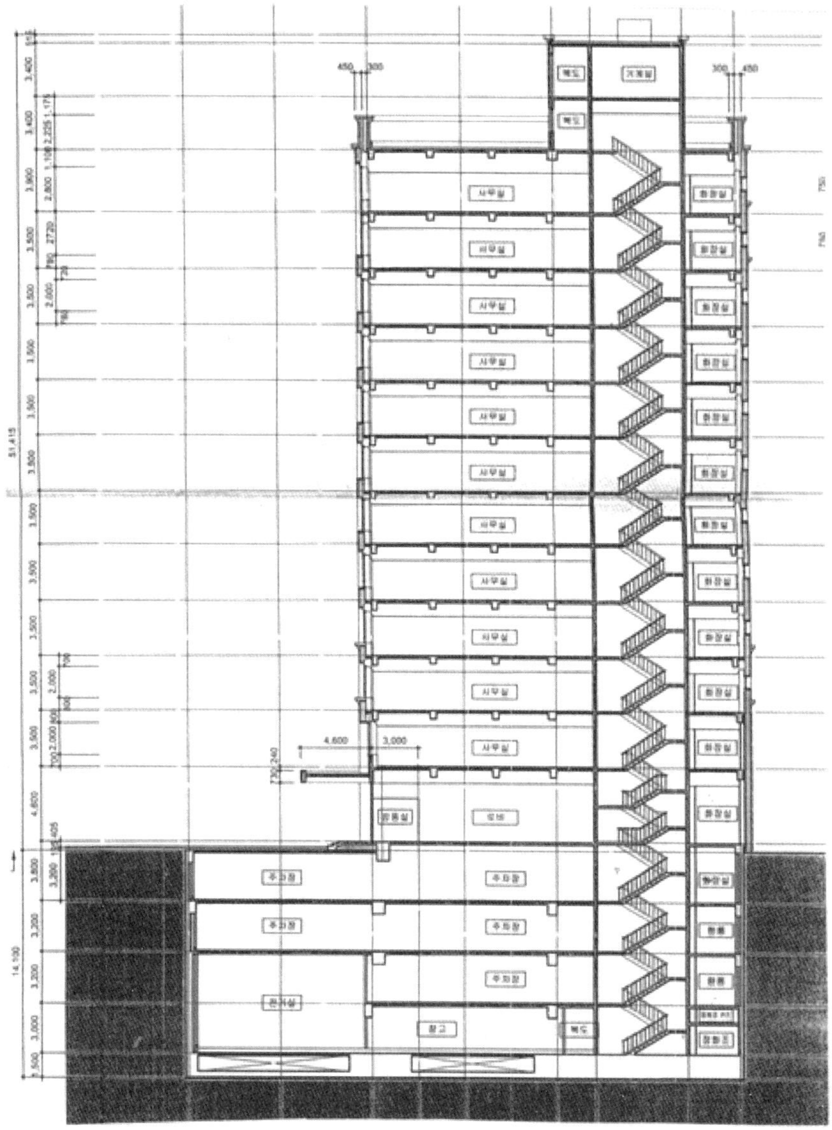

4) 개략 추정 공사비

(단위 : 원)

공종	공사금액	평당 가격	비고
1. 건축공사	9,500,000,000	1,740,000	
2. 골조보강공사	532,000,000	95,000	
3. 정화조공사	100,000,000	18,000	
4. 철거공사	700,000,000	130,000	
5. 토목(조경)공사	250,000,000	46,000	
6. 전기공사	2,000,000,000	380,000	
7. 설비공사	1,900,000,000	350,000	
8. 기타	2,000,000,000	370,000	
계	16,882,000,000	3,070,000	

제3장 학습요약 · 문제해설 (리모델링사업 공사비 분석)

▶ 학습목적

1. 리모델링사업 공사비 산출을 위한 사업범위와 기준을 이해하는 데 있다.
2. 각 공종별 리모델링 공사비 산출시 검토사항과 적용방법을 이해하는 데 있다.

▶ 학습내용

1. 리모델링사업 공사비 분석절차와 검토기준
2. 리모델링 공정별 공사비 산출범위와 기준
3. 리모델링사업 공사비 산출 사례

▶ 사전학습

1. 용어
   1) 용도 변경이란?

      해설: 기존의 건물용도를 다른 용도의 건물로 바꾸는 것을 말한다.

   2) 리모델링공사 범위란?

      해설: 리모델링공사는 신축이 아니기 때문에 기존의 건물상태에 따라 공사범위가 다를 수 있으므로 계약서에 공사범위 기준을 정하는 것을 말한다.

   3) 보수 · 보강공법

      해설: 리모델링 대상 구조물의 노후화상태를 보수하거나 보강하는 것을 말한다.

▶ **학습문제**

1. 리모델링 전체 사업비 계획시 내용과 거리가 먼 것은?

① 세부 공사비 산출 ② 발주자 의도 파악

③ 투자가치 타당성 분석 ④ 리모델링 범위와 방식 결정

해설: 세부 공사비 산출은 리모델링에 대한 전체 사업비 분석계획이 끝나고 실행단계에서 산출한다.

정답 ①

2. 리모델링 사업비 산정시 검토내용과 거리가 먼 것은?

① 관련법규 검토 ② 용도 변경 범위 검토

③ 설계도면 검토 ④ 개발 가능성 검토

해설: 개발 가능성 검토는 리모델링 전체 사업비 계획시 검토 내용이다.

정답 ④

3. 리모델링시 기존 설계도서가 있는 경우에 조사내용과 거리가 먼 것은?

① 설계도와 건축물의 비교

② 콘크리트강도 조사

③ 실측에 의한 구조체 도면 재작성

④ 균열변형조사

해설: 실측에 의한 구조체 치수조사 및 도면작성은 기존 설계도서가 없는 경우에 한다.

정답 ③

4. 리모델링공사의 요소별 분류와 순서에서 다음 빈 칸에 들어갈 말은?

1. 공간별 분류	⇨	2.	⇨	3. 마감 및 구성재 파악	⇨	4. 보수 및 교체 범위 검토

① 견적기준 ② 공사범위

③ 리모델링 공사내역 확정 ④ 부위별 분류

해설: 리모델링공사는 먼저 공간별로 분류하고, 그 다음은 부위별로 분류한 후, 각 부위별 마감재 및 구성재를 파악하는 순서로 진행된다.

정답 ④

5. 구조체균열 보수시 균열의 폭이 몇 cm 이상이면 보수공법을 실시하는가?

① 0.2mm ② 0.3mm ③ 0.4mm ④ 0.5mm

해설: 리모델링공사 시 구조체의 균열폭이 0.3mm 이상일 때는 반드시 보수공법을 실시한 후 리모델링공사를 해야 한다.

정답 ②

6. 리모델링구조물의 보수공법 종류가 아닌 것은?

① 탄소섬유시트공법 ② 표면처리공법

③ 충진공법 ④ 주입공법

해설: 탄소섬유시트공법은 보강공법이다.

정답 ①

7. 서울 강남의 공동주택 리모델링 사례에서 개략 공사비는 3.3㎡당 얼마 정도 범위인가?

① 150~250만 원 ② 250~350만 원

③ 350~450만 원 ④ 450~500만 원

해설: 서울 강남의 공동주택 리모델링 사례 리모델링공사비는 조건에 따라 다를 수 있지만 일반적으로 350~450만 원/3.3㎡ 범위로 보면 된다.

정답 ③

▶ 적용하기(1)

1. 서울 강남지역의 공동주택 리모델링시 공사비는 입지여건에 따라 다르지만 일반적으로 얼마 정도인가?

해설: 공동주택의 리모델링공사비는 입지여건에 따라 다를 수 있지만 일반적으로 서울지역의 경우는 350~450만 원/3.3m 범위로 볼 수 있다.

2. 리모델링 대상 아파트가 30년이 넘은 OO아파트 경우 공종별 리모델링공사 비용의 비중을 확인해 보시기 바란다.

해설: 30년이 넘은 공동주택 리모델링의 경우 공사비는 일반적으로 마감재공사 부분이 78%로 대부분을 차지하고, 그 다음으로 골조공사비가 11%로 많이 들어간다고 볼 수 있다.

▶ **적용하기(2)**

1. 리모델링공사 시 기존 도면이 없는 경우 조사진단 내용의 차이를 간단히 설명하시오.

해설: ① 실측에 의한 구조체 치수조사
② 철근배근 상황조사
③ 실측에 의한 설계도서 재작성 등을 들 수 있다.

2. 리모델링 대상 구조체 보강공법의 종류를 3가지 이상 말하시오.

해설: ① 부재단면증설공법
② 강판부착보강공법
③ 탄소섬유시트공법 등이 있다.

▶ **정리하기**

1. 리모델링사업비 산출시 공사비 산정은 충분한 사전조사를 바탕으로 산정되어야 한다.
2. 리모델링공사비 산정은 신축과 달리 상황에 따라 변수가 많으므로 그에 따른 충분한 공사비 증감을 감안해야 한다.

P/A/R/T/ 3

리모델링 설계계획과 사례 분석

01

리모델링 설계계획 수립

I. 리모델링 설계기법과 절차

1. 리모델링 설계기법

(1) 리모델링 설계기법의 정의

① 리모델링은 건물의 외관이나 내부의 일부분 또는 전체를 개·보수하거나 증·개축함으로써 건축물의 물리적·사회적 수명을 연장하는 일체를 활동영역에 포괄한다고 할 수 있다.

② 건축물은 준공 후부터 일정한 시기가 지나면 건축물을 구성하고 있는 시설의 노후화가 시작되며, 기술발전과 사회변화에 따른 신축건물과 비교해 볼 때 성능저하 및 기능이 진부할 수밖에 없다.

③ 건축법에서는 리모델링과 일반적인 증축, 개축, 대수선을 구별하기 위하여 노후화 억제 및 기능 향상 등의 목적이 있어야 한다고 밝히고 있다.

(2) 리모델링 설계계획의 목적

① 일반적으로 리모델링설계계획의 목적은 건축물이나 설비의 물리적 성능 향상뿐만 아니라 사회적 기능도 향상시켜 쾌적하고 편리한 사용환경을 만들어 부가

가치를 높이고 경쟁력을 강화하는 데 있다.

② 공동주택의 경우는 기존 단지의 잠재력을 극대화하고 신개념, 신기술의 건축계획으로 가장 안전하고 편안한 주거환경을 구축하고 경제적 가치를 향상시키는 데 리모델링 설계의 목표로 한다.

③ 리모델링의 궁극적인 목표는 성능개선을 통해 거주자의 생산성 및 쾌적성을 향상시킴으로써 건물의 가치를 상승시키고 경제성을 높이는 것이다. 이러한 리모델링계획의 목적을 달성하기 위해 물리적 · 경제적 · 사회적 측면을 고려하여 리모델링계획을 수립하여야 한다.

(3) 리모델링 설계시 주요검토사항

① 물리적 측면 설계 검토

- 노후화된 건물의 구조체 결함을 과학적 진단과 첨단시공으로 안전하고 최적의 리모델링으로 계획
- 추가비용을 최소화하는 경제적 주차계획
- 기존 식재를 최대한 활용한 자연친화적 녹지공간계획
- 부대복리시설 및 다양한 문화공간계획

② 경제적 측면 설계 검토

- 투자 대비 최대의 가치 상승을 위한 계획을 수립하여야 한다. 즉 신축에 비해 공사비 절감계획과 건축폐기물이 적게 발생하여 비용 절감 및 환경보호에 기여할 수 있는 리모델링계획
- 고품질의 외장과 새로운 이미지, 인테리어계획으로 부동산 부가가치 창출
- 단열 및 설비기기의 고성능화 계획으로 유지관리비 절약

③ 사회적 측면 설계 검토

- 다양한 문화 수용 및 거주성 향상을 위한 신개념 공간계획
- 생활 스타일에 따라 변형할 수 있는 가변형 계획
- 첨단설비 시스템과 에너지절약형 건물운용계획

2. 리모델링 설계절차

(1) 일반건물의 리모델링사업 및 설계계획 절차

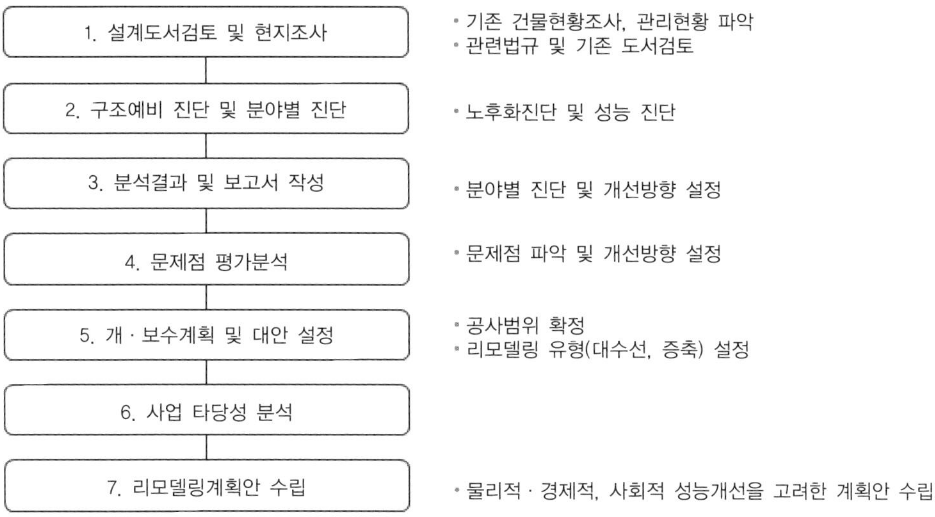

(2) 공동주택 리모델링사업 및 설계계획 절차

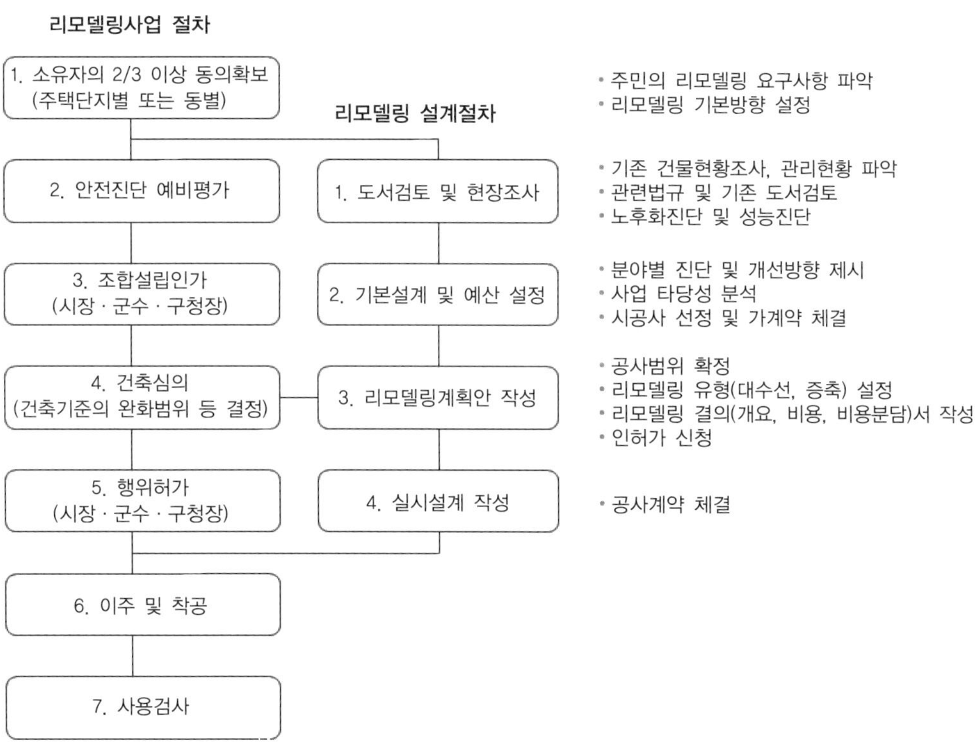

II. 리모델링 유형별 설계계획

1. 일반건축물의 리모델링 설계계획과 수법

1) 설계 개요

(1) 일반건축물의 리모델링 유형은 증축보다는 기존의 규모와 기능을 유지하면서 성능개선을 위한 리모델링이 일반적이다.

(2) 구조체의 내구성과 안전성을 위한 보강과 에너지 효율성 향상을 위한 전기 및 기계설비의 보수, 미관 측면의 외장 리모델링이 일반적으로 이루어지고 있다.

2) 일반건축물 리모델링 설계시 검토사항

(1) 구조적 측면 리모델링

기존 구조물의 내구성에 중점을 두고 일정 수준의 구조적 안정성을 유지하는 것을 기본으로 리모델링하며, 내진성능 향상을 위해 다양한 보강공법 및 외장재 박리방지를 위한 보수, 구조물 콘크리트의 중성화 억제, 증축 및 철거에 대한 공법 등의 파악이 무엇보다 중요하다.

(2) 외장 리모델링

도시에서 건물의 외관은 중요한 미관적 요소가 되며, 기존의 외장을 철거하고 새로운 재료를 활용한 다양한 디자인과 공법으로 외장의 효과를 최대한 살릴 수 있는 리모델링설계로 디자인해야 한다.

(3) 환경적 측면 리모델링

건물의 환경 및 에너지절약을 위한 자연에너지 활용과 설비기기 교체 및 신설, 외피 단열성능 향상 등을 고려할 수 있으며, 공간의 쾌적성 향상을 위한 다양한 공간의 재배치, 배리어 프리를 위한 디자인, 기존 옥상을 이용한 녹화 등에 대한 리모델링도 고려해야 한다.

(4) 부분적 리모델링

부분적인 리모델링으로는 인텔리전트화에 대응한 공간과 설비에 대한 다양한 부분의 리모델링이 이루어지고 있으며, 특히 바닥 부분에는 배선수납을 위한 다양한 공법이 적용되고 있으므로 이 부분을 기존 건물의 층고 및 천장고와 연계하여 검토되어야 한다.

(5) 증축 리모델링

증축 리모델링은 설비 및 이동시설(엘리베이터 등) 검토와 증축을 동반한 리모델링의 경우로 반드시 주차시설과 정화조 용량 등의 법적 검토가 전제되어야 한다.

3) 일반건물 리모델링 설계 수법

유형	내용	세부수법	구법 관련사항
1. 증축	1) 수직증축	• 상부 증축 • 지붕층 증축	• 라멘구조 습식공법 • 건식구법 : 경량철골조 • 복합화공법 • 금속지붕재
	2) 수평증축	• 수평 면적 확장 : 사무공간 확장	• 라멘구조 습식공법 • 철골구조 : 건식공법 • PC/복합화공법
	3) 설비 및 이동	• 엘리베이터 및 로비	• PC공법
	4) 공간 부가	• 계단	• 습식공법
2. 감축 제거 (철거)	전체 혹은 부분 철거	• 한 층만 부분 철거 • 골조를 제외한 나머지 전체 철거 • 층 전체 철거	• 각종 철거공법
3. 갱신 개축 개수	1) 외벽 갱신	• 단열개수, 재료, 부품 갱신 • 디자인 변경, 부분 부가 • 외벽 이동 • 구조체 제외한 전면개수 • 구조체 보강 • 외벽 덧붙임	• 오픈 조인트공법 • SSG공법 • DPG(Dot Point Glazing)공법 • 건식석재붙임공법 • 2중벽 공법 • 각종 외벽 덧붙임 • 알루미늄 복합패널
	2) 옥상방수 갱신	• 옥상방수 개수	• 각종 옥상방수공법
	3) 내부공간 재배치	• 내부공간의 레이아웃 재배치	• 내부공간 부품접합공법
	4) 내부공간 개수	• 화장실 개수 • 로비 개수	• 상상배관, 구조체와 설비 분리 • 유닛배관 설치
	5) 내장 갱신	• 2중바닥 설치 • 천장마감, 바닥마감 • 벽체 및 마감교체	• 각종 2중바닥 설치공법 • 시스템 천장 • 각종 건식벽체 설치공법
	6) 설비 갱신	• 각종 공용 설비교체, 증설 • 개별 공간의 설비교체, 증설, 이설 • 각종 IB설비 설치	• 설비설치, 이설, 교체공법
	7) 구조체 보강	• 안전성능 향상 : 일반, 내진	• 포스트텐션, 철골부재 보강, 단면증재구법
	8) 편의시설	• 고령자, 장애인시설 개수, 설치 : 경사로, 손잡이, 미끄럼방지	• 손잡이 설치
4. 복합	증축+개축+제거	• 복합	• 다양한 공법의 혼용
5. 전용 (용도변경)	용도 변경	• 창고/공장/오피스 → 주택 • 공장 → 학교, 오피스 • 탄약창고 → 복합시설 • 이용방법 변화	• 부분 신축 • 내부 재배치 • 내 · 외부 재배치 • 각종 공법

2. 공동주택의 리모델링 설계계획과 수법

1) 공동주택 리모델링 설계계획

(1) 단지계획 설계

부대시설 및 복리시설의 추가계획과 주차장 증설계획, 조경공간 등을 재계획하여 새로운 단지로 리모델링하는 경우가 일반적이다.

(2) 단위세대 설계계획

수평증축과 수직증축으로 나누어 볼 수 있는데, 수평증축은 공용공간의 증축과 전용공간의 증축이 있다. 즉 계단실, 엘리베이터 등의 공용시설이나 성능개선을 위한 설비공간 증축과 방, 화장실, 기존 발코니의 실내화와 발코니 증축 등의 전용면적 증축을 말한다.

(3) 증축 리모델링 설계시 기본 검토사항

① 단지의 특화계획시

- 기존 단지의 단점을 보완한 동선계획(보행동선계획 및 주차동선계획)
- 친환경 및 미래지향적인 단지조경계획

② 단위세대의 특화계획시

- 주거환경 변화와 문화에 따른 내부공간 조닝
- 기존 구조체 파악(기둥식, 벽식) / • 증축에 따른 채광 및 환기계획
- 새로운 코어계획 / • 가변성 계획

③ 주차장 증설계획시

- 소요 주차대수 산정 / • 주동과 연관된 시공성 검토 및 진입동선
- 채광 및 환기계획 / • 진출 · 입 램프 특화계획

④ 주민편의시설계획시

- 주민편의성을 높이기 위한 용도 선정(주민 헬스센터, 실내골프연습장, 세대별 라커, 라운지 등)
- 이용자의 편리성 및 쾌적성을 위한 계획

⑤ 주동의 특화계획시

- 미래형 도심 주거 이미지 창출
- 고급스러운 외장재로 격조 있는 외관 디자인
- 저층부, 중층부, 고층부 매스 변화로 주동의 아이덴티티 추구
- 1층 세대의 차별화 : 필로티계획 및 1층 전용 개별 정원계획 등

2) 공동주택 리모델링 설계수법

리모델링 유형	유형별 수법내용	리모델링 범위별 세부수법 내용	
		단위세대 변경	동별 및 외부공간, 공용시설 변경
1. 갱신형	1) 물리적 열화의 갱신	• 내부설비 및 배관 교체 • 창호 교체 • 발코니의 실내화	• 외벽 갱신, 공용공간 보수 • 옥상시설물 갱신 • 외단열
	2) 건물기능 개선	• 내부 비내력벽 제거 • 무인경비시스템 도입	• 지하층의 공용시설화 • 관리소 공간변경 • 옥상층의 공용시설화 • 복리시설 용도변경 • 무인경비 시스템 · 통신설비 갱신
	3) 외부공간 및 설비갱신		• 놀이터시설 갱신, 확장 • 난방공급방식 변경 • 주차장 확장 • 차량도로망 형태변경
	4) 세대통합	• 수직통합(메조넷화) • 수평통합	• 소형세대 통합 • 다른 용도실과 통합
2. 부가형	1) 실추가	• 발코니 추가 또는 확장 • 화장실, 침실 추가	• 소형 평형 발코니 확장 • 복도형 아파트 복도 확장
	2) 증축	• 최상층 증축	• 수평증축, 단지 내 동 증축
	3) 시설추가		• 탁아소, 주민사회복지시설 설치 • 주차건물, 주차장, 주차설비
	4) 커뮤니티의 외부공간 추가	• 주 현관의 특성화 • 공용공간 특성화 • 주차공간 특성화	• 놀이터, 휴게공간, 공중화장실 • 가로시설물 설치 • 차량, 보행동선 변경 등 • 단지출입구, 담장 개선
3. 삭제형	1) 세대분할	• 대형 평형 분할	• 위해방지를 위한 부대시설 제거 등
	2) 시설물 제거	• 구체 노후된 동 제거	• 기존 도로의 일부 제거
4. 장벽제거형	1) 내부공간 개선	• 화장실 개선, 욕실 개선 • 주방 개선	• 욕조 제거, 샤워실 설치 • 주방높이 개선
	2) 수직, 수평 동선 개선	• 단차제거, 핸드레일 설치 • 출입문 확장	• 단차제거, 보차분리 • 차, 보도 동선 개선
5. 배리어 프리형	1) 내부공간 개선	• 화장실 개선, 욕실 개선 • 주방 개선	• 욕조 제거, 샤워실 설치 • 주방높이 개선
	2) 수직, 수평 동선 개선	• 단차제거 · 출입문 확장	• 단차제거, 지지대 설치 • 보차분리
6. 환경친화형	1) 태양열이용	• 발코니 공간을 이용한 패시브솔라 시스템 적용	• 액티브솔라 시스템 • 에너지 질량시설 설치
	2) 녹화	• 발코니녹화	• 옥상녹화 / • 조경개선
	3) 환경친화적 공간 형성		• 친수공간 형성 / • 개인정원 설치(1층) • 공용텃밭 설치
	4) 포장재 개선		• 투수자재를 이용한 포장 개선
	5) 에너지절약 시설물 설치		• 중수도시설 설치 • 태양열이용 설치

3. 구조안전진단과 종합분석계획 수립

1) 구조안전진단 및 결과 종합분석

(1) 기존 설계도서 검토 및 현지조사

① 리모델링 대상 건물은 기존 도면이 없는 경우가 많고, 보관되어 있어도 도면이 미흡하고, 시공 당시의 기술 수준으로 구조체의 위치 및 크기가 다르게 나타날 수 있어 반드시 실측을 통한 리모델링계획을 진행하는 것이 중요하다.

② 준공도서를 검토하고 현장조사를 통해 불일치한 점을 체크하여 건물의 상태를 파악하여야 한다.

③ 건물수선이력 등을 파악하여 보수 및 보강공사 부분, 설비교체공사 등의 내용을 파악하여야 한다.

(2) 구조예비진단 및 분야별 진단

① 리모델링계획은 기존 건물을 기초로 하므로 기존 건물에 대한 구조진단이 매우 중요하고, 먼저 건물의 노후화된 부분을 예비진단한다.

② 구조뿐만 아니라 기계설비 부분 및 전기설비, 소방설비 등 분야별로 기존 건물의 현재 상황을 면밀히 조사 · 분석한다.

(3) 분석결과 종합 및 진단보고서 작성

각 분야의 분석결과를 토대로 기존 건물의 성능을 종합적으로 판단할 수 있는 보고서를 작성한다.

2) 리모델링 설계계획안 수립

(1) 문제점의 입체적 평가분석

각 분야별 문제점 분석과 정확한 노후도 판정으로 리모델링공사 범위와 경제적인 공사방법을 채택한다.

(2) 개 · 보수계획 및 대안 설정

① 리모델링계획의 기본방향을 설정함에 있어 대수선, 개축 등의 리모델링 범위를 결정하는 것은 매우 중요하다.

② 건물의 해체 및 철거범위를 명확히 설정하여 개 · 보수계획을 수립한다.

(3) 사업 타당성 검토

① 리모델링 예상공사비 및 운영비를 먼저 산정하여 예산을 설정하고, 건물 리모델링 후 보유기간을 산정하여 임대수익을 추정한다.

② 리모델링 투자 대비 리모델링 전후의 건물임대 수입 차이를 현가로 할인하여 사업 여부를 판단한다.

(4) 공사범위 확정 및 리모델링계획안 수립

① 사업성 여부가 결정되면 공사범위를 확정하고 건축, 토목, 설비, 전기 공종별로 리모델링 유형에 따라 계획안을 수립한다.

② 리모델링공사는 신축공사와 달리 철거공사가 수반되므로 리모델링 전후 도면뿐만 아니라 철거도면 작성이 요구된다.

4. 리모델링설계시 법규 완화적용 검토계획

1) 일반건축물 증축(건축법 시행령 제6조)

(1) 일반건축의 경우는 사용승인 후 20년이 경과한 경우, 증축의 규모는 기존 건축물 연면적 합계의 1/10 이내로 제한하고 있다.

(2) 건축물의 층수 증가도 제한하고 있으나 지상층의 일부를 주차장으로 전용할 경우 감소하는 바닥면적만큼 최상층 상부에 증축할 수 있도록 제한허용하고 있다.

(3) 일반건축물 리모델링의 경우 증축 범위는 다음과 같이 제한하고 있다.

① 승강기, 계단 및 주차시설

② 노인 및 장애인 등을 위한 편의시설

③ 외부벽체

④ 통신시설, 기계설비, 화장실, 정화조 및 오수처리시설

⑤ 기존 건축물의 높이 및 층수

2) 공동주택 증축(주택법 시행령 제4조의 2, 건축법 시행령 제6조)

(1) 공동주택의 경우는 사용승인 후 15년이 경과하면 증축 리모델링이 가능하며, 이때 증축의 규모는 각 세대 주거전용면적의 3/10 이내로 제한하고 있다.

(2) 일반건축물과 같이 층수 증가도 제한하고 있으며, 1층을 필로티로 하여 부대복리시설을 설치하면 최상층에 1개 층을 증축할 수 있도록 제한허용하고 있다.

(3) 공동주택 리모델링의 증축의 범위는 다음과 같이 제한하고 있다.

① 승강기, 계단 및 복도

② 각 세대 내의 노대, 화장실, 창고 및 거실

③ 「주택법」에 의한 부대시설

④ 「주택법」에 의한 복리시설

⑤ 기존 공동주택의 높이, 층수 또는 층별 세대수

3) 리모델링설계시 건축기준의 완화 검토

① 건축법 시행령 제6조에서 일반건축물은 사용승인을 얻은 후 20년 이상(공동주택의 경우 사용승인 후 15년)이 경과된 건축물을 리모델링할 경우는 일부 건축기준의 완화 적용을 허용하고 있다.

② 건축주 · 설계자 · 공사시공자 또는 공사감리자는 그 업무를 수행함에 있어서 건축법 규정을 적용하는 것이 매우 불합리하다고 인정되는 대지 또는 건축물로서 건축법 시행령이 정하는 것에 대하여 이 법의 기준을 완화하여 적용할 것을 요청할 수 있으며, 허가권자가 건축위원회의 심의를 거쳐 결정하게 되어 있다.

③ 건축기준의 완화 조항 및 완화조건

완화조항	심의사항	완화조건
1. 조경 (건축법 제32조)	면적이 200제곱미터 이상인 대지에 건축하는 경우 용도지역 및 건축물의 규모에 따라 당해 지방자치단체의 조례가 정하는 기준 완화 여부 및 범위	1) 공공의 이익을 저해하지 아니하고 주변의 대지 및 건축물에 대한 지나친 불이익을 주지 아니할 것 2) 도시미관이나 환경을 지나치게 저해하지 아니할 것 3) 세대수를 증가시키거나 복리시설을 분양하기 위한 것이 아닐 것
2. 건축선 지정 (건축법 제36조)	도시지역에서 건축물의 위치를 정비하거나 환경을 정비하기 위해 필요하다고 인정하여 대통령령이 정하는 범위 안에서 지정하는 건축선의 완화 여부 및 범위	
3. 건폐율 (건축법 제47조)	• 건폐율은 대지면적에 대한 건축면적의 비율 • 「국토의 계획 및 이용에 관한 법률」 제77조의 규정에 의한 건폐율 최대한도의 완화 여부 및 범위	
4. 용적률 (건축법 제48조)	• 용적률은 대지면적에 대한 지상연면적의 비율 • 「국토의 계획및 이용에 관한 법률」 제78조의 규정에 의한 용적률 최대한도의 완화 여부 및 범위	
5. 건축물의 높이 제한 (건축법 제51조)	가로구역의 대지에 대하여 대통령이 정하는 바에 의한 건축물의 최고높이 완화 여부 및 범위	
6. 일조 등의 확보를 위한 건축물의 높이 제한 (건축법 제53조)	주거지역 안에서 일조 등의 확보를 위하여 정북방향의 인접대지경계선으로부터 거리에 따라 대통령령이 정하는 건축물의 높이 완화 여부 및 범위	

III. 공동주택 리모델링설계의 특화계획

1. 리모델링설계 특화 개요

(1) 일반건축물

① 국내의 경우 일반건축물의 리모델링 유형을 보면 증축보다는 기존의 규모를 유지하면서 성능개선을 위한 리모델링이 일반적이다.

② 일반건축물보다는 공동주택의 증축 리모델링을 많이 추진하고 있는 실정이다.

③ 일반건축물 리모델링의 경우는 건축물의 용도도 다양하고 리모델링공사의 유형도 다양하여 설계 부문을 일반화해서 설명하기는 어렵다.

(2) 공동주택

① 공동주택이라는 단일용도의 리모델링에 있어서 기존 단지의 문제점과 주민의 요구사항을 설계를 통해 공동주택 리모델링 단지만의 특화할 수 있는 방안을 찾는 것이 중요하다.

② 공동주택단지의 리모델링계획 특화방안을 분류하면 전체 단지의 특화, 단위세대의 특화, 주차장계획, 주민공동복리시설계획 특화 등으로 구분할 수 있다.

2. 기존 단지의 문제점 분석

(1) 기존 단지의 특성 파악

① 리모델링설계에서는 주동의 배치를 바꿀 수 없으므로 그 한계를 극복하고 단지특화를 하는 것이 단지 리모델링설계의 주안점이다.

② 주동의 배치계획에 따른 조경계획은 한계가 있지만 지상주차장을 지하주차장화하여 지상에 녹지공간 및 휴식공간을 확보하고 부대복리시설을 증축 · 신축하여 재배치하고, 건물 및 옥상 공간을 주민들의 휴식이나 휘트니스센터로 재구성하여 특화하는 것이 일반적이다.

(2) 기존 단지의 문제점 파악

① 주차장공간 부족

- 70, 80년대에는 지상주차장만으로도 주차장이 넉넉하였기 때문에 법적인 기준도 가구당 0.4~0.6대였으나 해마다 변하여 지금은 가구당 1.3~2.0대의

법적 기준을 가지고 있다.

- 현재의 주차장 공간은 가구당 차량 보유대수가 대부분 증가하여 리모델링 추진 단지 대부분의 주민들은 지하주차장을 확보하여 세대당 1.5~1.8대를 요구하고 있다.

② 부대 복리시설 부족

- 준공 후 20년이 지나 리모델링을 추진하는 단지들은 지하대피소, 관리사무소, 노인정의 시설이 주민 부대시설의 전부이다.
- 최근 신축 단지들은 웰빙을 강조하여 휘트니스센터, 노인정, 독서실, 정보검색실, 실내골프연습장, 영화감상실 등 여러 가지의 주민 부대복리시설을 계획하고 있다.
- 주민복리시설은 주민의 건강하고, 문화생활을 영위하는 커뮤니티 공간일 뿐만 아니라 단지의 부가가치를 높이는 요소 중 하나이다.

③ 조경공간 미활용

- 옥외공간이 대부분 주차장화되어 옥외조경 공간이 절대적으로 부족하다.
- 그나마 있는 조경공간도 조경수 등이 제대로 관리되어 있지 않고 테마가 없는 녹지공간 역할을 하고 있다.

④ 보행 및 차량동선의 혼재

- 기존 단지의 동선체계는 대부분 차량 위주의 동선체계로 되어 있으며, 차도와 인도의 구분도 없는 경우가 많다.
- 보차동선의 혼재는 단지내 위험요소로 작용한다.

3. 단지 전체와 단위세대 특화설계계획

1) 공동주택 단지 전체 특화계획

(1) 리모델링 단지 배치계획

① 리모델링설계는 주동의 배치를 바꿀 수 없기 때문에 단지계획의 한계가 있다.

② 일반 신축 아파트 단지의 특화는 주동의 배치계획 및 주동과 주동 사이의 조경공간, 휴식공간을 어떻게 연결하느냐에 따라 그 단지의 계획이 결정된다.

③ 최근의 고급아파트 단지는 친환경적인 단지환경과 웰빙 개념을 도입한 주민공동시설을 계획함으로써 친환경, 문화, 미래지향적인 단지를 조성하고 있다.

(2) 단지내 차량 및 보행자 동선 계획

① 차량과 보행자 동선체계 파악

- 단지 특화전략에서 먼저 해야 할 일은 기존 단지의 단점을 파악하고 보완하는 방법을 모색하는 것이다. 이러한 방법 중 가장 먼저 고려해야 할 점이 차량과 보행자의 동선이다.
- 동선의 재배치를 고려하면서 먼저 해야 할 일이 차량동선과 보행자 동선을 고려하여 주출입구 및 부출입구 위치를 결정하는 것이다.
- 과거와 다른 주변환경 변화를 고려하고, 이에 따른 차량동선과 보행자 동선을 고려하여 주출입구 위치를 결정한다.

② 주출입구와 주차장 증설 문제 파악

- 주출입구가 결정되면 주출입구의 접근성 및 아이덴티티를 고려하여 주진입로를 계획한다.
- 주진입로와 연계된 진입광장을 중심으로 보행 및 차량동선은 분리를 원칙으로 계획한다.
- 지상주차가 많이 필요한 경우 데크 설치로 유기적인 보차분리 동선체계를 계획하는 것도 방법이다.

③ 단지환경조성계획

- 동선을 재배치하여 보차분리가 확실히 계획되었을 때, 단지의 환경친화적인 조경계획이 가능하다.
- 지상에 차량동선을 최대한 배제함으로써 단지 전체를 하나의 공원개념으로 계획할 수 있다.
- 외부공간을 주민의 휴식공간이나 커뮤니티공간으로 계획할 수 있다.

2) 공동주택 단지 특화계획 사례

(1) 풍납동 OO아파트 리모델링 단지 배치계획

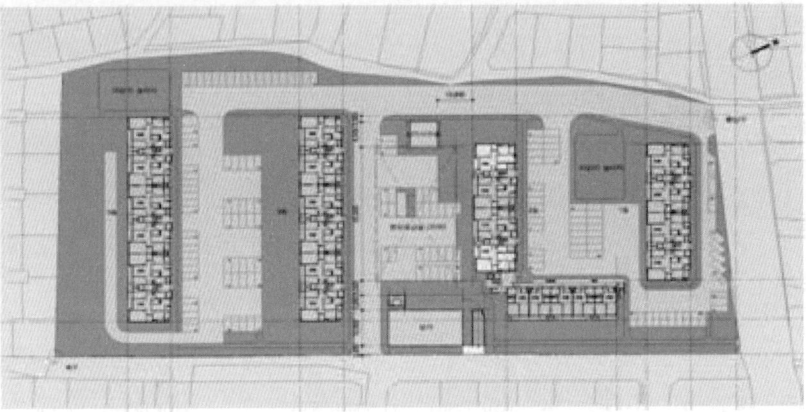

리모델링 전 배치도

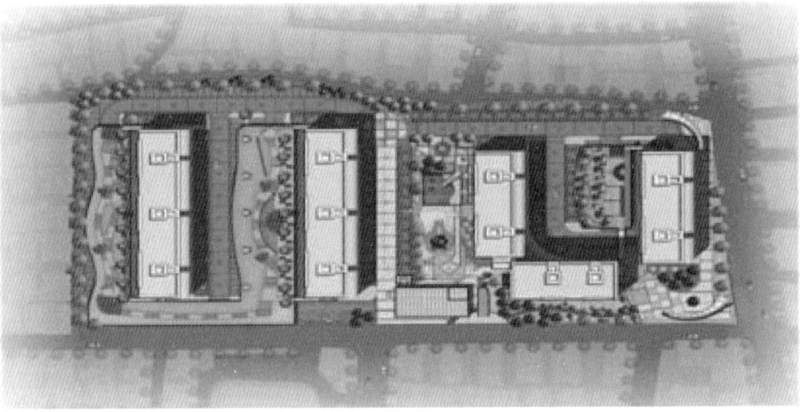

리모델링 후 배치도

(2) 풍납동 OO아파트 리모델링 후 단지내 차량 및 보행 동선계획

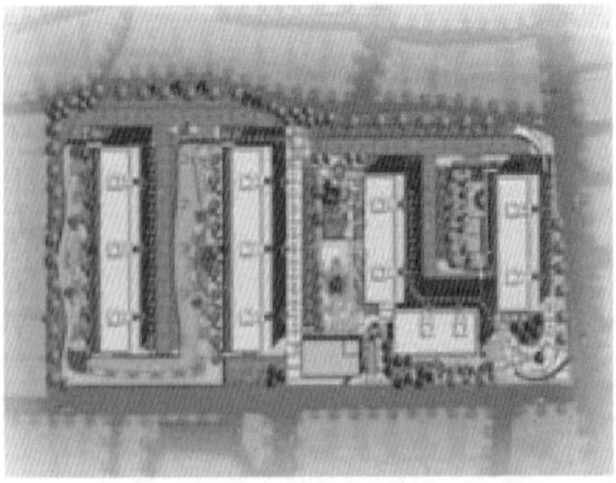

보행자 동선계획도

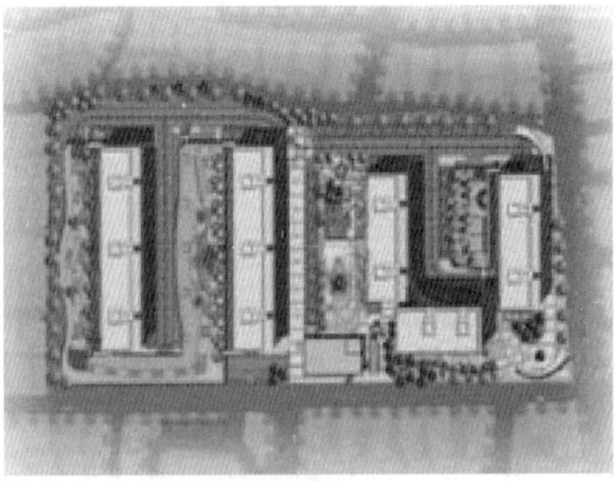

차량 동선계획도

(3) 데크 주차장과 조형물을 이용한 보행자 출입구 특화계획

3) 공동주택 단위세대별 특화계획 수법

(1) 단위세대 리모델링 특화계획 개요

① 현실적으로 공동주택 리모델링사업의 가장 큰 매력은 세대 주거전용면적을 30%~40%까지 수평증축과 동별 수직증축을 허용하는 데 있다.

② 「주택법 시행령」에서 사용검사일로부터 15년이 경과한 경우 증축 리모델링을 할 수 있으며, 이 경우 각 세대 주거전용 면적의 3/10 이내에서 증축 가능하다고 규정하고 있다.

③ 이와 관련하여 「건축법」에서는 일부 건축기준의 적용을 완화해줄 수 있도록 하고 있다.

④ 증축 리모델링으로 인한 건축법 적용의 불합리한 점은 건축위원회의 심의를 통하여 적용 완화 여부를 결정할 수 있도록 하고 있다.

(2) 기존 단위세대의 문제점

- 복도형 아파트의 경우 단위세대 프라이버시 침해 문제
- 협소한 진입공간과 수납공간 부족
- 부부 전용 드레스룸과 욕실 없음
- 욕실이 협소하고 수납공간 부족
- 주부동선을 고려하지 않은 주방과 식당 배치
- 발코니 공간 부족

(3) 구조방식에 따른 단위세대 리모델링 전 · 후 평면계획 사례

① 기둥식 구조 단위세대 평면계획(70년대 공동주택 구조)

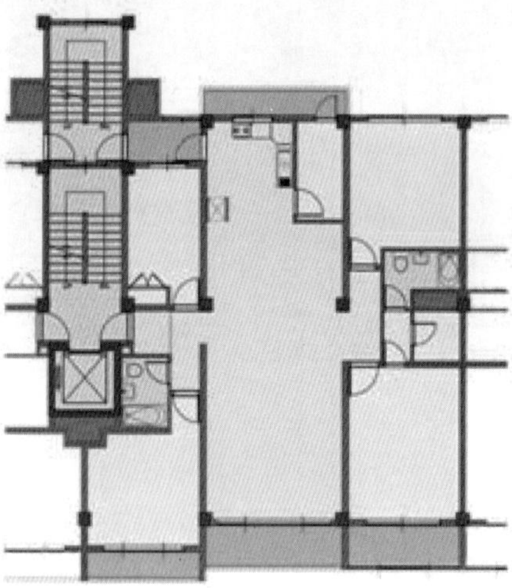

리모델링 전

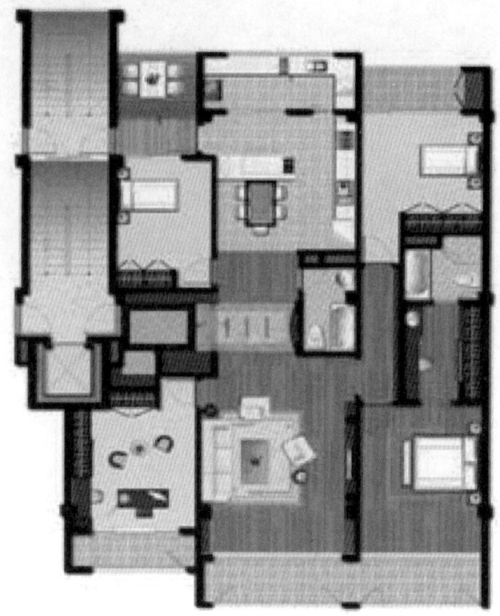

리모델링 후

② 기둥식+벽식구조 단위세대 평면계획(80년대 공동주택 구조)

리모델링 전

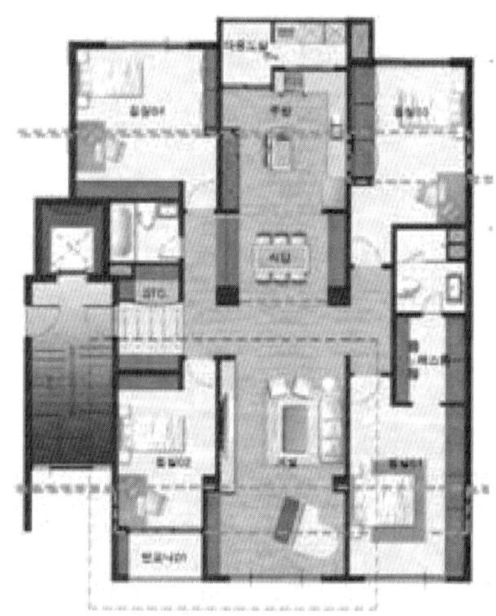

리모델링 후

③ 벽식구조 단위세대 평면계획(90년대 공동주택 구조)

리모델링 전

리모델링 후

(4) 구조방식에 따른 단위세대 리모델링 평면계획 특징 분석

① 복도형 단위세대 평면계획 특징

㉠ 개념 : 엘리베이터를 공유하고 세대의 연결동선이 복도형으로 되어 있는 아파트를 말한다.

㉡ 특징

- 복도식 아파트의 경우 복도에 방이 접하게 되어 프라이버시에 문제가 있고, 복도측은 발코니가 없어 서비스 공간이 부족하다.
- 리모델링 후에는 계단실을 신설하여 계단실형 구조로 변경하고, 복도 부분은 확장하여 침실과 서비스 면적 등을 증가시킬 수 있다.

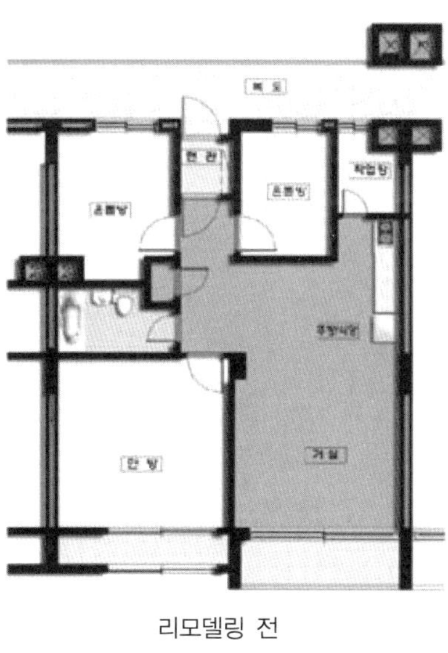

리모델링 전

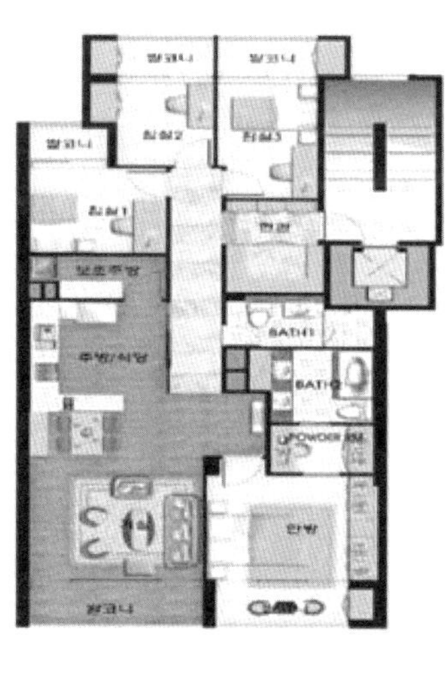

리모델링 후

② 계단실형 단위세대 평면계획

㉠ 개념 : 2세대가 1개의 엘리베이터와 계단실을 연결동선으로 공유하는 형태의 아파트를 말한다.

㉡ 특징

- 기존 코어를 중심으로 전실 공간을 두어 현관을 고급화하고, 아파트 발코니 전·후면을 확장하여 서비스 공간을 넓힐 수 있다.
- 생활변화에 따른 안방의 욕실 및 드레스룸 고급화
- 거실 확장계획과 주방의 남향 배치계획 등

리모델링 전

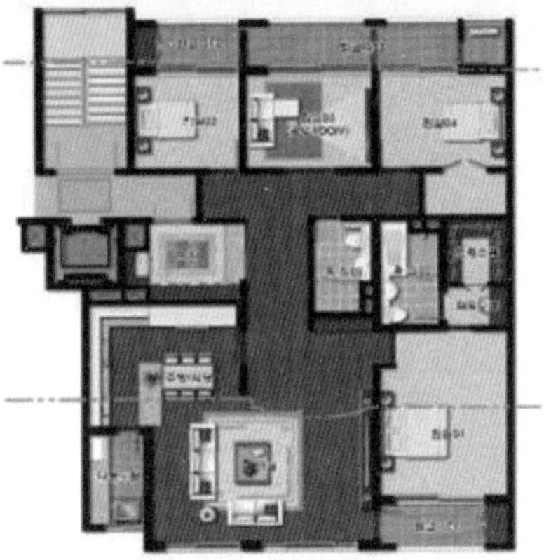

리모델링 후

4. 공동주택 사업유형별 리모델링 설계기법

구분	리모델링 설계방법	리모델링 변경 내용	적용 평형	장·단점
1. 대수선형	전용면적 증가 없이 설비 교체, 내부마감 선정 부대복리시설 및 주차장 설치	- 내부 구조변경 - 추가발코니 설치 - 설비 교체 - 내진구조보강	30평형대 (계단형)	- 주거만족도 부족 - 저렴한 공사비 - 공사기간 단축 - 전용면적 미흡
2. 증축형	전용면적 증가와 설비 교체, 내부마감 변경, 부대복리시설 및 주차장 신설 - 전용면적 85㎡ 이상 : 30% 증축 - 전용면적 85㎡ 미만 : 40% 증축	- 전용면적 증가 - 복도식 → 계단실형 - 설비 교체 - 내진구조 보강	20평형대 (복도형)	- 주거만족도 높음 - 내진보강 용이 - 높은 공사비 부담
3. 멀티홈형	전용면적 증가와 임대세대 증설, 설비 교체, 내부마감 변경, 부대복리시설 및 주차장 신설	- 전용면적 증가 - 세대구분형 - 설비 교체 - 내진구조보강	40평형대 (멀티형)	- 1가구 임대 가능 - 대형 평형 유리 - 수익 창출 가능 - 주차 문제 발생

1) 대수선형 리모델링 설계법

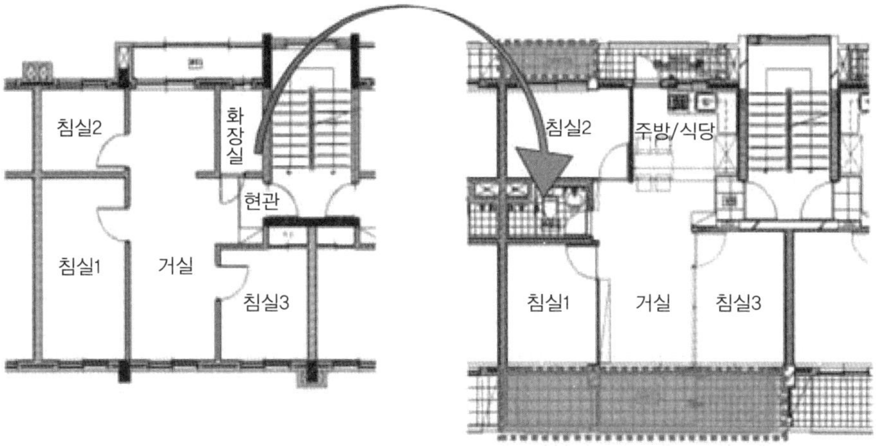

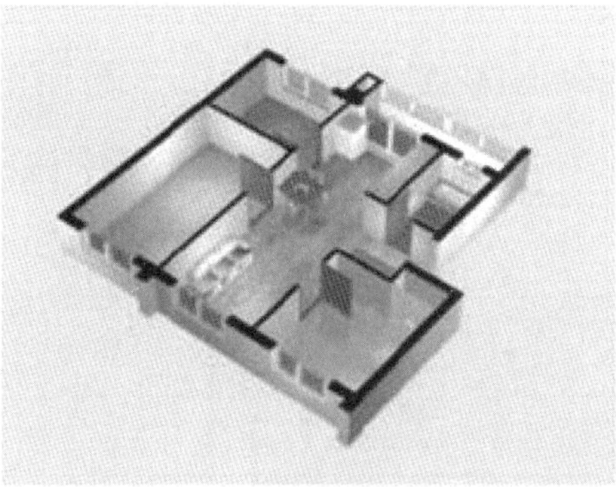

리모델링 전

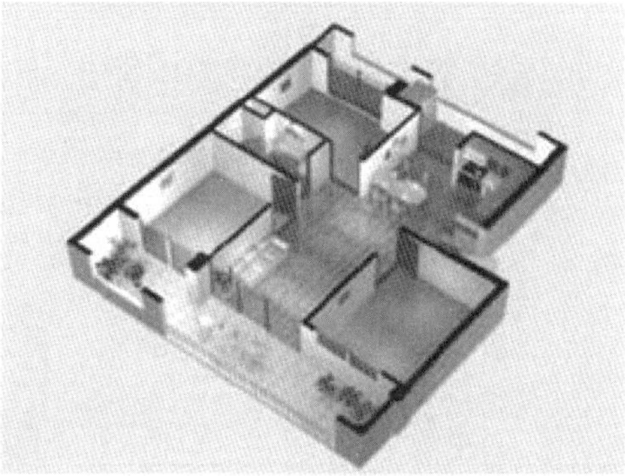

리모델링 후

2) 복도형과 계단실형 증축 리모델링 설계기법

(1) 복도형 아파트 리모델링 증축 설계계획

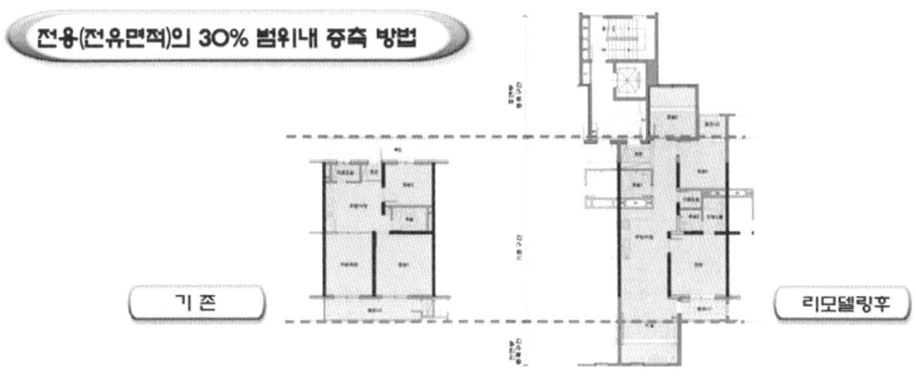

(2) 계단실형 아파트 리모델링 증축 설계계획

3) 일반 증축형 리모델링의 동별 세대증축 설계기법

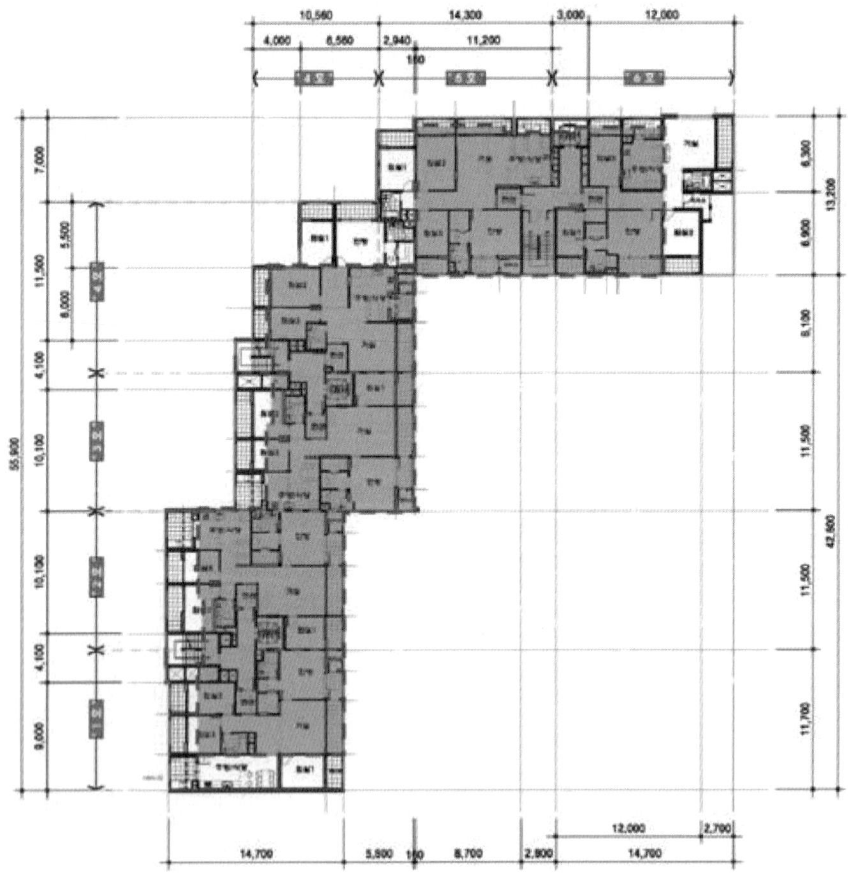

4) 멀티형(세대 증가형) 증축 리모델링 설계기법

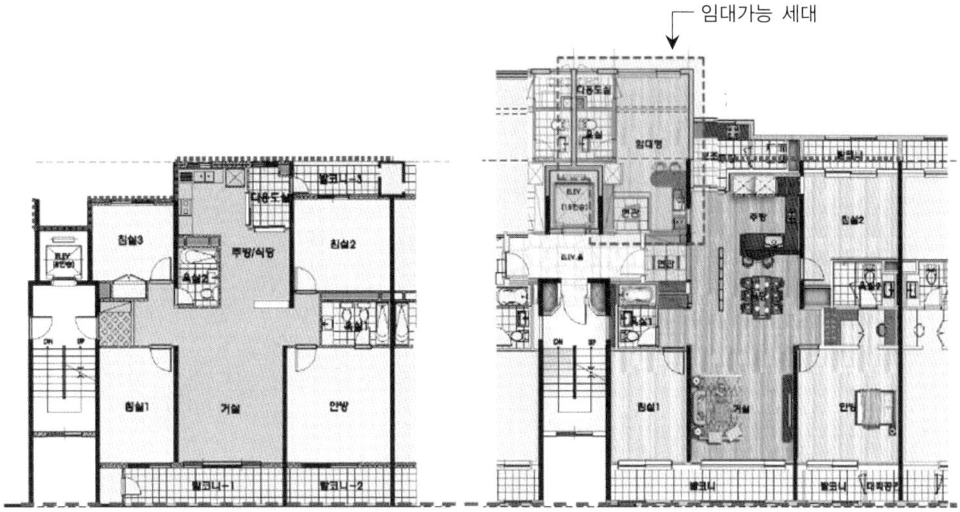

5. 주차장 증설과 공동 부대시설 특화설계계획

1) 주차장 증설 리모델링계획

(1) 개요

① 공동주택단지의 요구사항 중 단위세대 다음으로 많은 요구가 넓은 주차장 확보이다.

② 70~80년대의 아파트 단지들은 세대당 0.4~0.6대의 주차대수 설계로 주차장이 부족하다.

③ 기존의 지상주차장과 지하주차장을 어떻게 계획하여 활용하느냐가 주차장 리모델링계획에서 가장 중요한 요소이다.

④ 공동주택단지의 주차장 종류는 지상주차장, 지하주차장, 데크를 사용한 주차장, 1층 필로티를 활용한 주차장 계획 등으로 구분할 수 있다.

(2) 주차장 유형별 분류

구분	지하주차장 증설방식	지상주차장 증설방식	
		데크 증설방식	별동 증설방식
1. 내용	동과 동 사이의 공간을 지하주차장으로 계획	지상 1층에 데크로 주차장을 만들고 상부에는 녹지공간 등을 확보하는 방식	공지에 기계식 주차장 또는 철골 주차장을 증설하는 방식
2. 장점	기존 구조에 영향을 최소화하며 계획가능	토목공사가 발생하지 않음	– 좁은 대지를 효율적으로 사용 가능 – 공기 및 비용 절감
3. 단점	중/소규모 단지의 경우 공지가 좁아 적용 제한	데크 하부 및 1층 공간의 환기 및 채광문제 발생 우려	주차장으로 인한 주거의 일조권 침해 및 소음발생 우려

(3) 유형별 주차장 리모델링 사례

① 지상주차장(deck방식) 증설방식

㉠ 주차계획

풍납동 M아파트는 문화재보호구역(풍납토성) 내에 위치하고 있어 문화재 보호법으로 인해 굴착이 불가능하여 지상주차계획으로 소요 주차대수를 계획하고 주차장 상부는 데크로 계획하여 조경공간 및 휴게공간을 계획하는 방식이다.

㉡ 사례 : 풍납동 M아파트 리모델링

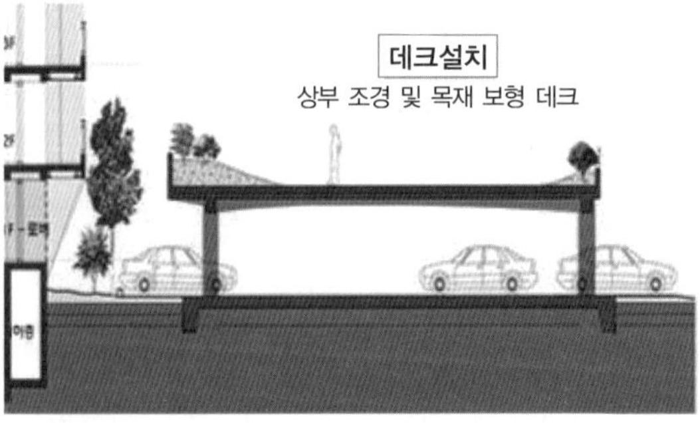

② 지상데크방식+지하주차장 증설방식

㉠ 주차계획

신정동 D아파트는 세대수가 200세대인 중·소규모 단지로 동과 동 사이의 공지가 좁아 지하주차장만으로 소요 주차대수가 해결되지 않아 지상에 데크를 설치하여 주차장을 설치하고 데크 상부에는 조경공간 및 휴게공간을 계획하는 방식이다.

㉡ 사례 : 신정동 D아파트 리모델링

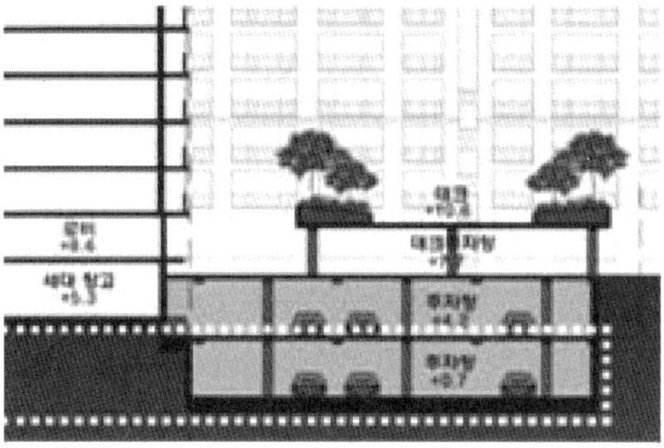

③ 지하주차장 증설방식

㉠ 주차계획

명일동 H아파트는 세대수가 540세대의 대규모 단지로 대지도 넓고, 동과 동 사이의 공간도 넉넉하여 지하주차장 증설로 소요주차대수 해결이 가능했던 사례이다. 지상공간은 비상차량 및 이사차량을 위한 비상동선만 계획하고 단지 전체를 녹지공간으로 하나의 공원개념으로 조경계획을 하는 방식이다.

㉡ 사례 : 명일동 H아파트 리모델링

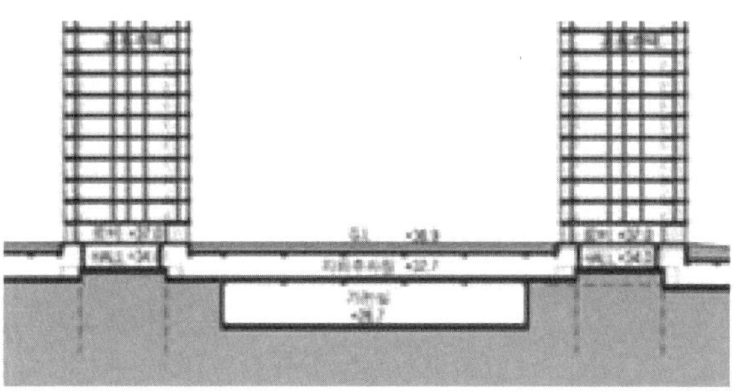

(4) 주차장 증설 특화계획시 고려사항

① 지상주차를 최소화하여 자연스런 보차 분리 및 지상에 녹지공간을 최대한 확보하도록 하고 부득이한 경우 데크시설을 설치하여 녹지공간을 확보한다.

② 지하주차장을 신설할 경우 주동과의 시공성을 검토하여 주차장을 계획한다.

③ 지하주차장과 주동과의 동선연계 및 수직동선을 고려한다.

④ 지하주차장의 채광과 환기를 고려하여 천창 설치 또는 선큰공간을 계획한다.

⑤ 지하주차장에서의 수직동선을 고려한다.

⑥ 지상의 주차장 설치는 주민복리시설을 고려한 프로그램 주차장을 도입한다.

⑦ 주차 진 · 출입 램프 위치는 보행동선과 간섭되지 않는 위치에 계획하고, 외관특화계획을 고려한다.

2) 주민부대 복리시설 리모델링 특화계획

(1) 주민 부대 복리시설 위치와 동선계획

① 공동주택 리모델링 단지계획에서 결정된 동선계획과 연계하여 주민 부대복리시설의 위치를 선정하고, 부대시설과 외부공간의 활성화 방안을 강구한다.

② 부대복리시설을 단지 입구에 설치하는 경우는 단지의 아이덴티티를 부여하는 중요한 요소이기 때문에 외관특화도 고려하여야 한다.

(2) 주민복리시설 개선계획

① 리모델링을 추진하고 있는 기존 단지들은 지하대피소와 노인정, 관리사무소 등이 부대복리시설의 전부이다.

② 리모델링계획시 현재의 주상복합이나 고급아파트 단지에서 도입하고 있는 프로그램을 도입하여 주민복리시설을 계획한다.

③ 시대에 부응하는 프로그램으로는 로비, 라운지, 휘트니스센터, 실내골프연습장, 택배보관실, 게스트룸, 정보검색실, 영화감상실 등이다.

(3) 주민복리시설의 유형별 특화계획 사례

① 지하층에 설치한 경우

구분	A. 지하에 설치한 경우	조감도 및 설계도
1. 내용	지하의 구조물(기계실, 전기실, 대피소) 등을 주민복리시설로 활용	 
2. 장점	• 기존 구조체를 활용하므로 공사비용 절감 • 좁은 단지에 효율적으로 이용 가능	
3. 단점	• 환기 및 채광 문제로 시설계획이 제한적이며, 선큰공간 등의 계획 필요	

② 타워형(동과 동 사이)으로 설치한 경우

구분	B. 타워형으로 설치한 동과 동 사이 경우	조감도 및 설계도
1. 내용	동과 동 사이의 공간을 수직적으로 증축하여 주민복리시설로 계획	 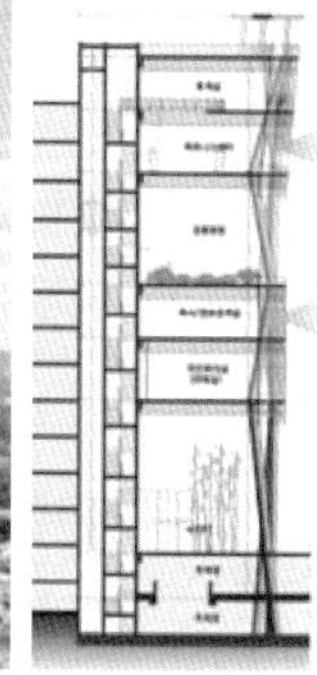
2. 장점	• 좁은 단지에 효율적으로 이용 가능 • 시야 및 개방감 확보로 주민복리시설의 고급화 계획 가능	
3. 단점	• 과대한 구조물 계획으로 공사비 증가 요인	

③ 지상에 별동을 설치한 경우

구분	C. 지상에 별동을 설치한 경우	조감도 및 설계도
1. 내용	공지에 별동으로 주민복리시설 계획	 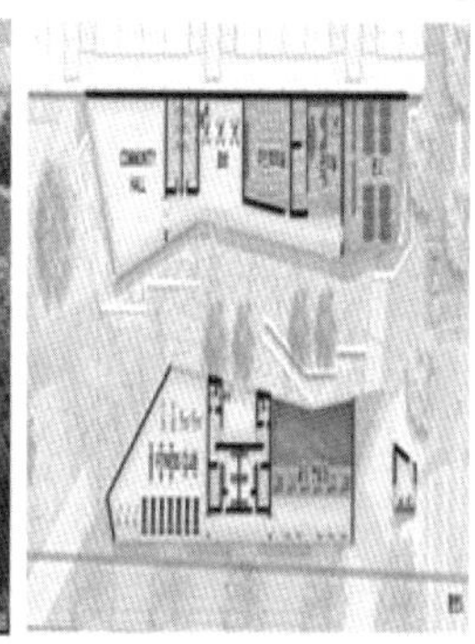
2. 장점	• 넓은 단지에 효율적으로 사용 가능 • 공기 및 비용 절감	
3. 단점	• 기존 단지에 별도의 기능이 추가된 건물이 생기므로 주위 주민들에게 불평요인이 될 수 있음.	

제1장 학습요약 · 문제해설 (리모델링 설계계획 수립)

▶ **학습목적**

1. 일반건축물과 공동주택 리모델링의 증축설계기법을 설명할 수 있다.
2. 리모델링 설계시 법적인 것과 일반적인 검토사항을 이해하는 데 있다.
3. 공동주택 리모델링의 특화계획과 유형별 설계기법의 적용을 알 수 있다.

▶ **학습내용**

1. 리모델링 설계기법과 절차
2. 리모델링 유형별 설계계획
3. 공동주택 리모델링 설계 특화계획

▶ **사전학습**

1. 용어설명
   - 대수선형 리모델링 설계

   해설: 전용면적 증가 없이 설비 교체와 부대복리시설, 주차장 증설 등의 가장 일반적인 리모델링을 말한다.

   - 증축형 리모델링 설계

   해설: 전용면적이 증가되는 리모델링으로 전용면적 85㎡ 이상은 30%, 이하는 40%까지 증축이 가능한 리모델링을 말한다.

▶ **학습문제**

1. 리모델링 설계목표와 기법의 설명으로 맞지 않는 것은?

   ① 리모델링의 목적을 달성하기 위해서는 물리적 측면이나 사회적 측면보다는 경제적 측면을 가장 중요시해야 한다.

   ② 리모델링 설계는 건물의 노후화 억제 및 기능 향상에 목적이 있다.

   ③ 리모델링 설계는 성능개선과 거주자의 쾌적성을 향상시킬 수 있도록 해야 한다.

④ 리모델링 설계는 일부 또는 전체를 개·보수하거나 증·개축하는 설계를 말한다.

해설: 리모델링 설계는 경제적 측면뿐만 아니라 물리적·사회적 측면을 고려하여 거주지의 쾌적한 주거환경을 만드는 데 있다.

정답 ①

2. 공동주택 리모델링 설계계획안 작성 내용으로 거리가 먼 것은?

① 공사범위 확정　　② 리모델링 유형 설정

③ 리모델링 결의서 작성　　④ 공사계약 체결

해설: 공사계약 체결은 리모델링 설계계획안 작성이 끝나고 실시설계 작성시 한다.

정답 ④

3. 일반건축물의 리모델링 증축범위 제한 내용으로 거리가 먼 것은?

① 주요구조체 변경　　② 승강기, 계단 교체

③ 외부벽체　　④ 기계, 설비시설

해설: 일반건축물의 주요구조체 변경은 리모델링 증축범위가 아니라 개축에 해당된다.

정답 ①

4. 일반건축물 리모델링 설계시 건축기준 완화 적용은 사용승인 후 몇 년이 경과해야 하는가?

① 10년　　② 15년　　③ 20년　　④ 25년

해설: 일반건축물은 사용승인 후 20년, 공동주택은 15년이 경과되어야 건축기준을 완화 적용할 수 있다.

정답 ③

5. 기존 공동주택단지 리모델링의 일반적인 특화설계사항으로 거리가 먼 것은?

① 주차장 공간 부족　　② 경비실 협소

③ 주민복리시설 부족　　④ 보행 및 차량동선의 혼재

해설: 기존 공동주택의 일반적인 문제 요구사항으로 단지의 특화, 단위세대 특화, 주차장특화, 주민복리시설 특화 등이다.

정답 ②

6. 공동주택 리모델링 사업유형별 설계기법이 아닌 것은?

① 대수선형 ② 증축형

③ 재건축형 ④ 멀티홈형

해설: 공동주택 리모델링 사업유형별 설계기법은 대수선형, 증축형, 멀티형이다.

정답 ③

7. 공동주택 리모델링 설계기법에 대한 설명으로 틀린 것은?

① 대수선형의 단점은 주거만족도 부족이다.

② 증축형의 장점은 공사비 부담이 적다.

③ 멀티홈형의 장점은 1가구 임대가 가능하다.

④ 멀티홈형의 단점은 주차 문제가 발생할 수 있다.

해설: 공동주택 증축형 리모델링의 단점은 높은 공사비 부담이다.

정답 ②

▶ 적용하기(1)

1. 공동주택에서 멀티홈 리모델링에 대해 설명하고, 이점이 무엇인지 생각해 보시오.

   해설: 멀티홈 리모델링은 전용면적의 증축은 물론 증축세대를 분리하여 1가구의 임대가 가능하여 대형평형에 유리하고 임대로 인한 수익 창출로 주민들의 공사비 분담금이 줄어들 수 있는 이점이 있다.

2. 공동주택 증축 리모델링 후 일반적으로 몇 년까지 사용할 수 있는가?

   해설: 공동주택 증축 리모델링 후 일반적으로 25년~30년 정도 사용할 수 있는 것으로 본다.

▶ 정리하기

1. 리모델링계획은 리모델링 설계계획 입안을 어떻게 하느냐가 무엇보다 중요하다.
2. 공동주택 증축 리모델링은 기존 아파트 유형에 따라 충분한 검토를 걸쳐 설정하는 것이 중요하다.

02

리모델링 설계 사례 분석

I. 공동주택 리모델링 사업계획과 설계 사례

■ 사례 1. 서울시 용산구 OO아파트 리모델링 설계

1. 리모델링사업 개요

1) 단지 위치

- 서울특별시 용산구 OO아파트 리모델링 단지
- 기존 규모 : 지상 12층, 84세대, 1개 동

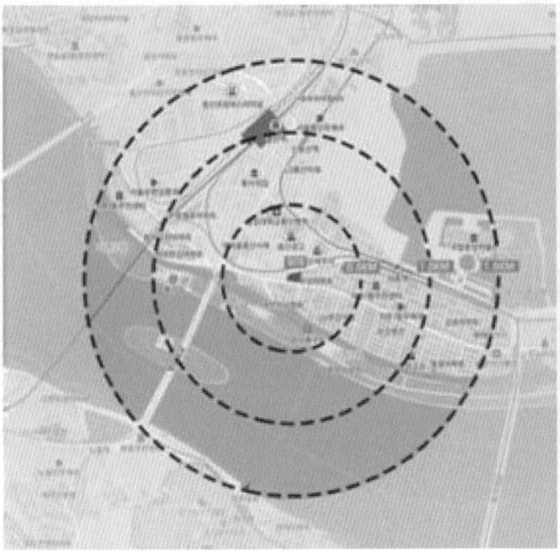

사례단지 광역 입지

사례단지 주지 위치

2) 리모델링 변경 전후 전경

리모델링 전

리모델링 후

3) 추진 경위

- 2004.11 : 건설사 및 설계사 우선 협상대상자 선정
- 2005.03 : 창립총회
- 2005.11 : 예비안전진단 통과 (판정 : 유지보수)
- 2006.05 : 적용의 완화 심의 득 (심의결과 : 조건부 동의)

- 2006.06 : 주택조합설립인가 (지질조사 및 현황측량 실시)
- 2006.06 : 1차 정밀안전진단 실시
- 2007.01 : 행위허가 득
- 2007.04 : 분담금 확정 총회
- 2007.07 : 착공 및 세대이주 완료
- 2007.09 : 2차 정밀안전진단 실시
- 2008.05 : 주민결산총회 및 샘플세대 OPEN
- 2008.09 : 사용승인 득
- 2004.10 : 최초 사업 참여 제안

4) 건축 개요

(1) 건축 개요

대지 위치		서울특별시 용산구 이촌동 OO번지		
지역지구		제3종 일반주거지역, 일반미관지구, 아파트지구		
대지면적		3,185.8㎡		
구 분		**기존**	**리모델링**	**증감면적**
건축면적		658.10㎡	1,653.25㎡	+995.15㎡
건 폐 율		20.66%	51.89%	+31.23%
연면적(㎡)	지상	6,745.38㎡	10,083.46㎡	+3,338.08㎡
	지하	848.51㎡	939.67㎡	+91.13㎡
	계	7,593.89㎡	11,023.13㎡	+3429.21㎡
용적률 산정면적		6,745.38㎡	9,473.52㎡	+2,728.14㎡
용 적 률		211.73%	297.37%	+85.64%
건물규모		지상 12층 / 지하 1층	지상 13층 / 지하 1층	
세 대 수		84세대	84세대	
주차대수		33대	68대	+35대

(2) 세대별 면적표

<table>
<tr><th colspan="2">구분</th><th>단위</th><th>세대수</th><th>전용면적</th><th>주거공용</th><th>공급면적</th><th>기타 공용</th><th>주차장</th><th>계약면적</th></tr>
<tr><td rowspan="2">34
평형</td><td>기존</td><td>㎡
평</td><td rowspan="2">83</td><td>82.21
(24.87)</td><td>3.88
(1.17)</td><td></td><td></td><td></td><td>86.09
(26.04)</td></tr>
<tr><td>리모델링</td><td>㎡
평</td><td>89.09
(26.95)</td><td>23.25
(7.03)</td><td>112.33
(33.98)</td><td>7.96
(2.41)</td><td>7.29
(2.21)</td><td>127.58
(38.60)</td></tr>
<tr><td rowspan="2">21
평형</td><td>기존</td><td>㎡
평</td><td rowspan="2">1</td><td>44.56
(13.48)</td><td>0.78
(0.24)</td><td></td><td></td><td></td><td>45.34
(13.72)</td></tr>
<tr><td>리모델링</td><td>㎡
평</td><td>54.99
(16.63)</td><td>14.34
(4.34)</td><td>69.33
(20.98)</td><td>4.91
(1.49)</td><td>4.50
(1.36)</td><td>78.75
(23.82)</td></tr>
</table>

2. 기존 단지의 문제점과 현황 파악

1) 주요 문제점

① 노후된 외관으로 단지의 이미지 훼손
- 건물 외관의 노후화
- 1층 필로티로 1층 세대를 2층으로 이동

② 주차공간 부족
- 전체 지상주차 : 33대
- 지상 데크 주차장 설치 증설

③ 복도식 아파트로써 단위세대 평면 협소
- 복도식 아파트의 프라이버시 확보 문제
- 작은방을 통한 안전방범 취약

④ 노후화된 설비배관
- 전기, 설비, 배관의 노후화
- E.V의 노후화

⑤ 공동부대 시설 미흡
- 1층 필로티에 주민공동시설 배치계획
- 옥상 녹지화로 주민휴게실 제공

2) 문제현황 예시

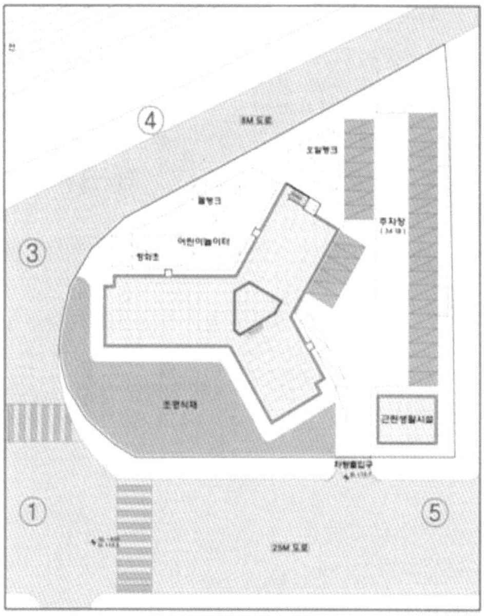

① 노후된 외관,
단지 이미지 훼손

② 부족한 주차공간 문제

③ 복도식 아파트 단점
(프라이버시 및 방범 취약)

④ 노후된 놀이터 시설

⑤ 부대시설 미흡

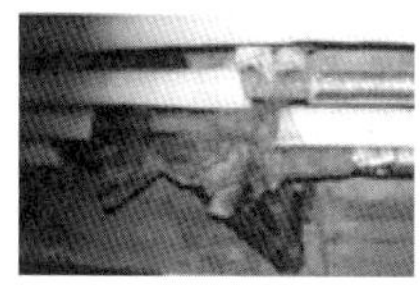

⑥ 노후된 설비(내부) 배관

3. 법규 완화적용 검토계획

1) 법규 완화적용의 세부현황 예시

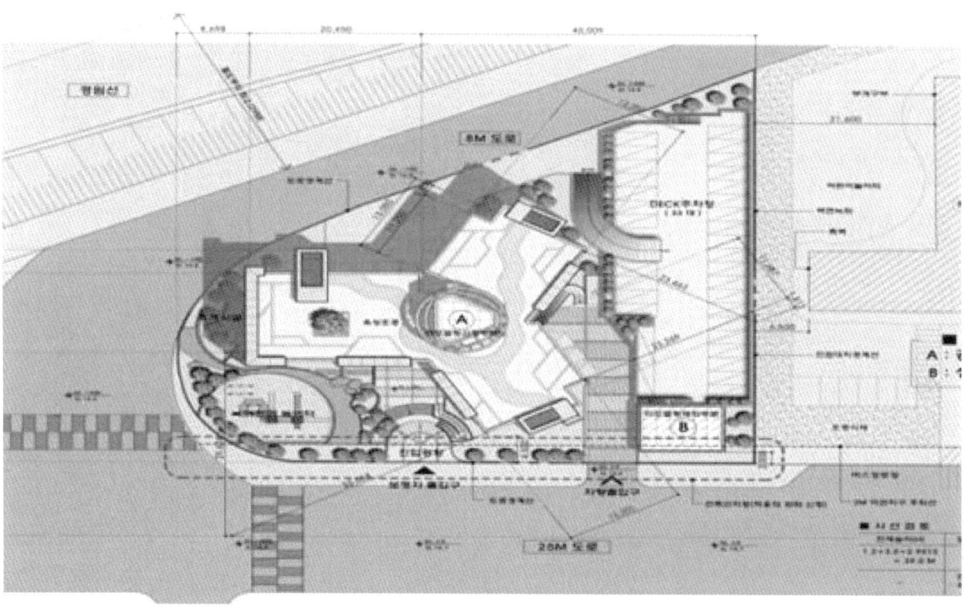

2) 법규 완화적용 항목

대지 안의 조경, 공개공지 등의 확보, 건축선 지정, 건폐율, 용적률, 대지 안의 공지, 건축물의 높이제한, 일조 등의 확보에 대한 법규 완화를 적용하였다.

항목	관련법규	주요규정	내용	
			리모델링 전	리모델링 후
1. 건폐율	서울시 도시계획 조례 제54조	서빙고 아파트 지구 30% 이하	19.39%	51.93%
2. 용적률	서울시 도시계획 조례 제55조	서빙고 아파트 지구 230% 이하	211.73%	297.80%
3. 건축선 지정	용산구 고시	미관지구내 15m 이상 도로변 3m 미관지구 건축선 후퇴	미적용	미적용

4. 단지설계 계획

1) 배치계획

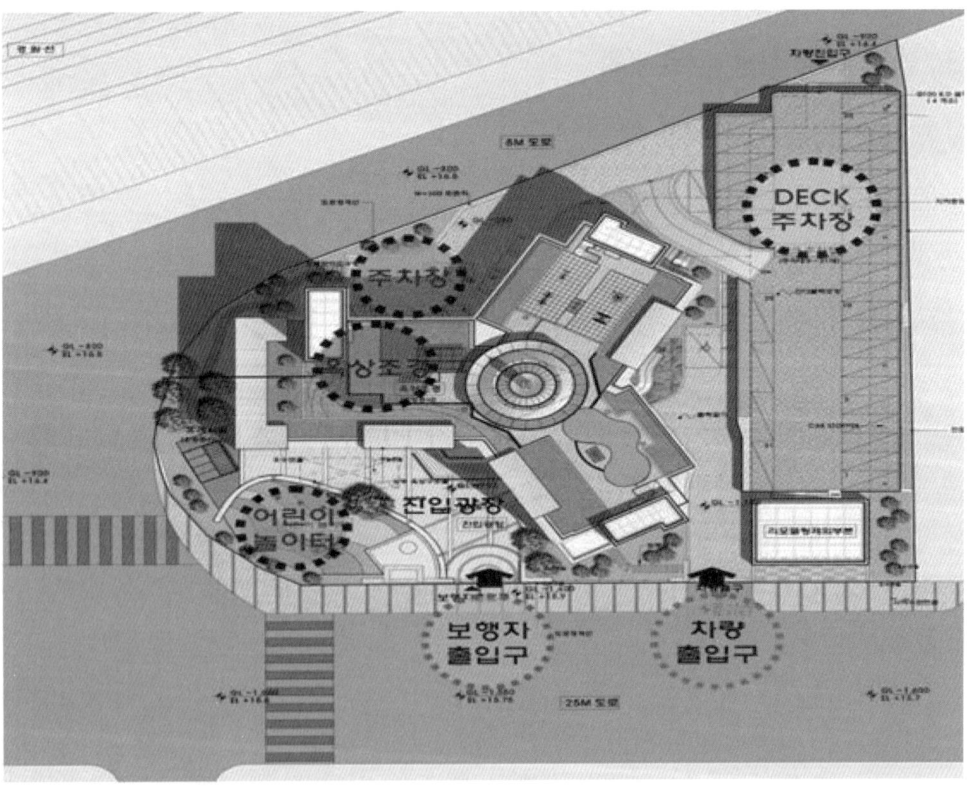

① 1층 필로티 설치 : 주민공동시설 배치로 순수 통행공간 및 일부로 이용 가능

② 옥상 녹지화 : 주민 휴게시설 제공

③ 데크 주차장 : 프로그램 녹화 설계 (주민 이벤트 및 녹지공간 제공)

④ 배치계획

- 전면 : 진입광장 및 녹지 어린이 놀이터
- 후면 : 주차공간
- DECK 주차장 설치
- 주공간 확보
- 보행자와 차량동선 분리

2) 조경계획

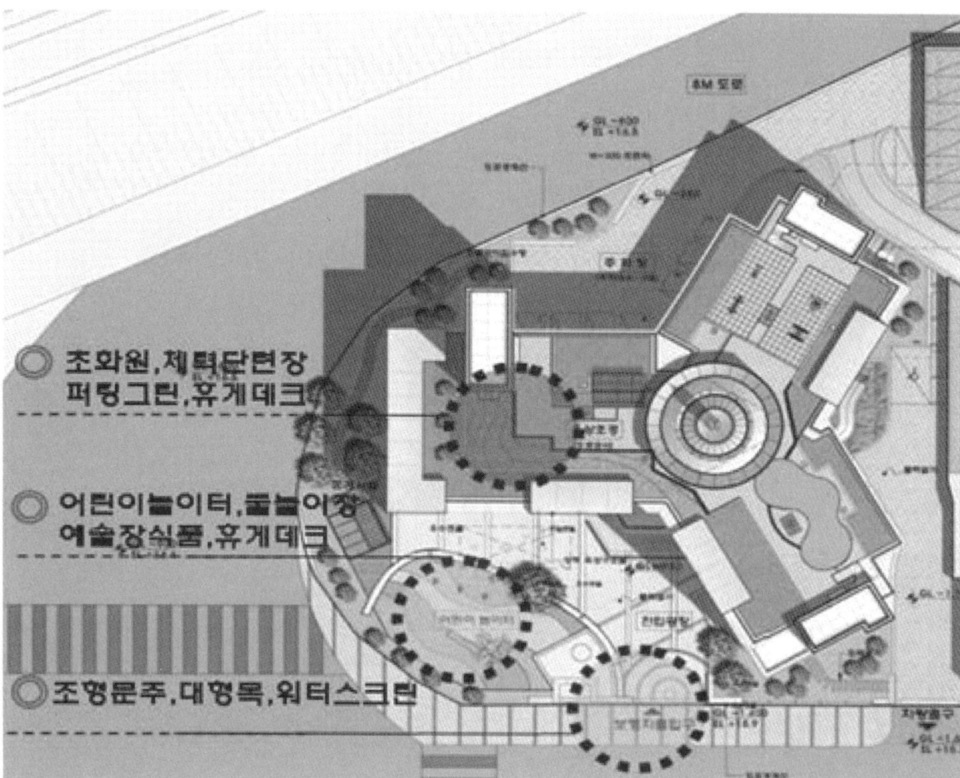

조형문주, 워터스크린

옥상 정원

어린이 놀이터

① 지상층 계획

- 주요 진입로 시작점에 대형 목재 식재 및 사계절을 느낄 수 있는 식재계획
- 내구성과 미적 아름다움을 고려한 포장계획 및 공간 활용도를 고려한 시설계획

② 옥상층 계획

- 지상의 부족한 녹지공간 보완과 한강 및 남산을 조망할 수 있는 휴게공간 제공
- 다양한 옥외활동을 유도하는 시설물 도입 및 관리에 용이한 수목 식재

③ 기타 계획

- 조형문주, 대형목, 워터스크린 등의 요소로 단지의 상징성 부여
- 어린이 놀이터 시설의 개선 및 예술장식품, 휴게데크 설치

3) 단지 주동계획

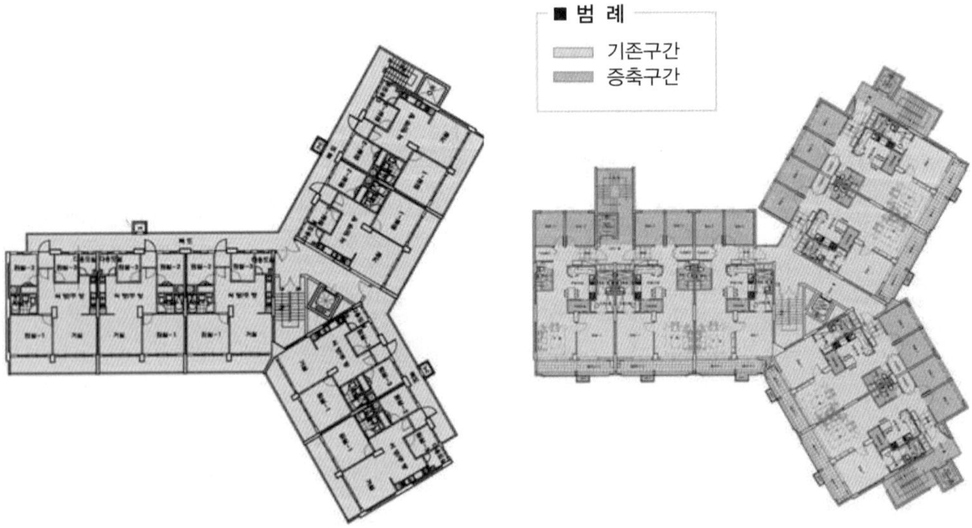

① 기존의 'Y'자 형태의 주동 평면계획의 한계성

② 세대간섭으로 전 · 후면 증축에 제약이 따름

③ 각 세대의 면적 증가 및 평면계획에 있어 형평성을 최대한 고려 (전체 세대 동일 평형 계획)

5. 단위세대 리모델링 설계

1) 단위평면 개선 및 증축 설계

① 거실 : DIY공간 신설(홈바, 식당, 피아노실 등)

② 발코니 : 알파공간 1.8M 확보(확장 및 여가공간 활용)

③ 안방 : 부부욕실, 욕조 설치, 드레스룸 설치

④ 주방 · 식당 : 독립된 다용도실 확보

⑤ 침실 : 발코니 확장 및 수납공간 확보

⑥ 현관 : 수납공간 확보

• 단위세대 평면도

리모델링 전 리모델링 후

2) 동별 수직증축 단면설계

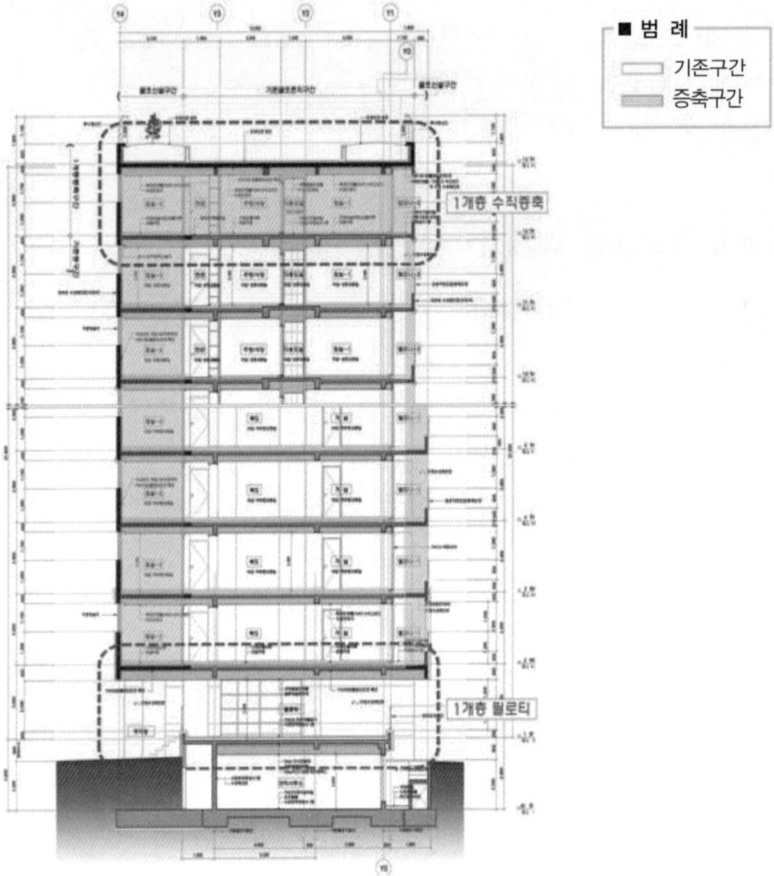

① 1개 층 수직증축

- 리모델링 전 : 지하 1층 / 지상 12층
- 리모델링 후 : 지하 1층 / 지상 13층

② 1층 전면 필로티

- 1층 전면 필로티 : 공동 통행공간 및 일부 홀 사용
- 세대 층별 이동 : 1층 전면 필로티에 의하여 기존 1층 세대가 2층으로 이동함에 따라 전세대가 1개 층씩 위층으로 이동함.

※ 사용승인 후 건축물관리대장 표기 층수 및 호수 변경

예) 기존 101호 → 201호로 변경

기존 505호 → 605호로 변경

6. 주차장 증설과 부대복리시설의 특화계획

1) 주차장 증설 리모델링계획

(1) 주차장 배치계획과 동선 처리

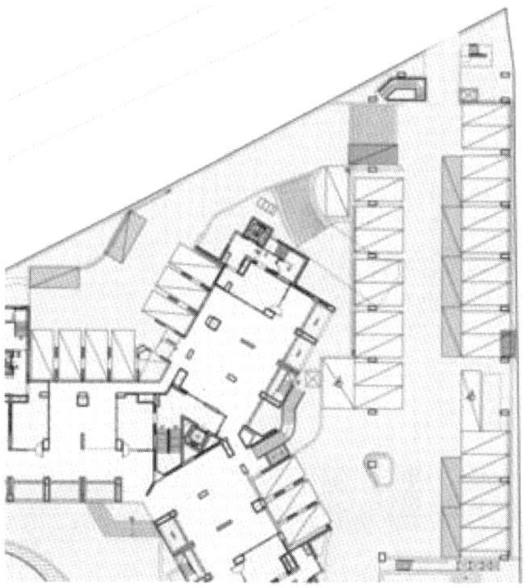

지상 1층 평면

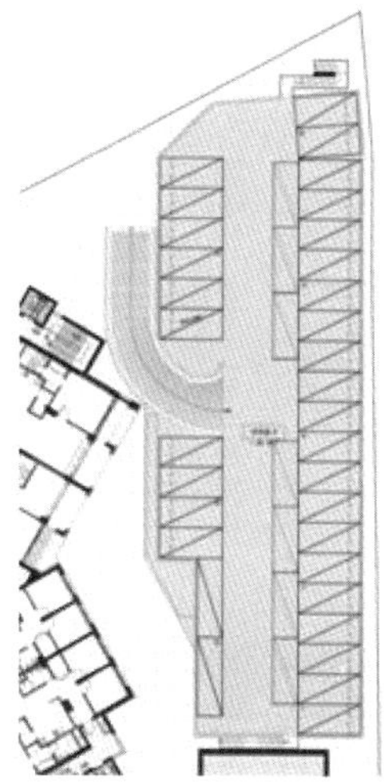

지상 2층(DECK) 평면

(2) 지상 DECK 증설 주차장 단면도

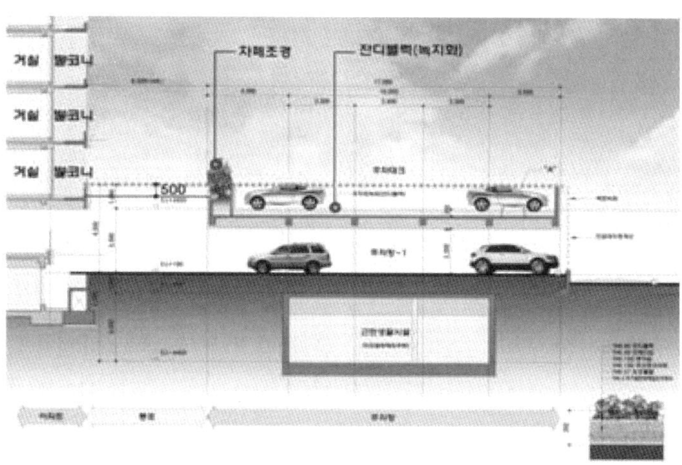

(3) 증설 주차대수

구분	1층	DECK	계	예비주차	총계	비고
주차대수	37대	31대	68대	16대	84대	- 1세대 1주차 가능 ※ 법정 주차대수 : 37대

본 사례는 '무한종합건축사사무소' 이동훈 소장의 세미나 자료를 수정 보완한 것이다.

■ 사례 2. 부산시 수영구 OO아파트 리모델링 설계

1. 단지 전체 개요

구 분	내 용
1. 사업위치	부산광역시 수영구 남천동 OO아파트 리모델링 사례(301동)
2. 단지규모	• 12층 아파트 33개 동, 3,060세대 중 1개 동만 리모델링 • 리모델링동 : 301동, 72세대, 32평형
3. 연면적	• 지하층 : 609㎡ → 879㎡ (270㎡ 증가) • 지상층 : 7,495㎡ → 9,535㎡ (2,040㎡ 증가) • 지상 12층 → 지상 13층
4. 준공년도	1982년 6월 준공

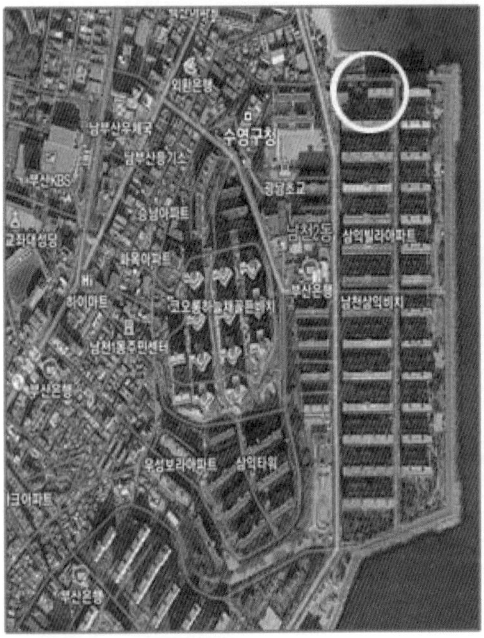

리모델링 전 대상단지

리모델링 전 단지 전경

2. 추진 경위

- 2004.07 : 301동 72명 조합총회
- 2005.04 : 리모델링조합인가(조건부 승인)
- 2005.12 : 재건축 추진위 발족
- 2006.03 : 리모델링시 타동의 동의 필요 여부로 분쟁 발생
- 2006.12 : 리모델링 행위허가 접수
- 2007.03 : 리모델링 행위허가 반려
- 2007.04 : 행정소송 진행

3. 건축설계 개요 (301동, 72세대)

구 분	변경 전	변경 후
1. 세대수(규모)	72세대	72세대
2. 대지면적	1,121평	1,121평
3. 증가면적	32평	45평
4. 연면적	2,451평	3,347평
5. 용적률	202%	296%

리모델링 전

리모델링 후

4. 리모델링사업 제안서 비교분석(5개 회사)

2006년 기준

<table>
<tr><th colspan="2">구분</th><th>K</th><th>D</th><th>D</th><th>S</th><th>H</th></tr>
<tr><td rowspan="3">분담금</td><td>평당 공사비</td><td>2,610,000원/평</td><td>2,485,690원</td><td rowspan="3">280만/평(VAT,
E/S설계, 감리,
허가, 조사비)
미적용
(우선협상대상자
결정 후 제시)
(2차 : 132,000,000)</td><td rowspan="3">미정</td><td rowspan="3">131,500,000원/
세대당 턴키방식
(단, 중요구조물
보강이 있을
경우 상호협의)
(2차 : 1차유지)</td></tr>
<tr><td>평당 사업비</td><td>192,000원/평</td><td>미정</td></tr>
<tr><td>세대당 분담금</td><td>132,782,000원/평
부가세 포함
(2차 : 110,000,000)</td><td>미정</td></tr>
<tr><td rowspan="6">공사비 변수 요인</td><td>구조보강공사비</td><td>평당 공사비에
포함</td><td>미정</td><td>별도</td><td>미정</td><td>평당 공사비에
포함</td></tr>
<tr><td>물가연동제적용</td><td>미적용</td><td>미정</td><td>적용</td><td>미정</td><td>미적용</td></tr>
<tr><td>매립폐기물
처리비</td><td>포함</td><td>미정</td><td>별도</td><td>미정</td><td>포함</td></tr>
<tr><td>지장물 철거/
이설</td><td>포함</td><td>미정</td><td>포함</td><td>미정</td><td>포함</td></tr>
<tr><td>부가가치세</td><td>포함</td><td>미정</td><td>별도</td><td>미정</td><td>포함</td></tr>
<tr><td>기타</td><td>계획도면 변경에
따른 평당
공사비 변동
없음</td><td>미정</td><td>계획도면 변경에
따른 평당
공사비 변경
가능</td><td>미정</td><td>계획도면 변경에
따른 평당
공사비 변경
없음</td></tr>
<tr><td colspan="2">시설분담금 여부</td><td>공사비에 포함</td><td>미정</td><td>공사비에 포함</td><td>미정</td><td>공사비에 포함</td></tr>
<tr><td colspan="2">공사비 지불조건</td><td>계약금 10%,
2개월마다
기성지급</td><td>미정</td><td>계약금 20%,
중도금 4회 60%,
잔금 20%</td><td>미정</td><td>착공시 10%,
이후 2개월
간격으로 지급</td></tr>
</table>

II. 일반건축물 리모델링 사업계획과 설계 사례

■ 사례1. 서울시 강남구 청담동 OO빌딩 리모델링 설계

1. 개요

1. 사업명	청담동 OO빌딩 리모델링공사		
2. 대지 위치	서울시 강남구 청담동 OO번지		
3. 대지면적	1,496㎡ (452평)		
4. 규모	지하 2층, 지상 4층	연면적	5000㎡
5. 도로현황	6m도로 인접	건물용도	

2. 배경과 목적

① 건립된 지 20년이 넘은 노후화된 건물기능 개선

② 건물 노후화로 인한 공실률에 따른 자산가치 감소

③ 주변 배후 아파트 단지 수요를 고려한 편의시설로 리모델링

④ 기존의 사우나와 헬스클럽은 유지하고 상가용도의 수익성 극대화 추구

3. 건축계획

1) 개요

구분	리모델링 전	리모델링 후
1. 건축면적	742.64㎡ (225.74평)	983.44㎡ (270.27평)
2. 건폐율	49.88%	59.72%
3. 연면적	4,999.99㎡ (1,512.20평)	5,420.03㎡ (1,639.59평)
4. 용적률	175.81%	202.89%
5. 주차대수	33대	35대

2) 리모델링 전후 조감도

남동측 view – 변경 전

변경 후

남서측 view – 변경 전

변경 후

3) 계획 내용

① 대상 빌딩은 장변이 긴 형태로 서로 다른 재료를 사용하여 매스감을 살릴 수 있도록 계획하였다.

② 기존 타일 벽체 위에 베이스 패널과 골강판으로 마감하여 심플함과 모던한 감각을 살릴 수 있도록 계획하였다.

③ 3층 피트니스클럽은 전면 유리창을 통해 시각적 개방감과 함께 첨단이미지로 주변 노후화 건물과 차별화되도록 디자인하였다.

④ 건물 내부 마감계획

- 건물 내부는 'refresh'라는 주제로 계획하였는데, 2층 사우나는 마감재로 오크를 사용해 따뜻한 느낌을 살렸음.
- 3층 피트니스클럽은 노출천장과 금속소재 및 적재적소에 원색컬러를 이용하여 사용자로 하여금 활력을 줄 수 있도록 하였음.

4. 리모델링 전후 설계 및 공사내용 비교

1) 건물외관 전체 리모델링 설계

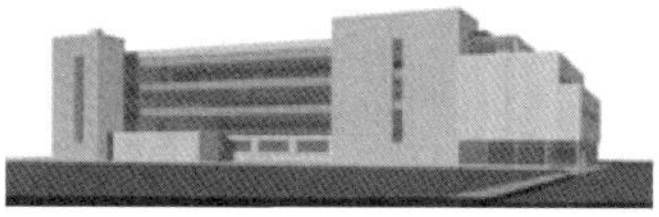

2) 2층 사우나실 리모델링 전후 평면도

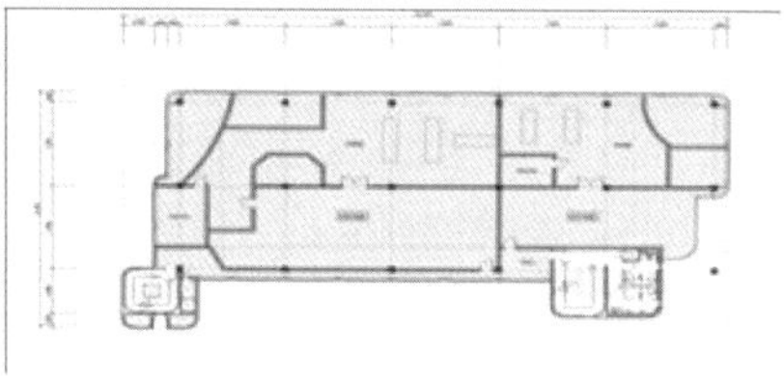

변경 전

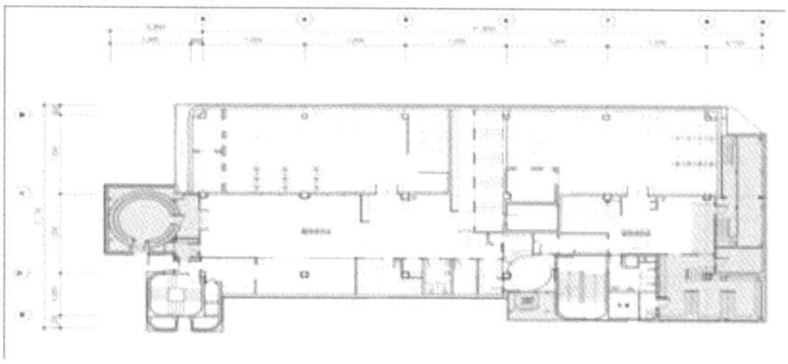

변경 후

〈2층 사우나〉

변경 전

변경 후

변경 전

변경 후

3) 3층 피트니스센터 리모델링 전후 평면도

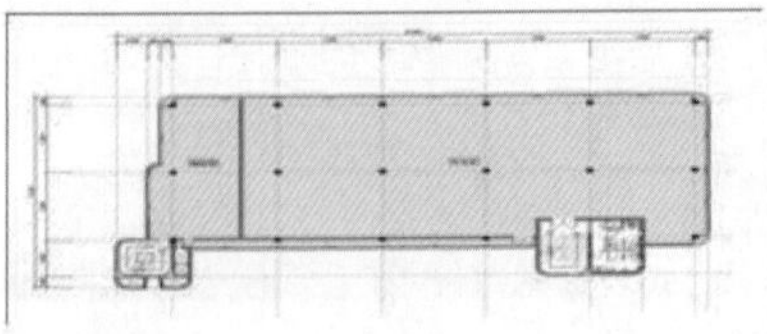

변경 전

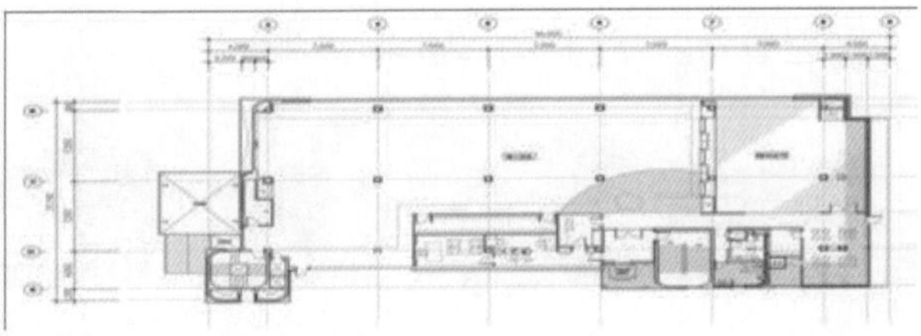

변경 후

〈3층 피트니스센터〉

변경 전

변경 후

5. 주차장 증축 리모델링계획

① 기존 도로에 접한 기계식 2단 주차를 카리포트(car lift)를 신설해 지하 2층으로 증축하였다.

② 기존 지하에 있던 전기실은 옥상으로 옮겨 임대면적을 더 확보하였다.

③ 주변 사우나와의 차별성을 위해 불한증막 설치를 원하여 기존 골조로 하중 감당이 어려워 카리포트 상부에 불한증막을 설치하여 해결하였다.

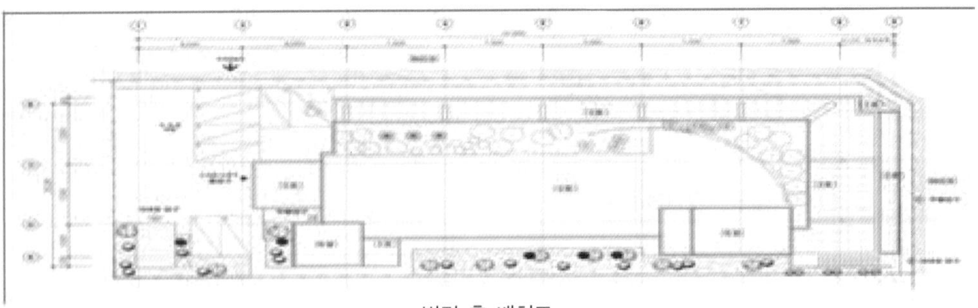

변경 후 배치도

6. 옥상 리모델링 특화계획

옥상공간은 산뜻한 녹지공간과 휴게공간을 두어 삭막한 도시풍경에 작은 정원을 조성함으로써 건물 사용자에게 휴식공간을 제공해 주었다.

▶ 옥상 리모델링 전후 평면도

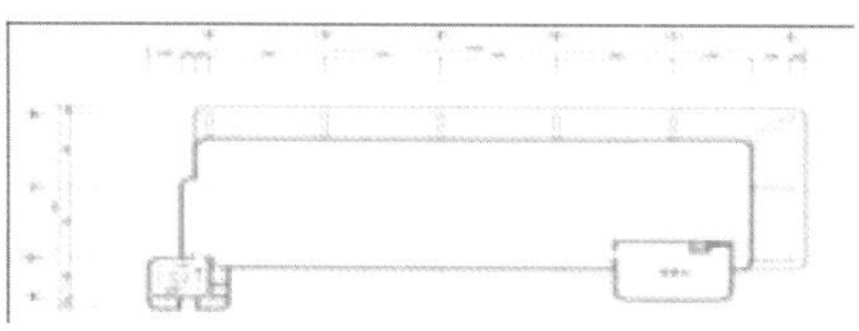

변경 전

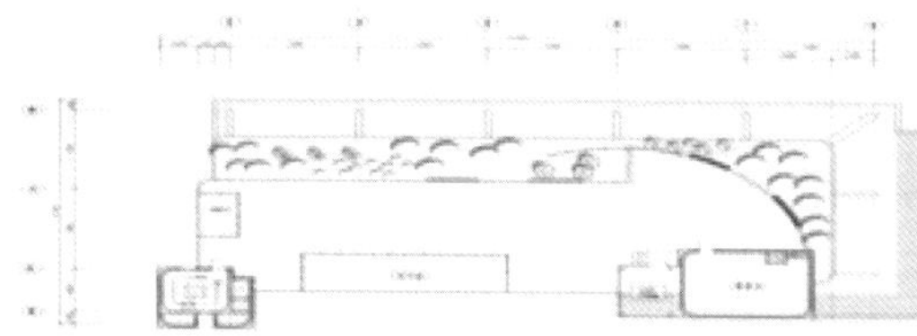

변경 후

〈옥상〉

변경 전　　　변경 후

■ 사례 2. 서울시 서초구 서초동 OO빌딩 리모델링 설계

1. 사업 개요

1. 사업명	서초동 OO빌딩 증축 리모델링공사		
2. 위치	서울시 서초동 OO번지		
3. 대지면적	870㎡	지역/지구	일반주거지역
4. 규모	지하 2층~지상 4층 → 지하 2층~지상 7층		
5. 용도	업무시설		

1) 부지 위치도

2) 리모델링 전후 전경

리모델링 전

리모델링 후

2. 건축계획 개요

구분	리모델링 전	리모델링 후
1. 규모	지하 2층~지상 4층	지하 2층~지상 7층
2. 연면적	2,460㎡ (746평)	3,534㎡ (1,071평)
3. 지상층	1,554㎡ (471평)	2,626㎡ (796평)
4. 주차대수	16대	25대 (법정 : 24대)
5. 조경면적	133㎡ (40평)	142㎡ (43평)
6. 건물매입	2002년 3월 매입	

3. 리모델링 설계 컨셉

1) 개요

리모델링공사 시행 범위는 골조를 제외한 나머지 전부를 철거하여 마감재 개선·전기·설비기능 보완 및 주차장 설치 등으로 건물의 성능을 대폭 향상시키는 방향으로 사용자의 편리성과 환경개선 효과를 얻도록 하였다. 특히 건물의 리모델링 사업 시행시 타당성 분석에 있어 리모델링 전·후의 상승된 건물가치를 반영하여 건물의 자산가치를 높이는 방향으로 컨셉을 계획하였다.

2) 주요내용

① 주변입지가 업무 임대 수요 풍부

② 도시계획 변경 예정으로 증축 가능–역사미관지구 → 일반미관지구

③ 비용적인 면에서 신축보다 리모델링이 경제적임

④ 재실 근무상태에서 리모델링 가능 조건

⑤ 지하주차장 증설

⑥ 기존 구조물의 보수·보강

3) 리모델링 컨셉 전후 비교

구분	리모델링 전	리모델링 후
1. 법규적	역사미관지구	역사미관지구 해제
2. 용도 변경	1) 지하 2층~지상 3층 : 은행 2) 지상 3~4층 : 업무시설	1) 지하 2층~지상 3층 : 은행 2) 지상 4층~지상 7층 : 업무시설
3. 건축리모델링	1) 기존 외관 타일 마감 2) 1층 중앙홀 3) 기존은 계단실 이용 4) 기존 주차장 협소	1) 건축외관 석재마감 2) 1층 중앙홀과 화장실 철거 확장 3) 엘리베이터 증설 4) 주차장 증설 – 철골 리프트형식으로 증설

4. 주요공사

1) 철거공사

골조 이외 내부 마감재를 모두 철거한 후 신축건물 수준의 내부 마감재를 이용하여 리모델링공사를 실시한다.

철거공사 현장

2) 엘리베이터 설치공사

기존 계단철거공사 후 E/V를 설치하였고, 기존 계단의 불필요 공간을 이용하여 공간이용도를 높였다.

3) 골조증축공사

5층 이상 증축공사의 기둥 배치를 위하여 에폭시 충전+철근삽입 후 고정방법으로 시공하여 평슬래브에 고정시키는 시공방법을 사용하였다.

4) 1층 외관 및 중앙홀 확장공사

① 1층 외관 마감공사

1층 외관은 일반인 통행이 많은 은행사무실로써 대형 유리로 마감하여 보행인의 시각적 여유를 유도하였다.

리모델링 전

리모델링 후

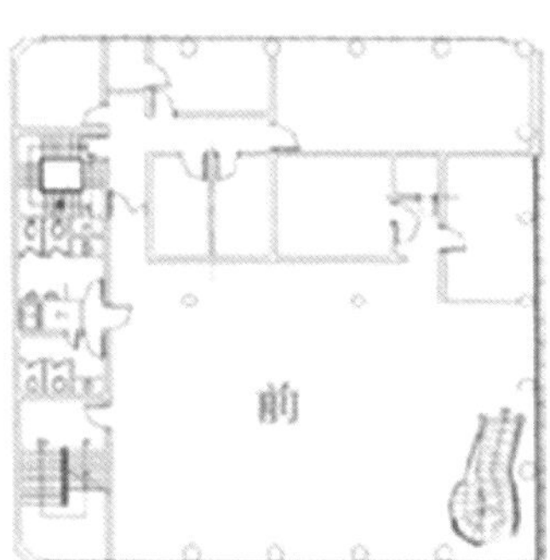

리모델링 전 평면

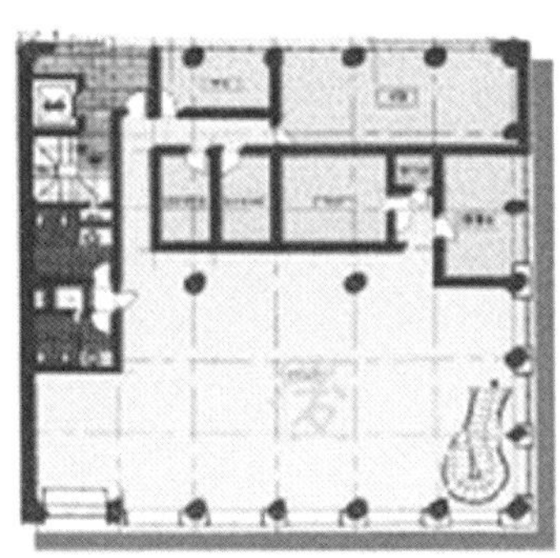

리모델링 후 평면

② 1층 중앙홀 엘리베이터 신규 설치공사

증축 포인트는 화장실 철거 및 이동으로 엘리베이터를 신규 설치하였으며, 중앙홀을 확장 설치하여 주차장과 직접 연결토록 배치하였다.

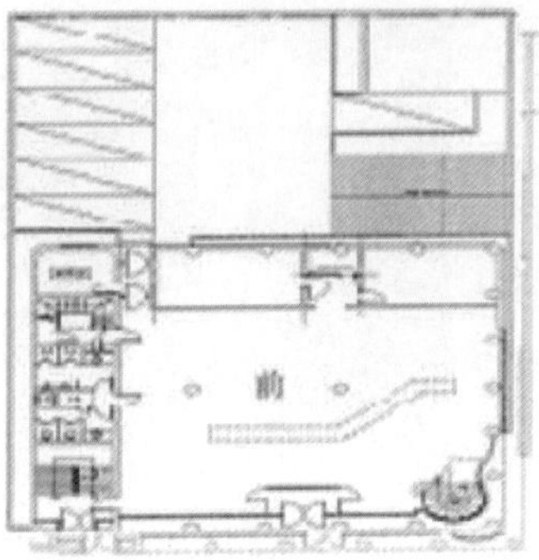

리모델링 전

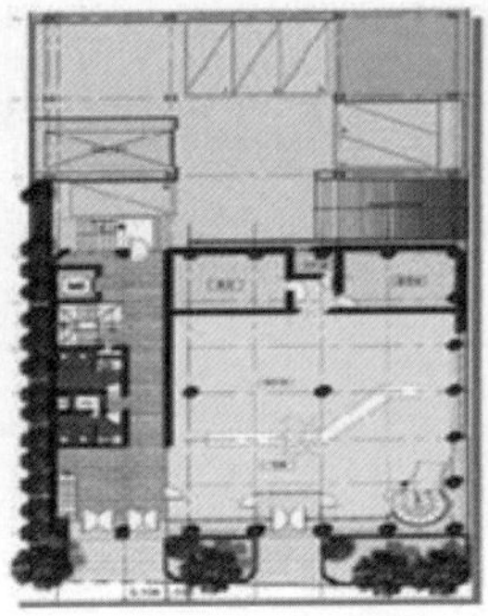

리모델링 후

③ 1층 중앙홀과 2층 은행 계단 확장공사

지하 1층~지상 2층은 은행이 사용하는 공간으로 일반인의 동선을 가장 중요하게 판단하여 공간 확장 및 1~2층 내부계단을 확장 · 재시공하였다.

리모델링 전

리모델링 후

5) 건물 외관 리모델링공사

빌딩 외부 비계 및 분진막 설치공사

건물 외관 조감도

빌딩 외관 석재붙임공사

6) 전기설비공사

전기설비공사도 성능을 대폭 향상시켜 업무의 쾌적성을 높일 수 있도록 계획하였다.

① 천장 전기설비공사

② 주현관 복도 전기공사

리모델링 전

리모델링 후

7) 주차장 설치공사

① 기존 건물의 증축에 따른 용적률 증가로 법정 주차대수 확보를 위하여 철골 리프트 형식으로 신축하였다.

② 대지의 후면에 연립주택이 위치하여 공사로 인한 민원처리에 약간의 경제적 비용이 소비되었다.

리모델링 후 주차장 전경

III. 일반주택 및 기타 건물 리모델링 설계계획 사례

■ 사례 1. 주택 리모델링 설계계획

1. 서울시 강남구 논현동 주택리모델링

1) 부지위치

서울시 강남구 논현동 단독주택지역

2) 리모델링 전후 비교

리모델링 전	리모델링 후
1. 30년된 2층 벽돌주택	1. 철갑을 두른 2층 주택의 변신
2. 1980년대 준공	2. 앞마당 지하층 신설
3. 리모델링 설계 : 건축사 이정훈	-갤러리로 사무전시 공간으로 리모델링

리모델링 전 주택 전경

리모델링 후 사무 / 갤러리 전경

리모델링 후 주택 외관 전경

마당 지하 1층을 갤러리(전시실)로 리모델링 후 전경

2. 춘천시 OO동 상가주택 외관 리모델링

■ 사례 2. 창고 건물 리모델링 설계계획

1. 수원 창고형 마트를 병원으로 리모델링

철거계획이며 창고형 마트 ⑤를 병원 건물로 재생하면서 구관과 새 건물 사이에 다리를 놓았다. ③ 3층 높이에 길이가 44m에 달하는 이 다리는 전망이 좋아 병원을 찾는 산모들의 산책 공간과 쉼터 역할을 한다. ④ [사진 박영채 건축사진가]

▶ 수원 창고 마트를 병원으로 리모델링한 외관 인테리어

2. 인천 화물창고를 한국 근대문학관으로 리모델링

- 인천의 120년된 허름한 화물창고 4개 동을 문학을 품은 한국 근대문학관 전시실로 리모델링한 사례
- 건축 개요
  - (1) 대지면적 : 1,064㎡
  - (2) 연면적 : 1,601㎡

(3) 규모 : 지하 1층~지상 3층

(4) 준공년도 : 2개 동-1892년, 2개 동-1930~1940년

리모델링 전

리모델링 후 도서관

리모델링 후

■ 사례 3. 근린 복합상가 리모델링 설계계획

1. 홍대 입구 OO빌딩 리모델링 디자인 차별화 설계

- 서울 홍대앞 거리에 있는 30년 넘은 붉은벽돌 건물을 유리벽 앞을 가느다란 실처럼 장식한 외관 및 내부 인테리어 리모델링 사례

리모델링 전

리모델링 후

■ 사례 4. 전원주택(농가주택) 리모델링 설계계획

1. 사업 개요

구분	리모델링 전	리모델링 후
1. 위치	경기도 양평군 개군면 OO번지	
2. 대지면적	495㎡ (150평)	495㎡ (150평)
3. 건축연면적	49.5㎡ (15평)	82.5㎡ (15평)
4. 리모델링 내용	방 2개, 부엌 1개 15년 동안 사람거주 않음	방2개, 구들장 황토방 1개, 화장실 2개, 거실 1개, 주방 1개
5. 준공년도	1974년 (40년)	리모델링 공사비 : 3,500만원
6. 리모델링기간	45일	

2. 리모델링공사 전후 전경

수리 전 주택의 모습

리모델링 후 완성된 모습

3. 리모델링 공사중 현황

리모델링 외벽공사

리모델링 창호공사

리모델링 전 방 내부1

리모델링 전 방 내부2

4. 리모델링 내부공사 현황

철골보로 보강한 모습

내부 거실 마감

내부 주방 마감

내부 침실 마감

제2장 학습요약 · 문제해설
(리모델링 설계 사례 분석)

▶ **학습목적**

1. 공동주택 리모델링 사업계획과 설계계획절차에 대해 설명할 수 있다.
2. 공동주택 리모델링 사례별 단지 사업계획과 설계를 통해 단지설계와 단위세대 리모델링 설계계획에 대해 이해한다.

▶ **학습내용**

1. 리모델링사업 개요
2. 기존 단지의 문제점과 현황 파악
3. 리모델링 법규 적용 완화 검토계획
4. 리모델링 단지 설계계획
5. 리모델링 단위세대 설계계획
6. 주차장과 부대복리시설 특화계획

▶ **사전학습**

1. 용어설명
   1) 건축선 지정

      해설: 건축선 지정은 대지에 건축물을 설치할 수 있는 한계선을 말하며, 건축선은 통상적으로 도로의 경계선과 일치하는 경우가 많으나 도로 등 확장계획이 있을 경우에는 건축선을 달리 설정할 수 있다.

   2) 1층 필로티

      해설: 공동주택 리모델링시 1층 필로티 증설이란 주민공동생활공간과 주차장 마련을 위해 1층 아파트를 공용공간으로 만드는 것을 말한다.

   3) 데크 주차장

      해설: 공동주택 리모델링시 부족한 주차장 증설을 위해 아파트 단지 공간의 지상에 철골 등의 데크를 설치하여 주차장 증설을 위해 시설물을 만

드는 것을 말한다.

▶ **학습문제**

1. 사례 대상 서울시 용산구 OO아파트 86㎡는 리모델링으로 몇 ㎡ 면적으로 증가되었는가?

① 90㎡ ② 100㎡

③ 115㎡ ④ 127㎡

해설: 사례 대상 아파트는 복도쪽의 증설로 기존 면적에서 48%가 증가된 127㎡이다.

정답 ④

2. 사례 대상 서울시 용산구 OO아파트는 지상데크 주차장 증설로 주차에 대수는 기존 33대에서 몇 대로 증가되었는가?

① 48대 ② 58대

③ 68대 ④ 78대

해설: 사례 대상 아파트는 지상데크 주차장 증설로 기존 33대에서 68대로 주차대수가 증가되었다.

정답 ③

3. 사례 대상 서울시 용산구 OO아파트의 법규 완화 적용 항목이 아닌 것은?

① 건폐율 ② 일조권

③ 용적률 ④ 건축선 지정

해설: 사례 대상 아파트의 법규 완화 적용항목은 건폐율, 용적률, 건축선 지정이다.

정답 ②

4. 사례 대상 서울시 용산구 OO아파트 주차장 증설방식은 어떤 유형으로 하였는가?

① 지상주차장(deck) 방식

② 지하주차장 방식

③ 지상주차장(deck)+지하주차장 방식

④ 옥외주차장 방식

해설: 사례 대상 아파트 주차장방식은 지상주차장(deck)방식으로 증설하였다.

정답 ①

5. 사례 대상 서울시 용산구 OO아파트의 주민복리시설의 리모델링 위치로 맞는 것은?

① 지하주차장　　② 1층 필로티와 옥상

③ 지상 별동 설치　　④ 아파트 중간층

해설: 사례 대상 아파트의 주민복리시설은 1층 필로티와 옥상 부분을 녹지화하여 주민공동시설과 휴게시설을 제공하였다.

정답 ②

6. 사례 대상 서울시 용산구 OO아파트가 리모델링으로 증가된 전체 건축연면적은 얼마인가?

① 14,300㎡　　② 2,430㎡

③ 3,430㎡　　④ 4,430㎡

해설: 사례 대상 아파트가 리모델링으로 증가된 전체 건축연면적은 45%가 증가된 약 3,430㎡이다.

정답 ③

▶ 적용하기(1)

1. 공동주택 리모델링 설계에서 가장 문제가 되고 있는 부족한 주차장과 주민복리시설 증설 설계방법은 어떤 것이 있는지 생각해본다.

해설: 공동주택 리모델링시 주차장 증설 설계는 지상데크와 일부 지하주차장 설치 방식이 가장 많이 적용될 수 있으며, 주민공동복리시설은 데크 주차장 하부를 이용하는 방안을 생각해 볼 수 있다.

▶ 적용하기(2)

1. 공동주택의 기존 단지 주민들의 리모델링 요구내용을 정리해 본다.

해설: 기존 공동주택의 요구사항은 노후화된 외관, 부족한 주차공간, 단위세대 평면협소, 노후화된 설비배관, 공동부대시설 미흡 등을 들 수 있다.

2. 공동주택 리모델링 설계계획시 절차와 내용을 간단히 정리해 본다.

해설: 공동주택의 리모델링 설계계획 내용은 먼저 기존 단지의 요구사항을 파악하고 단지배치 설계계획과 주차장 증설계획, 단위세대 증설계획, 공동주민복리시설 계획 등을 들 수 있다.

▶ **정리하기**

1. 공동주택 리모델링 설계는 먼저 주민들의 요구사항을 어떻게 잘 반영하여 설계하는 것이 중요하다.
2. 공동주택 리모델링시 가장 중요한 것은 부족한 주차장 증설을 어떻게 설계하느냐 하는 것이 무엇보다 중요하다.

P/A/R/T/ 4

리모델링 공사계획과 사례 분석

01

리모델링 공사계획 수립

I. 리모델링 공사 특징과 계획 수립

1. 리모델링 공사계획 특징과 절차

1) 리모델링공사 개요

① 리모델링 공사계획은 사업목적, 공사범위, 건축물의 구조체공사, 이주문제, 작업입지 및 환경 등에 따라 매우 다양하게 분류할 수 있으며, 그 현장여건과 특성에 적합한 공사계획을 세워야 한다.

② 리모델링공사가 신축공사와 다른 점은 먼저 철거공사를 하고 구조체의 보수·보강공사, 건축공사, 전기설비공사, 마감공사 순으로 공사계획을 세워야 한다.

③ 리모델링공사는 건물을 사용하면서 공사를 진행할 수 있으므로 전체를 비우고 공사하는 경우와 일부는 업무를 하면서 공사를 진행하는 두 경우로 나눠서 계획해야 한다.

2) 리모델링공사의 특징

① 정형화된 공사모델이 없다.

- 리모델링은 신축처럼 정형화된 모델은 없고, 사업목적과 범위에 따라 다양

하게 공사계획을 수립해야 한다.

② 잦은 설계변경

- 기존 도면의 부실과 현장 상황의 변화로 공사진행 중에 설계변경이 많다.
- 기존 도면과 시설이 다르게 변경된 부분의 불확실한 설계가 많다.

③ 공기와 공사비 초과 우려

- 입찰단계시 견적보다 예상치 못한 현장여건과 작업범위 등의 변경으로 공기와 비용이 초과된다.

④ 난해한 철거공사

- 시설이 일부 운영 중에 철거해야 하므로 소음, 진동 등으로 인한 어려움이 많다.

⑤ 복잡한 작업체계와 공정관리의 어려움

- 리모델링공사는 하나의 부위를 완성하는 데도 신축과 달리 물리적인 부분과 작업관리적인 부분이 훨씬 더 복잡하다.
- 또한 기존 시설의 운영일정과 공사일정이 간섭될 경우에는 많은 작업 대기시간이 요구된다.

⑥ 제약 사항

- 사용자의 시설운영일정과 작업일정 간섭
- 작업의 복잡성과 설치공간 부족
- 전기 및 설비의 작업 사용시간 제약의 어려움
- 예기치 못한 현장조건 변화 등

3) 리모델링공사 추진절차

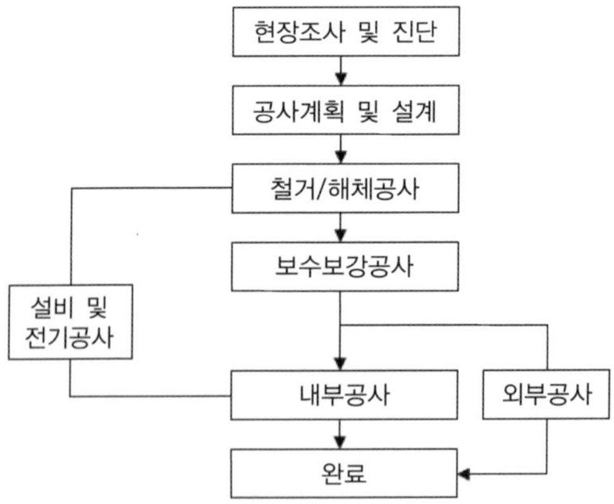

2. 리모델링 단계별 공사계획 수립

1) 견적 및 입찰단계시 계획

① 충분한 현장실사 및 공사특성 분석 후 견적을 하도록 한다.

② 면밀한 공사계획을 수립한 후 견적을 하도록 한다.

③ 가능하면 유경험자에 의한 견적이 되도록 한다.

2) 계약단계시 계획

① 계약서상에 공사범위를 명확히 할 필요가 있다.

- 리모델링공사 특성상 계약서류(시방서, 설계도서, 내역서)상에서 공사범위를 표현하기 어려운 경우가 많다.
- 공사수행 중 논쟁의 여지를 없애기 위하여 계획서상에 포괄적이면서도 명확한 공사범위를 정할 필요가 있다.
- 계약자 상호간에 예상하지 못한 공사가 발생하였을 경우에 대비하여 계약서상에 원칙을 정해둘 필요가 있다.

② 설계변경을 대비 명확한 기준을 정해둘 필요가 있다.

- 설계변경이 빈번하게 발생하므로 이에 대한 기준도 명확히 할 필요가 있다.

③ 공사범위와 방법 변경시 설계변경이 될 수 있도록 명문화한다.

3) 공사계획 단계시 계획

① 경험 있는 공사관리자 선정

리모델링 공사는 복합공정을 종합적으로 관리하고 조정할 수 있는 공사관리자의 능력이 절대적으로 필요하다.

② 기존 건물의 조사 및 진단계획 철저

- 리모델링 공사계획시 가장 먼저 하는 것이 조사 및 진단업무이다.
- 20년 정도 경과한 건물은 당초 설계도서와 현 시공상태가 상이한 경우가 많다.
- 불법적인 것을 포함한 계속적인 설계변경, 보수공사 등이 시행되었지만 건물이력을 관리한 예가 드물다.
- 설도서보다 실제조사와 진단을 실시하는 것이 더욱 중요하며, 필요한 경우 건물관리인의 구두 설명까지 들을 필요가 있다.

③ 기존 시설 운영일정과 간섭 조정계획

- 기존 시설의 운영일정에 대하여 사용자와 사전에 면밀한 협의를 하여 공사계획에 반영해야 한다. 종종 공사일정과 예기치 못한 충돌이 발생하여 공정에 차질이 발생할 수 있다.
- 근무환경 유지를 위하여 사전에 사용자의 의견을 듣고 공사계획에 반영해야 한다.

④ 소방, 안전피난 위반사항 검토계획

- 특별피난계단 철거나 소화급수 중단과 같이 공사수행 중 부득이하게 법규 위반사항이 발생할 수 있는데, 이에 대하여 사전에 유관기관의 의견을 들을 필요가 있다.
- 기능상 문제가 없는지도 검토해야 한다.

4) 공사수행단계시 계획

① 사용자와 작업계획 협조방법 모색

- 주간단위의 작업계획시 사용자에게 사전통보를 통한 협조 모색
- 재실공사의 경우는 반드시 유경험자가 필요하다.

② 사용자와 작업공간 확보 협조

- 작업공간이 협소한 경우 옥외 주차장이나 통로 등의 사용자 공간을 점유하는 경우가 발생하기 때문이다.

③ 사용자 동선과 작업동선의 간섭방지

- 사용자의 동선과 작업자의 동선을 완전히 분리하여 사용자의 안전을 도모해야 한다.

II. 건축공사 리모델링 시공 계획 수립

1. 건축공사계획 개요

(1) 공사수행 계획 방법 설정

리모델링공사는 건물을 사용하면서 공사를 진행하므로 전체를 비우고 공사할 것

인지, 전체를 몇 개로 나누어 공사할 것인지, 상층에서부터 층단위로 내려오면서 공사를 진행할 것인지, 실단위로 공사를 수행할 것인지 등의 여부에 따라 다양한 리모델링 공사계획이 가능하다.

(2) 재실 여부와 이주계획

재실 여부와 이주계획, 공사 중 발주처의 회사 이미지 손실을 최소화하는 리모델링 시공 시 요구사항과 각종 제약 사항 등에 따라 가설공사, 철거공사 및 설치공사, 골조공사에 있어서 전혀 다른 시공계획이 수립된다.

- 설비의 전면 중지 불가, 층별 작업
- 업체의 이주 일정계획에 맞추어 공사 진행

(3) 리모델링공사의 공정계획

- 리모델링공사의 공정계획은 공사범위, 발주처의 요구사항, 제약사항, 작업여건 등에 따라 환경법에 저촉되지 않는 철거폐기물 반출계획, 자재반출입동선, 작업동선계획을 포함한 가설계획을 어떻게 수립하는지에 따라 좌우된다.

2. 기존 건물조사 및 진단

1) 기존 건물 관련 설계도서 검토

① 건축물의 현재 상태를 정확히 파악하기 위하여 우선적으로 실시하는 작업은 대상 건축물에 대한 정보를 최대한 많이 수집하여 분석하는 것이 중요하다.

② 건물 준공 후 수년 혹은 수십 년이 지나면서 건물관리에 대한 자료를 모두 보유하고 있는 건물은 많지 않다.

③ 기존 건물 자료 목록

- 설계도면 : 시공, 준공, 보수 · 보강, 사용 중 용도 변경에 따른 설계도면 등
- 공사내역서 및 시방서
- 구조계산서
- 지질조사보고서
- 건물관리대장 : 점검 및 진단일자
- 건물이력 : 점검 및 진단이력, 사고기록(화재 등)

2) 육안상태조사

(1) 육안조사란?

경험 있는 진단전문가들이 육안으로 직접 구조물을 보고 건물의 노후화 상태를 파악하는 것을 말한다.

(2) 육안조사방법

① 주요 구조부재에 균열이 왜 발생하였는지?

② 누수는 왜 있는지?

③ 계속적인 변형 징후가 있는지?

④ 건물의 노후화가 얼마나 진행되었는지?

(3) 육안조사항목

① 균열

② 박리 · 박락

③ 누수

④ 옥상방수

⑤ 외장

⑥ 오염, 변색

⑦ 백화현상

⑧ 들뜸

⑨ 도장

⑩ 녹슨 정도

⑪ 설계 당시와 현재의 용도조사

3) 균열조사

(1) 균열 발생 원인과 종류

① 내구성을 감소시키는 균열 : 보수 여부 판단

② 구조적으로 문제가 되는 균열 : 0.3mm 이상시 보수 판단

4) 콘크리트강도조사

(1) 콘크리트강도의 중요성

① 코어압축강도시험　② 슈미트해머시험　③ 비파괴시험

5) 철근배근조사

(1) 초음파탐사법

(2) 레이더파탐사법

3. 가설공사 및 철거공사

1) 가설공사

(1) 가설계획

① 가설공사는 소음 및 분진을 최소화하고 안전하게 작업을 수행할 수 있도록 계획해야 한다.

② 가설비계획은 철거 및 신설공사를 위한 외부비계와 보호막 설치, 낙하물방지막 등을 설치하고, 층별 철거순서와 각층의 폐기물 반출입이 잘 될 수 있도록 계획해야 한다.

(2) 가설양중계획

가설양중계획은 기존 건물의 상황에 따라 건물의 화물용 엘리베이터, 곤돌라, 또는 크레인 등을 설치하여 사용하고 각층 폐기물을 하역하기 위한 동선 및 장비 반입을 고려하여 계획한다.

워크플랫폼 철거하역공사

외부 가설비계공사

2) 철거공사

(1) 철거공사계획

① 리모델링 공사계획에서의 철거는 기존 건물의 상태를 정확히 파악하여 구조적 성능은 훼손하지 않으면서 불필요한 부분만을 철거하는 작업이 이루어져야 한다.

② 철거공사계획은 반드시 내부 철거공사계획과 외부 철거공사계획을 분리하여

계획해야 한다.

- 내부 철거계획 : 내부 철거는 상층부에서부터 하부층으로 진행한다.
- 외부 철거계획 : 외부 철거계획시에는 신축 경우와 달리 외부마감공사 용도뿐만 아니라 외부 철거용도로도 사용하기 때문에 철거업체와 비계업체와의 협의 후 계획을 세우는 것이 중요하다.

③ 철거공사에 있어서 폐기물 반출을 위한 수직동선을 확보하는 것이 매우 중요하며, 폐기물 반출시 민원의 최소화를 위한 방음 · 방진계획을 수립해야 한다.

(2) 철거공사 분류와 순서

① 석면류 철거

② 마감재 철거

③ 구조체 철거

(3) 철거기간

① 재건출 : 3개월

② 리모델링 : 6개월

(4) 철거공사의 진행순서

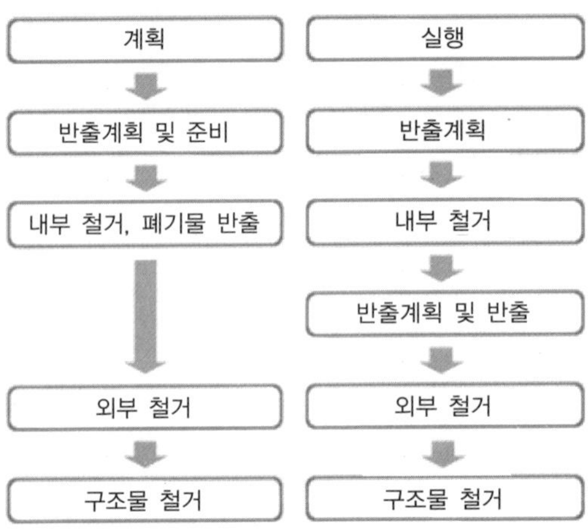

4. 기초공사 및 주차장공사

1) 기초 보강공사

(1) 기초보강 및 신설 공사

기존 건물의 기초내력이 부족하거나 기존 건물 내에 내력벽 또는 기둥을 신설하였을 때에는 기존 건물 내부에서 기초를 보강하여야 한다. 이때 건물의 층고 및 장비반입 문제 등을 고려하여 현장여건에 적합한 기초 보강공법을 선정해야 한다. 증축부 구조체의 기초를 신설할 때에는 기존 기초와의 간섭을 고려해야 하며, 이질기초가 되지 않도록 기존 기초의 형식을 파악한 후 계획해야 한다.

(2) 수직 및 수평증축 부위 접합부 공법

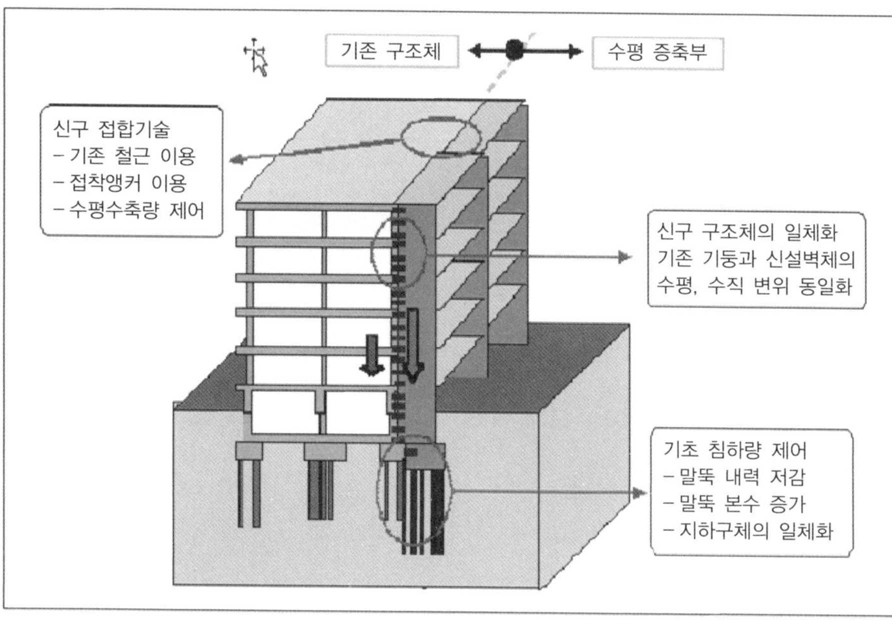

(3) 기존기초와 신설기초 간의 파일 배치

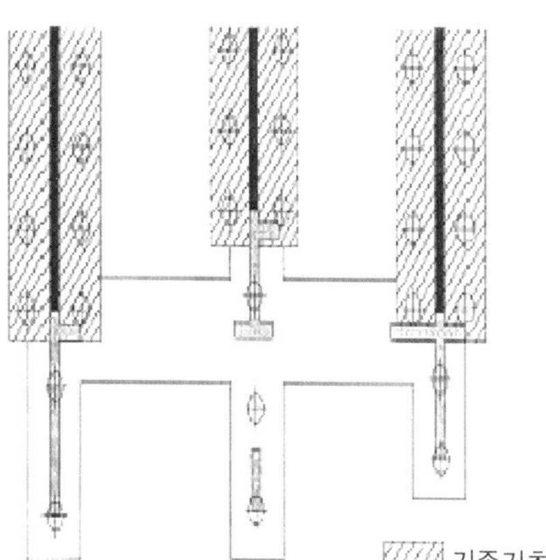

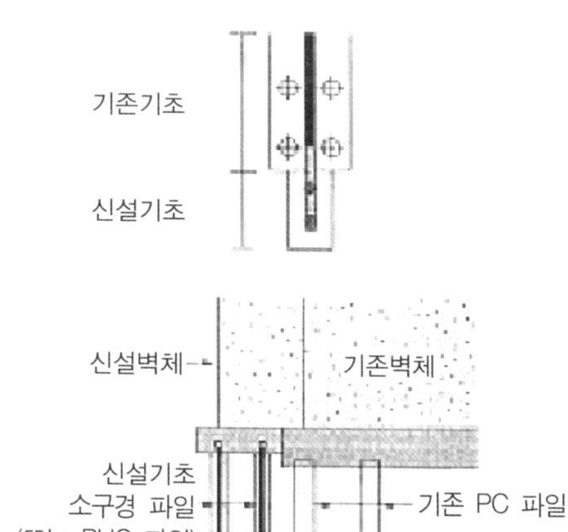

(4) 마이크로기초 파일공사

① 마이크로파일 기초공법

지반을 천공하여 고강도 강봉이나 강선을 삽입한 후 시멘트 밀크를 주입하여 지지파일을 형성하여 기초를 보강하는 공법을 말한다.

② 마이크로파일 시공 순서

1. 기초커팅 후 기초보기

2. 천공장비 굴착

3. 케이싱파이프 삽입

4. 기초지압판 설치

5. 주차장 증설공사계획시 검토사항

1) 지하주차장 증설방식 종류

① 지상주차장 Deck설치방식

지상에 철골 및 콘크리트 Deck를 증설하여 주차장을 만드는 방식

② 지상Deck + 지하주차장방식

지하주차장 설치와 함께 지상에는 Deck를 증설하여 주차장을 만드는 방식

③ 별동 지하주차장 증설방식

지상 빈 공간에 별동으로 지하주차장을 증설하는 방식

④ 지하주차장 수직다운 증설방식

도심 오피스 빌딩의 경우 주차장 지하를 더 굴착하여 증설하는 방식

2) 주차장 증설공사 방식 결정

① 리모델링시 주차장 증설방식은 신축과 달리 기존 입지여건에 맞는 방식을 결정하는 것이 중요하다.

② 기존 거물이나 단지의 여건을 충분히 고려하지 않고 결정할 때에는 입지여건상 실제로 공사할 수 없는 경우가 발생하기 때문이다.

3) 구조체공사 보수, 보강공법

(1) 구조체공사 보수 · 보강계획 방법

구조체공사 보수 · 보강계획은 리모델링 후의 변경도면에 따라 구조체의 보수보강 및 내진보강을 한 후에 기존 구조체의 확장, 증축, 감축 등 불필요한 부분의 철거 등의 방법으로 구조체 보수 · 보강 공사계획을 수립한다.

(2) 구조체의 보수공법의 종류

① 표면처리공법

② 주입공법

③ 충전공법

(3) 구조체 보강공법의 종류

① 콘크리트 단면 증설공법

② 철골부재 부착에 의한 보강공법

③ 강판부착에 의한 보강방법

④ 탄소섬유시트에 의한 보강공법

⑤ 그라우팅에 의한 지반보강공법

⑥ 소구경파일에 의한 기초보강공법

4) 건축물 내부 마감 공사계획

(1) 건물 내부 리모델링 공사계획

① 건물 내부 마감공사는 신축공사와 같음

② 단위세대 증축 리모델링 공사계획

③ 복도형/계단형 증축 리모델링 공사계획

④ 공용공간 리모델링 공사계획

(2) 건물 내부 인테리어 공사계획

① 건물 바닥 및 벽체 인테리어 공사계획

② 내부조명/설비점검 공사계획

III. 설비, 전기공사 리모델링 시공계획 수립

1. 설비공사 리모델링 개요

(1) 건축설비 리모델링은 리모델링공사에서 비중이 높은 중요한 공사로서 설비의 성능 저하에 따른 사용자 만족도와 경제적 자산가치 향상을 위한 것이다.

(2) 건축설비 리모델링 프로젝트 수행순서는 초기검토, 기획검토, 시공, 유지관리 4단계로 실시된다.

(3) 건축설비 리모델링의 주요공사 내용은 성능장애의 내용범위, 실시시기, 기간, 예산, 보관서류, 자료 등의 유무와 기능저하에 따른 확인 등이 필요하다.

(4) 건축물의 수명이 약 50년이라면 건축물 내부에 설치된 배관의 수명은 약 15~25년 정도로써 건축물의 생애 동안 최소 2~3회의 내부배관 성능개선 리모델링이 필요하다.

2. 기존 설비의 종합진단

1) 기존 설비진단

① 기존 설비진단은 열화, 부식 및 성능시험 등이 진단의 주요사항이고, 또한 환경기능에 따른 열환경, 빛환경, 음환경, 진동 등의 요소가 검토된다.

② 안전에 따른 소방방재시설의 적법성과 현행 법규와의 상이성도 함께 검토되기도 하며, 전체적인 건축설비 시스템의 적정성과 적합성이 진단되며, 에너지 사용량 조사에 따른 효율성 점검도 주요 대상이다.

발코니 난간벽 배관 파손

배관 부위 부식

2) 기존 설비진단 대상 분류방법

① 기존 건축설비의 진단 대상 및 방법은 기계실의 열원장비와 각종 계통(시스템)별로 진행된다.

② 물배관계통과 공기전달계통으로 크게 나뉘고, 설비계통별로 나뉘는 경우도 있다.

③ 열원설비(장비), 공조덕트설비, 냉난방설비, 급수급탕설비, 오배수설비, 소화방재설비, 자동제어설비, 기타 설비로 나뉘며, 각각의 구성은 대상별로 나눈다.

④ 설비진단 분류 대상

- 진단 대상명, 용량, 재질, 운전이력
- 부위, 진단방법, 검출항목
- 운전상태, 내용년수, 현재상태
- 진단수준 및 평가, 대안의 형태로 작성

3) 기존 설비교체 및 리모델링에 따른 사용자 기대치 조사

	일부교체	기존설치 유효 이용	전면 리모델링
1. 초기비용	◎	○	△
2. 기능성능 향상	△	○	◎
3. 유연성(용도 변경)	◎	○	◎
4. 에너지절약	△	○	◎
5. 스페이스	△	○	◎
6. 공사기간	◎	○	△
7. 효율성	△	○	◎
8. 비고	기기만 교환	기존 덕트와 배관을 재이용	공조시스템 전면변경

고객 기대 정도 ◎ : 매우 높음, ○ : 높음, △ : 보통

4) 기존 설비진단 보고서 검토결과 분석

(1) 종합진단결과분석

① 기존 설비진단 보고서는 리모델링 설계나 시공에 가장 우선순위의 결정요인이 되므로 철저한 진단 검토가 필요하다.

② 에너지 소비에 따른 대책이 효과적으로 이루어졌는지에 대해 검토가 필요하다.

③ 재실자의 근무환경적 영향을 잘 고려하였는지 검토해야 한다.

④ 시설의 리모델링 시공범위가 차수별로 계획될 수 있는지 검토한다.

⑤ 설비 수명을 연장할 수 있는 방법은 고려되었는지 등을 경제적 분석 및 판단을 종합적으로 검토한다.

(2) 설비 종류별 진단결과 분석 자료

진단항목	진단내용	진단결과
① 배관류	전체 배관	– 전면 교체 필요
② 덕트계통	– 전체 덕트	– 취출구 및 흡입구 전체 교체 필요 – 메인덕트 청소 필요 – 보온재 교체 필요
③ 공조기	– Built-up 공조기 3대	– 외부판을 제외한 전체 교체 필요
④ 열교환기	– 판형 열교환기 2대	– 전면 교체 필요
⑤ 팬류	– 급 · 배기팬 34대	– 전면 교체 필요
⑥ 냉동기	– 저온 터보냉동기 2대 – 상온 터보냉동기 1대	– 전면 교체 필요
⑦ 펌프류	– 냉수, 온수, 냉각수 펌프 등	– 성능양호 및 내구년한에 여유가 있음
⑧ VAV유닛	– 공압식 벤튜리 타입	– 전면 교체 필요
⑨ 컨벡터	– 난방 적용	– 컨벡터 청소 필요
⑩ 냉각탑	– 직교류형 3대	– 주변배관 및 충진재 교체 필요 – 전산실 냉각탑 신설 필요

3. 설비공사계획과 방법

1) 설비 리모델링 시공계획 수립

① 공조 Zone 파악 및 작업지역 결정

② 각 Part 요구사항 수렴 및 설계

③ 리모델링 시공도면화

④ 기존 관로와 신설 관로 파악

⑤ 기능유지 덕트 검토

⑥ 작업동선 확보 가설칸막이 설치계획

⑦ 장비보양계획

⑧ 가설계획(가설전등 및 분전반 등)

⑨ 안전 및 화재예방(소화기 및 소화수 비치)
⑩ 환기시설(배기 팬 설치)
⑪ 기능 유지 가설배관
⑫ 철거재 반출계획
⑬ 최종 확인 점검계획
⑭ 준공, 완공검사계획

2) 설계 리모델링공사 수행 전 검토사항

(1) 리모델링 공사 구획을 어떻게 할 것인가
(2) 수평, 수직, 용도, 단면계획 검토
(3) 관련지역의 특성 및 장비파악, 도난방지대책
(4) 자재 반출입 통로 확보 및 가설칸막이 이중천장 설치 검토
(5) 소음, 분진, 진동 방지대책 수립
(6) 화재예방 및 안전대책 수립
(7) 기존 시설물 및 배관기능 숙지 및 작업 외 지역 기능 유지
(8) 하부층 천장 내 배수작업 조건 검토 및 시공방법 결정
(9) 폐기물 야적장 확보 및 처리방안 결정

4. 설비공사 수행방법과 사례

1) 설비공사 진행방법

구분	재실상태	한층 공실상태	전층 공실상태
1. 개념	재실상태에서 리모델링 공사를 진행	한 개층씩 공실상태로 리모델링 공사진행	전층을 공실로 하고 한꺼번에 리모델링 공사진행
2. 공사기간	길다	중간 정도	단기간
3. 설비비(초기비용)	많다		적다
4. 소음	야간 및 휴일작업		불편이 없다
5. 시공성(안전성)	시간적 제약	재실자, 작업자 이동, 작업공간 제약에 따른 검토 필요	시공사의 계획에 의한 작업진행 가능
6. 고려사항	임시이동 통로에 따른 재실자의 이해 필요	소음에 대한 재실자 이해 필요	추가 고려사항 없음

2) 기계설비 리모델링 사례(일반건물)

리모델링 전	리모델링 후
1. 냉방시스템 : 원심형 냉동기, AHU+FCU(일부)	빙축열, AHU+FCU
2. 난방시스템 : 열관식 보일러, AHU(습식)+컨벡터	콘덴싱보일러, AHU(증기)+FCU
3. 급수 : 고가수조방식	급수가압펌프방식
4. 옥내소화전 : ON-OFF방식(수동)	자동방식(전원방식 변경)
5. 스프링클러설비 : 일체살수방식	습식방식(Head부분 변경)
6. 덕트공사 : 단일덕트 변풍량방식(VAV)	단일덕트 정풍량방식

5. 전기공사 리모델링 시공계획 수립

1) 전기공사 리모델링 개요

전기공사 리모델링은 신축과 달리 기존 시설에서 리모델링에 따른 변경사항과 재활용 및 신설 항목을 구분하여 초기부터 계획을 수립하고 공사해야 한다.

2) 가설 전기공사

① 기존 건물의 전기실에서 가설전기를 활용할 것인지, 기존 시설을 끊고 한전에서 새로 가설전기를 수용하여 신청할 것인지 현장상황에 맞게 판단하면 된다.

② 오래된 건물의 경우, 기존 전기가 110V/220V만 들어와 있어 공사수행에 필요한 220V/380V가 들어와 있지 않은 경우도 있다.

3) 가설 패널설치공사

가설 패널설치는 공동주택은 층별 패널, 일반건축물은 기존 EPS(Electric Pipe Shaft)를 활용하여 기존에 설치되어 있는 본 패널에서 가설 패널로 연결하여 설치한다.

4) 철거공사

철거 시에는 천장, 벽의 기존 동력을 절단해야 하는데, 건축공사의 철거작업은 반드시 전기공사 담당자가 기존 선로 철거 여부를 정확히 확인한 후 착수해야 한다.

5) 전기 공정별 시공계획 수립(공동주택 사례)

(1) 공정별 공사계획시 검토사항

공동주택 전기공사에서 공정별로 검토해야 할 사항은 바닥에서 상부 슬래브 바닥까지의 층고가 얼마인지를 파악하여 그 상황에 따라 대처해야 한다.

(2) 인입공사

인입공사는 리모델링의 경우에 철거하고 새롭게 신설하다 보니 한전 처리과정이 매우 복잡하다.

(3) 전력간선공사

공동주택 전기실에서 각 세대까지 전기를 공급하는 전력간선공사를 위해 오래된 공동주택을 리모델링하는 경우 EPS(Electric pipe shaft), TPS(Telecommunication pipe shaft)실 확보가 필요하다.

리모델링 공사범위	중점관리 포인트
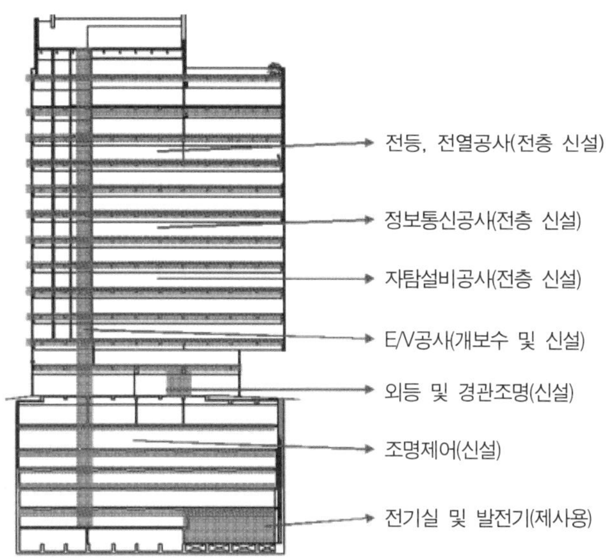	건축 선행공정 및 후행공정에 지정이 없도록 탄력적인 작업인원 투입. 면밀한 도면검토 및 현장조사를 하여 장비 및 자재 선발주.

(4) 케이블 트레이(Cable Tray) 설치공사

전력간선공사가 수행되면 케이블 트레이 설치공사는 쉽게 진행될 수 있다.

(5) 단위세대 전등, 전열, 통신, 소방공사

① 기둥식 공동주택의 경우는 자유자재로 공사가 가능하지만 내력벽식구조의 공동

주택은 기존 벽체에 배관루트 확보를 위해 벽체의 일부를 칩핑해야 한다.

② 지하주차장, 근생 등 기타 공사는 건축공사가 진행됨에 따라 전기공사가 수행하면 된다.

6) 전기설비공사 리모델링 사례(일반건물)

리모델링 전	리모델링 후
1. 조명설비 : 매립형 하면 개방형 FL 2/40W 형광등 기구	개방형 파라볼릭 타입 고휘도, 전자식 절전형 형광등 기구
2. Electric Power : 아날로그 폐쇄배전반(TR3,000km) +상용발전기(1,220kw×1대)	디지털 배전판 : 통합제어(TR3,500km) 상용발전기(1,220kw×1대)
3. 통합배선(전화/LAN) : 플로어 덕트를 이용한 제한적 배선	액세스 시스템 박스타입 : 전화, 랜(Lan) 확장성 용이
4. UPS : 3상100KV	3상200KV : 통신실 및 각 사무실 PC전원공급 안정적
5. 전열설비 : 플로어 덕트를 이용한 제한적 배선	액세스 시스템 박스타입 : 확장성 용이
6. 방송설비 : 아날로그 시스템 (기능제한)	디지털 시스템 : 다기능 영상화상 시스템 (본점과 지점 연결)
7. E.V설비 : 15인승-8대 / 비상-1대 / 장애인-1대	노후로 전면 교체 (대수 10대 동일)

제1장 학습요약 · 문제해설
(리모델링 공사계획 수립)

▶ 학습목적

1. 리모델링 공사계획의 특징과 절차를 설명할 수 있다.
2. 리모델링공사와 신축공사계획과의 차이를 설명할 수 있다.
3. 건축공사와 설비, 전기공사 리모델링 공사계획을 설명할 수 있다.

▶ 학습내용

1. 리모델링 공사계획 특징과 절차
2. 리모델링 단계별 공사계획 수립
3. 건축공사 리모델링 공사계획 수립
4. 설비, 전기공사 리모델링 공사계획 수립

▶ 사전학습

1. 용어

   1) 철거공사란?

   해설: 리모델링을 하기 위해 기존 건물의 노화된 부분을 전부 철거하는 공사를 말한다.

   2) 보수, 보강공사란?

   해설: 리모델링 대상 기존 건축물 구조체 부분의 손상된 부분이나 노후화된 부분을 보수하거나 보강하는 공사를 말한다.

   3) 육안상태조사란?

   해설: 경험 있는 전문가들이 리모델링 대상 건축물을 직접 육안으로 보고 노후화상태를 조사하는 것을 말한다.

▶ **학습문제**

1. 리모델링 공사계획의 특징이 아닌 것은?
   ① 전형화된 공사모델은 없다.
   ② 설계변경이 없다.
   ③ 복잡한 작업체계이다.
   ④ 난해한 철거공사의 어려움이 있다.

   해설: 리모델링공사는 신축공사에 비해 설계변경이 많다.

   정답 ②

2. 리모델링공사 시 기존 건물의 조사 및 진단에 대한 내용이 아닌 것은?
   ① 기존 건물에 대한 현황조사　② 기존 건물의 자료목록조사
   ③ 육안상태조사　④ 내부 마감자재조사

   해설: 리모델링공사 시 내부 마감자재는 대부분 해체 · 철거하므로 조사진단 내용이 아니다.

   정답 ④

3. 리모델링공사를 위한 철거공사에 대한 설명으로 틀린 것은?
   ① 리모델링 철거공사는 기존 건물상태를 최대한 훼손하지 않도록 철거해야 한다.
   ② 내부 철거는 상층부에서 하층부순으로 진행한다.
   ③ 철거공사는 외부 철거를 먼저한 후 내부 철거를 진행한다.
   ④ 철거공사는 내부 철거와 외부 철거를 분리해서 실시한다.

   해설: 리모델링 철거공사는 내부 철거를 먼저하고 외부 철거를 한다.

   정답 ③

4. 설비공사 리모델링시 설비진단 보고서 검토사항 설명으로 틀린 것은?
   ① 설비진단 보고서는 리모델링을 위한 참고자료 수준이다.
   ② 설비 에너지 소비에 따른 효과적인 대책이 고려되어야 한다.
   ③ 재실자의 근무환경을 잘 고려해야 한다.
   ④ 설비 수명을 연장할 수 있는 방법이 고려되야 한다.

해설: 설비 리모델링공사에서 설비진단 보고서의 검토결과에 의해 모든 설비공사의 설계와 시공의 우선 순위와 리모델링 방법이 결정된다.

정답 ①

5. 전면 설비교체 리모델링의 특징에 대한 설명으로 틀린 것은?

① 기능성이 향상된다. ② 용도 변경의 효과가 크다

③ 에너지절약이 가능하다. ④ 초기 공사비용이 적게 든다.

해설: 설비교체 전면 리모델링은 초기 공사비용이 많이 든다.

정답 ④

6. 공정별 전기공사 리모델링 공사계획 내용과 거리가 먼 것은?

① 인입공사 ② 전력간선공사

③ 변압기 교체공사 ④ cable tray설치공사

해설: 리모델링공사 시 변압기 교체공사는 반드시 해야 하는 것은 아니며, 교체 수선주기가 되었을 경우에 한하여 교체한다.

정답 ③

▶ 적용하기(1)

1. 리모델링 공사계획이 신축공사계획과 다른 점은 무엇인지 생각해 보시오.

해설: 리모델링 공사가 신축공사와 다른 점은 먼저 철거공사를 위한 가설공사를 한 후 철거공사, 구조체 보수보강공사, 건축공사, 전기설비공사, 마감공사 순으로 진행하는 것이 다르다.

2. 리모델링 공사계획에서 매우 중요한 철거 · 해체공사 시공순서와 방법에 대해 알아보시오.

해설: 리모델링공사는 철거공사를 위한 가설공사를 먼저 한 후 철거공사를 진행하는데, 철거공사의 시공순서는 다음과 같다.

① 내부 철거를 먼저 한 후

② 외부 철거

③ 구조물 철거

④ 반출계획

▶ **적용하기(2)**

1. 리모델링공사의 특징을 간단히 설명해 보시오.

해설: 리모델링공사의 특징은 다음과 같다.

① 정형화된 공사모델이 없고

② 잦은 설계변경

③ 난해한 철거공사

④ 복잡한 작업체계와 공정관리 어려움

⑤ 공사기간과 공사비 초과 우려

⑥ 공사 시 많은 제약 사항

▶ **정리하기**

1. 리모델링공사는 신축공사와 달리 정형화된 틀이 없으므로 전문가의 경험이 필요한 공사이다.
2. 리모델링공사는 잦은 설계변경과 복잡한 작업체계로 공사관리에 어려움이 많은 공사이므로 체계적인 공사계획이 필요하다.
3. 리모델링공사는 건축공사뿐만 아니라 설비, 전기 등에 대한 성능개선공사가 중요하다.

02

리모델링 사업계획과 공사 사례 분석

I. 공동주택 리모델링 사업계획과 공사 사례

■ 사례 1. 서울시 마포구 OO아파트 리모델링

1. 사업 개요

1) 사업 개요

공사명	마포 시범아파트 리모델링공사		
1. 건립년도	1971년 10월 준공	7. 구조	철근콘크리트 라멘조
2. 세대수	18평형 60세대	8. 층고	2.80M(기준층)
3. 층수	지상 5층	9. 공기	2002.06.29.~2003.07.28
4. 주차대수	기존 주차장 없음	10. 대지면적	1,594㎡ (약 482평)
5. 발주자	대한주택공사	11. 연면적	3,570㎡ (1,080평)
6. 설계자	한길 건축사사무소	12. 시공사	대림산업(주)

(1) 사업위치도

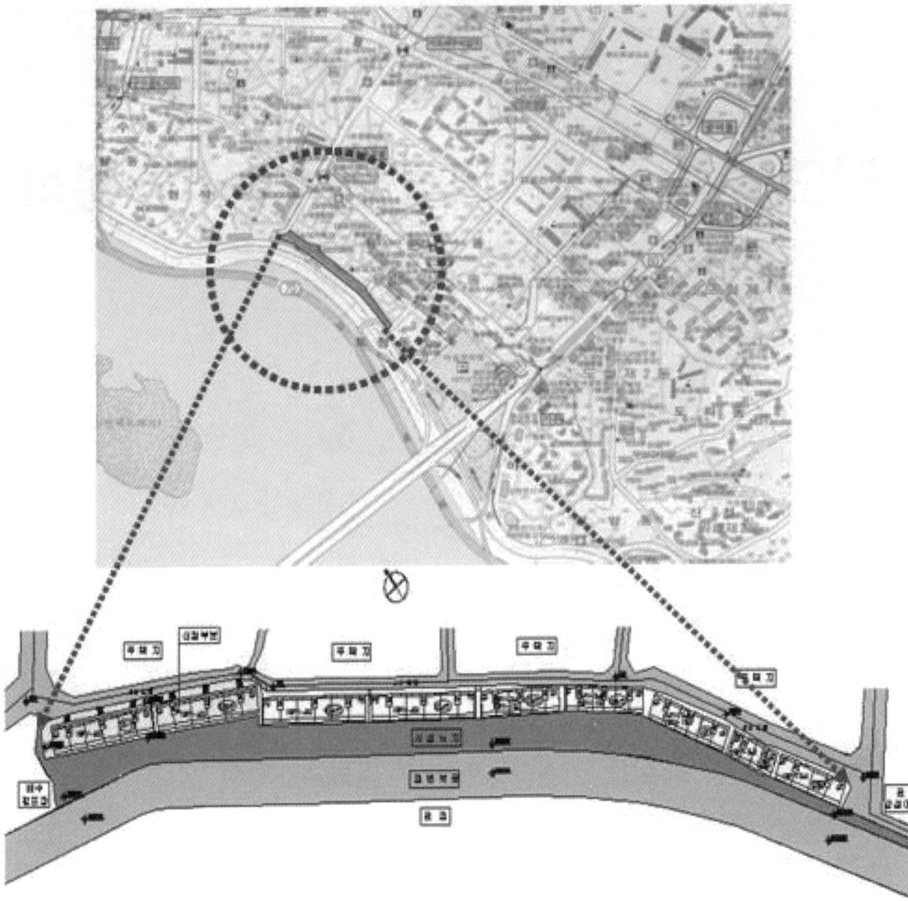

(2) 대상 리모델링 사업지 현장

2) 추진경위

① 2000.12.26 : 안전진단 결과(D급 판정)

② 2001.04.25 : 리모델링사업 동의 요청(조합)

③ 2001.08.25 : 리모델링 창립총회

④ 2001.09.15 : 건축법령 개정(리모델링 법적 근거)

⑤ 2002.04.15 : 건축허가 완료

⑥ 2002.06.29 : 주민이주 및 착공

2. 리모델링 전후 비교

1) 리모델링 전후 개요

① 면적

구분	리모델링 전	리모델링 후
1. 연면적	3,570㎡ (1,080평)	3,570㎡ (1,080평)
2. 용적률	225%	225%
3. 평형 및 세대수	18평형 60세대	18평형 60세대
4. 발코니 면적	1.04평	5.57평 (4.53평 증가)

② 전경

리모델링 전

리모델링 후

2) 리모델링공사 추진시 문제점

① 아파트 후면 진출입로가 약 5m로 협소하다.

② 전면 신설발코니의 기초파일 시공 및 철골 발코니 부재의 양중장비 진입이 어렵다.

③ 전선 및 전주에 의한 크레인 등 인양장비 사용에 지장이 있다.

④ 철거작업이나 파일작업 시 현장 인접 주택가의 소음, 진동방지에 어려움이 있다.

⑤ 기존 건물의 설계도면이 없어 조사비용 및 리스크가 증가한다.

⑥ 건물치수가 세대별로 상이하여 시공계획에 어려움이 있다.

⑦ 수시로 건물안전진단이 필수적이다.

3. 공사계획

1) 단위세대 평면의 리모델링 전후 비교

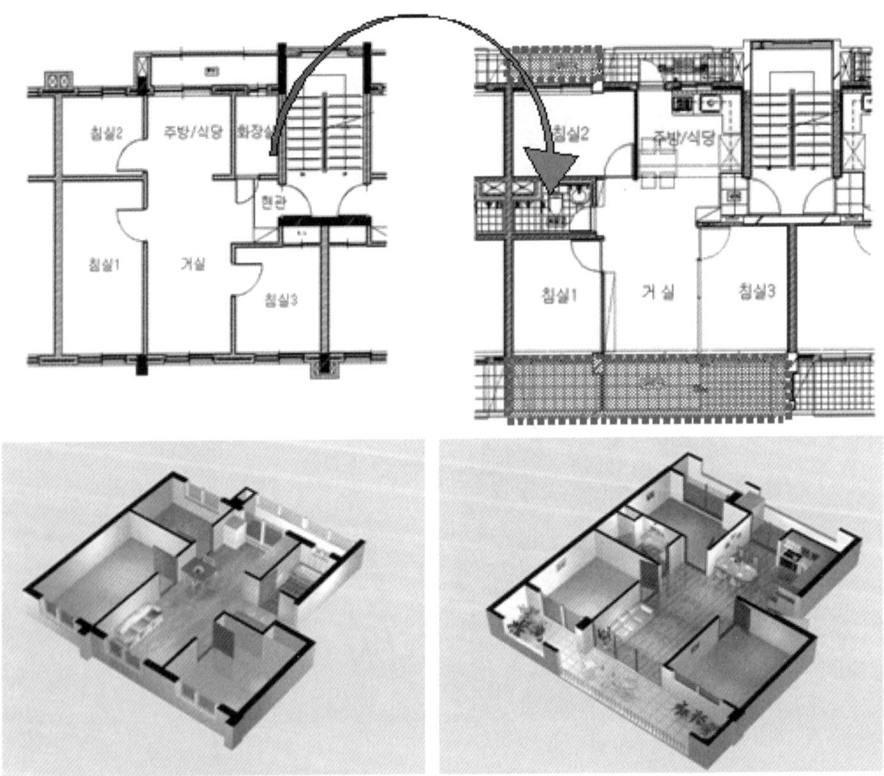

리모델링 전 리모델링 후

2) 공사계획 순서

1. 철거공사	• 철거공사 중 구조물의 안전성 확보 • 민원 최소화(소음, 분진, 진동)
2. 기초보강공사	• 발코니 증축 부분의 기초파일 보강공사 • 마이크로파일공사
3. 구조체 보수보강공사	• 추가 정밀조사 진단을 통한 기존 구조물의 현황 파악 • 유지관리 및 경제성 측면에서 공법 적용–단면결손복구방법/탄소섬유 시트 공법
4. 발코니 증축공사	• 증축에 따른 기초안전성 확보 • 신구 콘크리트 접합부의 구조안정성 및 사용성(방수) 확보
5. 욕실 UBR공사	• 기존 구조물의 이용에 따른 공기단축 가능성 및 사용성 확보 • 하중경감
6. 바닥난방 반건식공사	• 층간소음 최소화 • 하중경감

3) 철거공사

내부 철거폐기물 인력 반출

철거 후 청소

옥상 누름콘크리트 철거

소형 철거장비 이동

기둥 모르타르 해체

폐콘크리트 상차 및 반출

4) 기초 마이크로파일 보강공사

발코니 증설로 인해 마이크로 기초파일(앵커파일) 보강공사를 진행하였으며, 마이크로파일공사 시공순서는 다음과 같다.

① 앵커파일 천공(아웃케이싱)

② 공내 청소

③ 앵커파일 천공(인케이싱)

④ 강봉 산입

⑤ 철근배근 및 거푸집 조립

⑥ 콘크리트 타설

5) 구조체 보수, 보강공사

① 구조체 보수, 보강공사는 기초파일공사, 기초콘크리트 타설, 철골조립 설치, 데크플레이트 설치, 와이어메시 설치 및 콘크리트 타설 등을 통해 발코니 증축공사를 진행한다.

② 콘크리트 보수공사는 콘크리트의 중성화 정도를 파악하기 위해 페놀프탈레인 용액(1%)을 분사하여 측정하였고, 피복콘크리트의 두께가 평균 30mm인데, 이 건물의 중성화깊이는 평균 20mm였다.

▶ **'A'타입 보수공법**

알칼리 부여(로드리 No.3,
또는 No.5) 도포

〈콘크리트 중성화시험을 위한 알칼리 부여제 도포〉

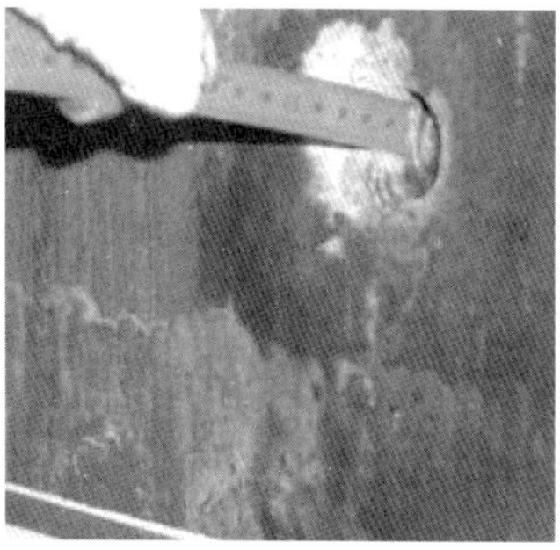

도포 전 중성화 깊이의 측정

▶ 'B'타입 보수공법

〈단면결손 복구 및 균열 보수〉

균열주입 보수

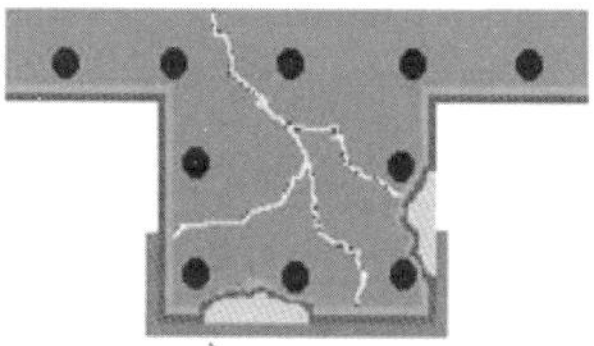

〈힘을 받는 부위의 보수 · 보강〉

보의 단면결손 복구

보의 탄소섬유시트 부착 시공

▶ 'C'타입 골조 보수공법

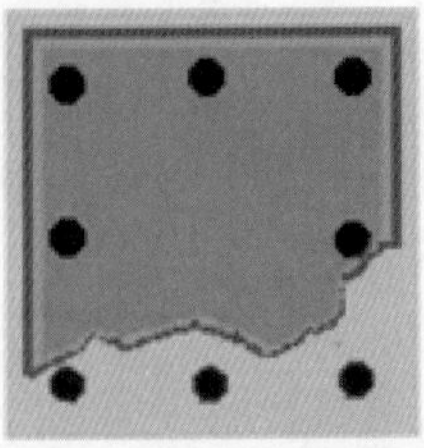

기둥　알칼리 부여(로드리 No.3), 철근방청 환원(로드리 No.302) 후, 단면복구 및 피복 모르타르 도포

〈철근방청환원, 단면복구, 피복복구〉

철근방청환원

증타기둥 주근배근

▶ 발코니 증설 철골공사

① 철골자재 양중

② 데크플레이트 설치

③ 설치 후 전경

〈발코니 증축을 위한 바닥 콘크리트타설공사〉

발코니 바닥 와이어메시 설치

발코니 바닥 콘크리트 타설

〈리모델링 후 신설된 발코니〉

6) 건축마감공사

(1) 세대 현관

리모델링 전

리모델링 후

(2) 거실

리모델링 전

리모델링 후

(3) 부엌

리모델링 전

리모델링 후

(4) 침실

리모델링 전

리모델링 후

(5) 다용도실

리모델링 전

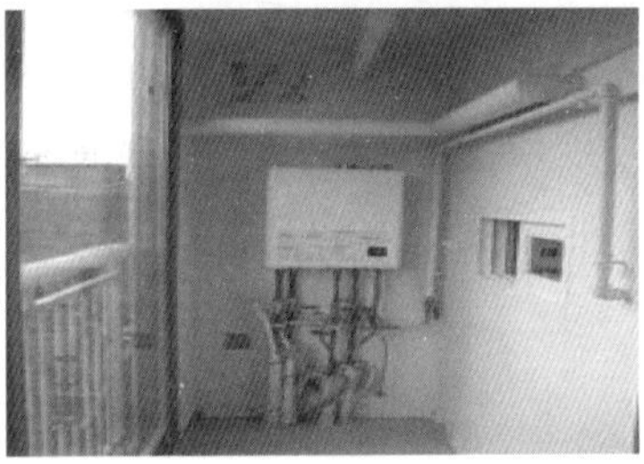

리모델링 후

(6) 욕실 UBR설치공사

바닥판 설치

벽체 설치

위생기구 설치

욕실 리모델링 전

욕실 리모델링 후

(7) 계단실

리모델링 전

리모델링 후

(8) 옥상층

리모델링 전

리모델링 후

■ 사례 2. 서울시 용산구 이촌동 OO맨션 리모델링

1. 사업 개요

공사명	이촌동 OO맨션 리모델링 사업		
1. 대지면적	2,858.80㎡ (866.30평)	7. 연면적	16,312.15㎡ (4,943.08평)
2. 건립년도	1971년	8. 층고	3.00M(기준층)
3. 층수	지상 12층/지하 2층	9. 공기	2004.07.19.~2005.12.18
4. 발주처	이촌동 OO맨션 리모델링조합	10. 공사금액	15,470,000,000원 (도급액 VAT 제외)
5. 설계자	(주)OO종합건축사무소		
6. 감리자	(주)OO종합건축사무소	11. 구조	철근콘크리트 기둥식 구조

▶ 리모델링 전후 전경

리모델링 전

리모델링 후

2. 사업배경 및 추진 현황

1) 배경

① 1971년 삼익주택에서 준공하여 입주한 43년된 고령 아파트

② 낡고 허름한 건물의 외관을 리모델링하여 주변단지와 차별화된 독립단지 개발

③ 절대부족한 주차장 확보를 위해 조합에서 지하수영장을 매입(약 30억 원 소요)하여 리모델링 전 주차대수를 33대에서 102대로 늘림.

④ 노후화된 설비배관 및 전기배선을 최신의 시설로 교체

⑤ 43년 전 단위세대 평면을 리모델링하여 최근의 평면으로 개선

2) 추진 경위

① 2000.09.30 : 영업 · 수주정보 보고

② 2003.04.25 : 업무협약서 서명

③ 2003.06.18 : 사업수지 검토

④ 2003.06.26 : 설계용역계약(예림종합건축사사무소)

⑤ 2003.09.23 : 가계약

⑥ 2004.03.17 : 건축허가

⑦ 2004.04.13 : 본계약(15,470백만 원)

⑧ 2004.05.01 : 준비팀 발령(현장소장, 공사과장, 공무과장)

⑨ 2004.07.06 : 착공계 제출

⑩ 2004.07.19 : 실제 착공(공사기간 : 2004.07.19~2005.12.18)

3. 공사계획

1) 리모델링 전후 개요

구분	리모델링 전		리모델링 후	
1. 연면적	15,699.55㎡ (4,757.44평)	지상 12,633.25㎡ (3,828.26평)	16,312.15㎡ (4,943.08평)	지상 12,687.25㎡ (3,844.62평)
		지하 3,066.30㎡ (929.18평)		지하 3,624.90㎡ (1,098.46평)
2. 면적증가			지상 54.0㎡ (16.4평) 증가 지하 558.6㎡ (169.3평) 증가 총계 : 612.6㎡ (185.7평) 증가	
3. 용적률	441.91%		443.80%	
4. 평형 및 세대수	13평 3세대, 27평 1세대, 44평 3세대 46평 45세대, 48평 4세대, 58평 24세대 미용실 2세대 총 82세대		좌동	

2) 예상공사비 : 320만 원/3.3㎡

3) 단위세대 평면도 리모델링

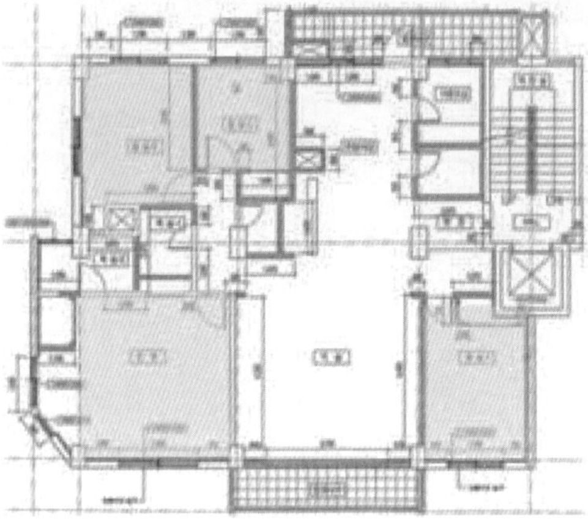

리모델링 전

리모델링 후 : 46PY 8type (Room 4개)

4) 수영장 개조 지하주차장 리모델링

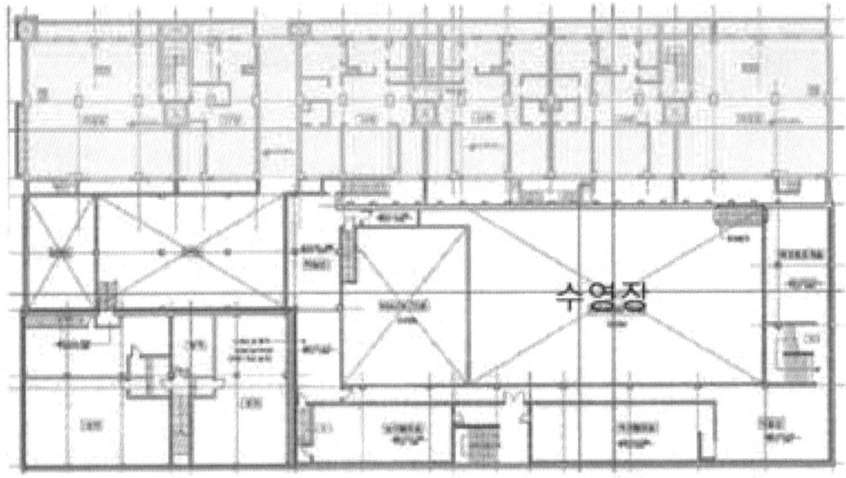

리모델링 전

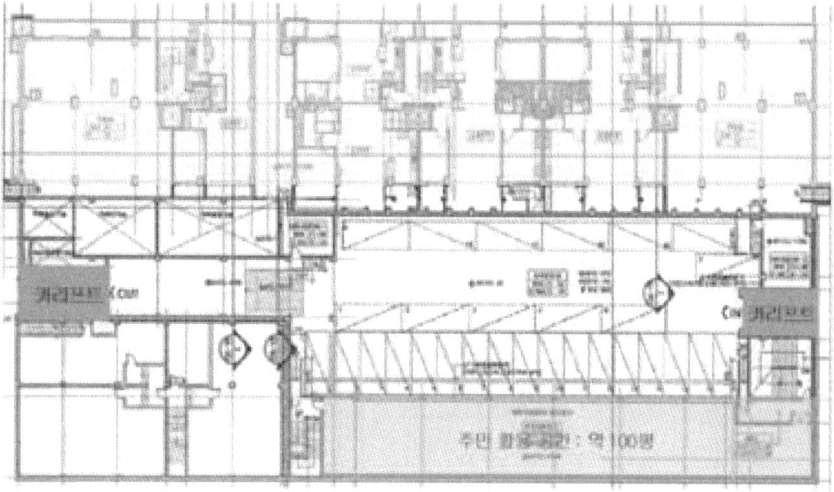

리모델링 후

5) 주동 단면도 리모델링

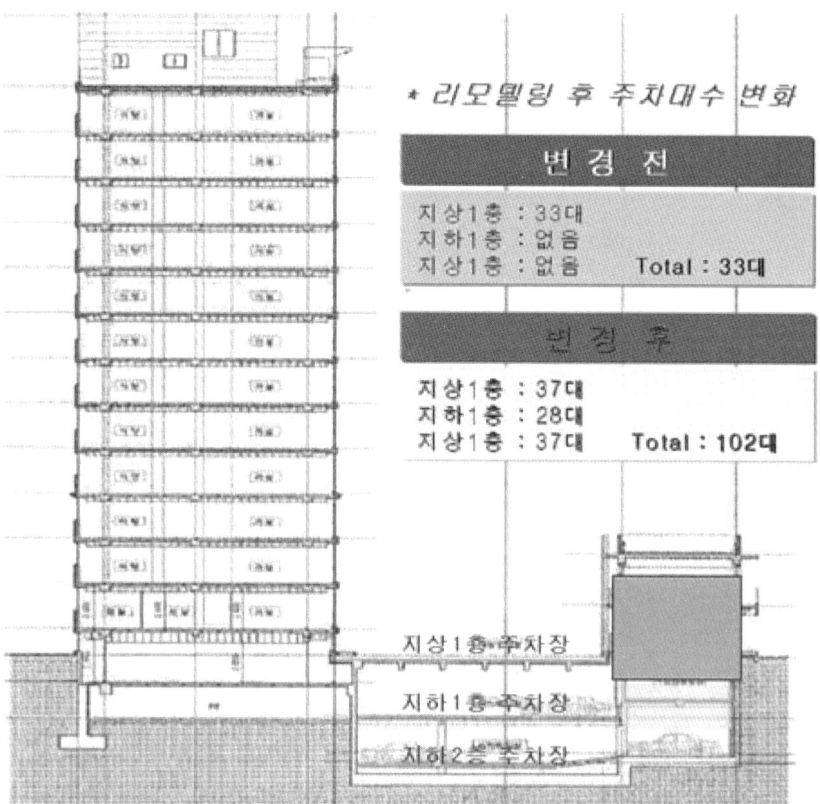

6) 리모델링 공사계획 공정표

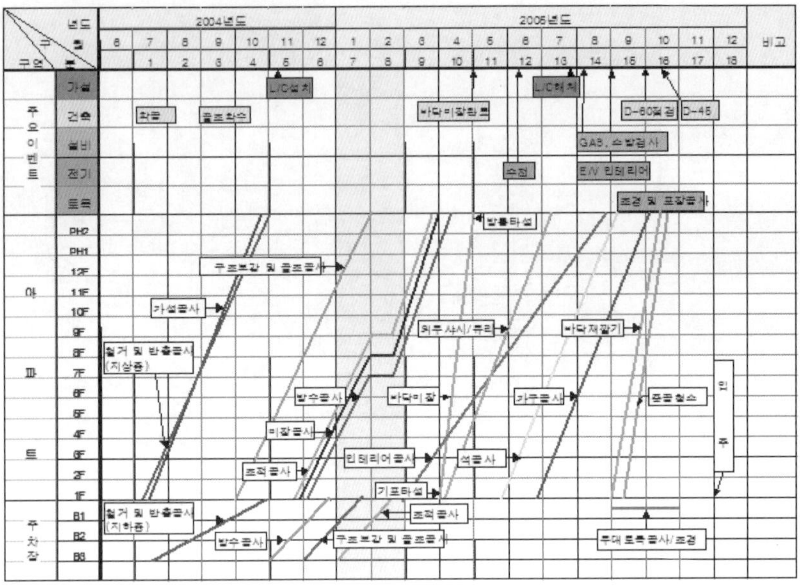

7) 공종별 리모델링공사

(1) 외관 리모델링

리모델링 전

리모델링 후

(2) 세대 내부 리모델링

리모델링 전

리모델링 후

(3) 공용 부분 리모델링

리프트

엘리베이터

동 입구

지하주차장

(4) OO맨션단지 배면 전경

리모델링 전

리모델링 후

제2장 학습요약 · 문제해설
(공동주택 리모델링 사업계획과 공사 사례 분석)

▶ 학습목적

1. 공동주택 대수선 리모델링 사업계획과 공사 사례를 통해 리모델링 사업절차와 공사순서를 이해하는 데 있다.
2. 공동주택 지하주차장 용도 변경 사례를 통한 증축 리모델링 사업계획과 공사 방법을 이해하는 데 있다.

▶ 학습내용

1. 서울시 마포구 OO아파트 증축 리모델링 사업계획과 공사 사례
2. 서울시 용산구 OO맨션 증축 리모델링 사업계획과 공사 사례

▶ 사전학습

1. 마이크로파일공사란?

   해설: 기존 건물의 기초 보강 리모델링공사 시 기존의 기초를 보강하기 위해 실시하는 파일공사를 말하는 것으로써 공사장소가 협소하여 대형장비가 들어갈 수 없는 경우에 주로 사용한다.

2. 욕실 UBR공사란?

   해설: UBR이란 Unit Booth Room의 약자로서 1개의 욕실을 공장에서 미리 Unit로 만들어 현장에서는 조립만하면 욕실을 설치할 수 있게 만든 것을 말한다.

▶ 학습문제

1. 사례 대상 서울시 마포구 OO아파트 리모델링공사 추진시 문제점이 아닌 것은?

   ① 아파트 후면 진출입로가 약 5m로 협소하다.

② 아파트 전면 발코니 신설을 위한 기초파일시공을 위한 장비진입이 어렵다.

③ 기존 아파트의 설계 도면이 있어 리모델링에 큰 문제가 없었다.

④ 기존 아파트 구조체의 치수가 세대별로 상이하여 시공계획이 어려웠다.

해설: 기존 아파트의 설계도면이 없어 사전 실측을 통한 리모델링 도면을 재작성하여 리모델링하였다.

정답 ③

2. 사례 대상 서울시 마포구 OO아파트의 세대내 주요 증축 리모델링 부위는?

① 침실 ② 발코니

③ 거실 ④ 주방

해설: 사례 대상 아파트는 지상 5층 규모로 주요 증축 리모델링 부분은 기존 발코니 폭 만큼을 더 확장하여 거실과 침실을 넓게 증축 리모델링하였다.

정답 ②

3. 사례 대상 서울시 마포구 OO아파트의 기초 보강파일공사공법은?

① PHC파일공법 ② 강관파일공법

③ 마이크로파일공법 ④ 기설 콘크리트파일공법

해설: 사례 대상 아파트의 기초 파일 보강공법은 현장여건상 장비 진입이 어려워 소형 마이크로파일공법을 사용하였다.

정답 ③

4. 사례 대상 서울시 마포구 OO아파트의 구조체 보수·보강공법으로 사용된 공법이 아닌 것은?

① 강판부착공법 ② 단면결손복구공법

③ 탄소섬유시트공법 ④ 기둥증타공법

해설: 사례 대상 아파트의 구조체 보수·보강공법은 ① 균열주입공법 ② 단면결손복구공법 ③ 탄소섬유시트공법 ④ 기둥증타공법 등으로 강판부착 공법은 사용하지 않았다.

정답 ①

5. 사례 대상 서울시 이촌동 OO아파트는 준공된 지 몇 년 정도되는 아파트인가?

① 23년 ② 33년

③ 43년 ④ 53년

해설: 사례 대상 아파트는 1971년도에 준공되어 43년 정도되었다.

정답 ③

6. 사례 대상 서울시 이촌동 OO아파트 리모델링공사 시 지하주차장 증축방식으로 맞는 것은?

① 지하층을 파서 증축

② 기존 수영장을 용도 변경하여 증축

③ 주차장을 별동으로 증축

④ 지상에 Deck를 만들어 주차장 증축

해설: 사례 대상 아파트는 기존 수영장을 용도 변경하여 주차장을 증축하였다.

정답 ②

7. 사례 대상 서울시 이촌동 OO아파트 리모델링공사의 공사기간과 공사비용으로 맞는 것은?

① 13개월, 134억 ② 15개월, 144억

③ 17개월, 154억 ④ 19개월, 164억

해설: 사례 대상 아파트는 공사기간은 약 17개월, 공사비는 약 154억 7천만 원 정도의 공사비가 들어갔다.

정답 ③

▶ 적용하기(1)

1. 사례 대상 서울시 마포구 OO아파트의 주요 증축 리모델링 부분은 단위세대의 어느 부분인지 생각해 보시오.

해설: 사례 대상 아파트의 주요 증축 리모델링 부분은 전후면 발코니 만큼 확장 증축하여 침실 1, 침실 2와 거실부분을 발코니 폭만큼 증축·확장한 대수선 증축 리모델링방식이다.

2. 사례 대상 서울시 마포구 OO아파트의 보와 기둥의 결손 부분은 어떤 보강공법으로 시공하였는지 생각해 보시오.

해설: 사례 대상 아파트의 보와 기둥 결손 부분의 보강공법은 탄소섬유시트보강공법으로 시공하였다.

▶ 적용하기(2)

1. 사례 대상 서울시 이촌동 OO아파트는 수영장을 주차장으로 용도 변경하여 리모델링하였는데, 증가된 주차대수와 증축된 주차장 면적을 정리해 보시오.

해설: 사례 대상 아파트의 리모델링 후 증가된 주차대수는 기존 33대에서 102대로 69대가 증가되었으며, 용도 변경으로 증가된 주차장면적은 717㎡(217평)으로 증가되었다.

2. 사례 대상 서울시 이촌동 OO아파트의 리모델링 공정표를 보고 공사계획과 시공절차 순서를 정리해 보시오.

해설: 사례 대상 아파트의 리모델링 공사계획과 시공절차 순서는 먼저 기초공사와 철골공사를 하고, ① 철거 및 반출공사 ② 가설공사 ③ 구조보강공사 ④ 내부마감(미장, 조적, 방수, 인테리어)공사 ⑤ 부대조경공사 순으로 공사가 진행되었다.

▶ 정리하기

1. 공동주택의 대수선 증축 리모델링과 용도 변경 리모델링을 하기 위해서는 사전에 충분한 사업계획과 공사절차를 검토하는 것이 중요하다.
2. 공동주택 리모델링공사는 구조체 보수 · 보강공사와 철거 · 해체공사에 대한 철저한 사전준비가 필요하다.

II. 일반빌딩 리모델링 사업계획과 공사 사례

■ 사례 1. 서울시 중구 OO빌딩 리모델링

1. 사업 개요

1) 개요

1. 사업명	Prime Tower빌딩 리모델링공사		
2. 건물 위치	서울시 중구 회현동 2가 10-1, 10-10		
3. 대지면적	2,413.5㎡	연면적	33,022.89㎡
4. 층수	지하 2층, 지상 22층	주용도	사무실, 주차장
5. 구조	철골, 철근콘크리트	건폐율	72.30%
6. 건축면적	1,745.02㎡	용적률	1,279.04%

2) 전경

리모델링 전

리모델링 후

2. 공사 범위와 내용

1) 공사 내용

구분	기존	리모델링 변경(1차)	리모델링 변경(2차)
1. 건축	• 외부 C/Wall+AL.복합P. • 주현관 Lobby • 각층 화장실, 복도마감 • 옥탑 Crown	• 지하 1층 인테리어 • 강당부 용도 변경 • 각층 사무실 내장 마감	• 15층 화장실 신설 • 외부 급배기 Grill • 주차장 Crack보수
2. 전기	• 수변전설비 • 동력 및 전력간선 • 공용부위 조명설비	• 강당부 전기설비 • 사무실 조명설비 • 전기소방	• 주차장 CCTV • 옥상 광고탑 전력 • 광케이블 인입
3. 설비	• F.C.U 및 배관 • 급수, 급탕(입상 포함) • 위생기기	• 지하 1층 및 1층 덕트 • 강당 F.C.U. & 덕트 • 각종 사무실 공조 및 소방	• 15층 화장실 설비 • 연결 송수구 이설 • AHU Room Duct

2) 건물 평면도

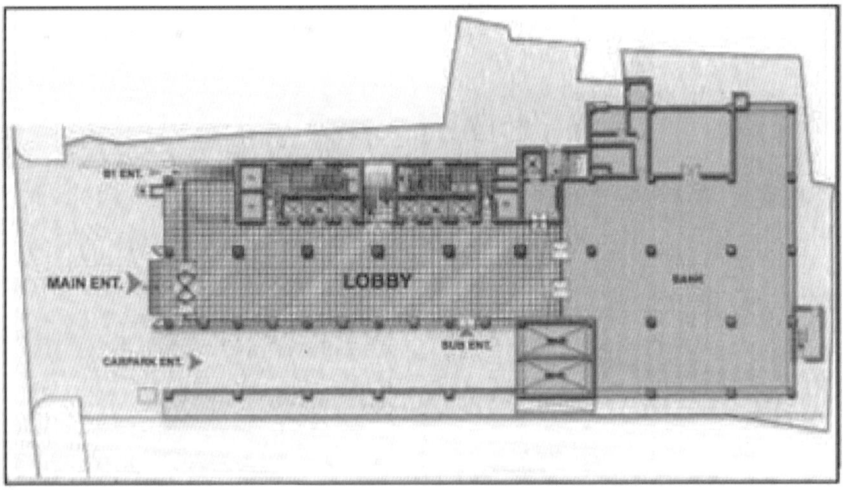

3. 전체 공사계획 수립

1) 리모델링 공사계획

① 일반빌딩 리모델링 공사계획 컨셉은 먼저 리모델링 공사범위와 내용을 정확히 파악하고, 건축 부분의 외부 커튼월공사와 내부 마감공사와 설비, 전기공사를

적정한 공기 내에 맞춰 리모델링한 후 건물의 가치상승을 위해 계획해야 한다.

② 일반빌딩 리모델링은 건물을 사용하면서 층별 공사를 진행하므로 공사진행상 많은 제약이 발생한다. 따라서 사전에 충분한 문제점을 검토하여 공사계획을 세워야 하며, 건물 사용자들의 불편을 최소화하고 안전사고 zero화, 원가율 개선 및 목표공기 준수에 최우선 역점을 두고 공사계획을 세워야 한다.

2) 주요공사 내용

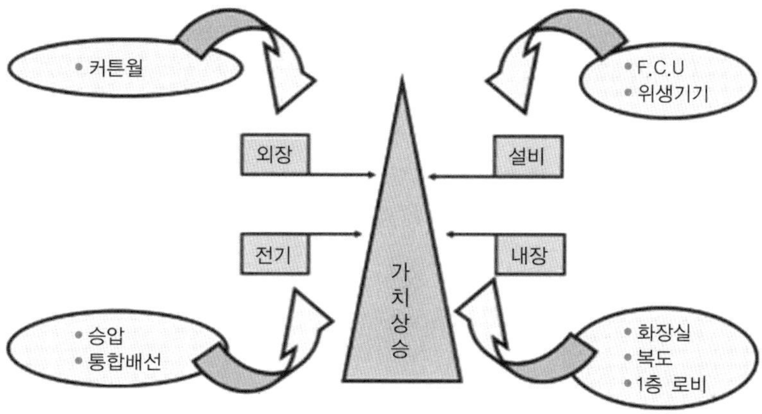

3) 공사진행 흐름도(Fast Track & Design Build FLOW)

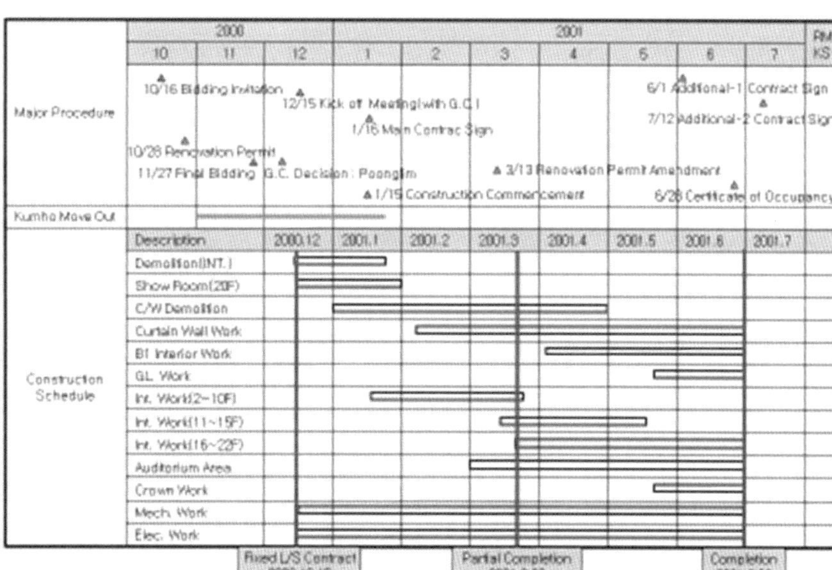

4. 각 공종별 공사계획

1) 철거공사계획

① 철거공사계획 개요

- 리모델링에서의 철거공사는 기존 건물의 상태를 정확히 파악하고 기존 구조물의 성능을 훼손하지 않는 범위에서 불필요한 부분만 철거할 수 있도록 계획해야 한다.
- 철거공사계획은 내부 철거공사 계획과 외부 철거공사 계획을 분리하여야 한다.

② 내부 철거계획

- 내부 철거계획은 상층의 투하되는 폐기물, 먼지 등이 저층부에서 계속 발생되어 관리가 어려우므로 철거층 순서는 상층부터 진행해야 한다.

③ 외부 철거계획

- 외부 철거계획시에는 리모델링시 비계용도는 신축의 경우와 달리 외부 마감공사 용도뿐만 아니라 외부 철거용도로도 사용하기 때문에 철거업체와 비계업체와의 협의 후 계획을 세우는 것이 중요하다.

④ 폐기물 반출계획

- 철거공사에서 폐기물 반출을 위한 수직동선을 확보하는 것이 매우 중요하며, 폐기물 반출시 민원의 최소화를 위한 방음 · 방진계획을 세워야 한다.

⑤ 철거공사와 중점 체크 포인트

공사범위	중점 관리 포인트
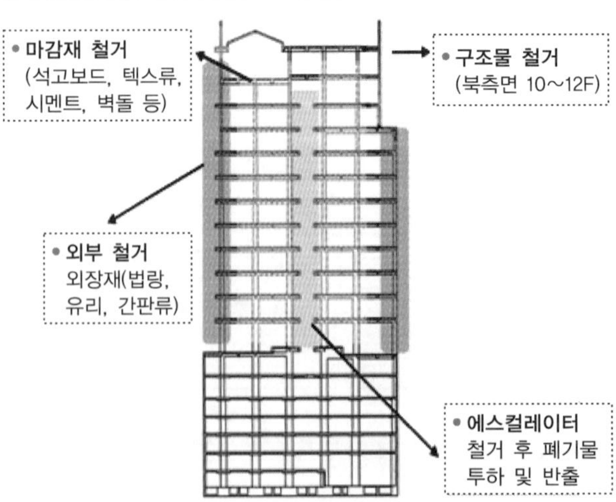	■ 절대 공기 부족 – 커튼월공사 착수시점까지 2개월 (4~5월) 안에 외장재 철거공사 완료 목표 ▶ 해결 방안 – 주간/야간/철야공사 진행 외부 철거 : 주간 내부 철거 : 주간/야간 폐기물 투하 : 야간/철야 ■ 공사민원 예방 ▶ 내부 철거 후 외부 철거 ▶ 시간대별, 요일별 공사 조정

⑥ 주요 공정별 철거공사

〈외벽 철거〉

조적 및 암면 철거

C/W 철거

C/W철거 후

〈내부 철거〉

화장실 철거

사무실 철거

전기/설비 철거

2) 가설공사계획

① 가설계획

- 가설공사는 소음 및 분진을 최소화하고 안전하게 작업을 수행할 수 있도록 계획해야 한다.

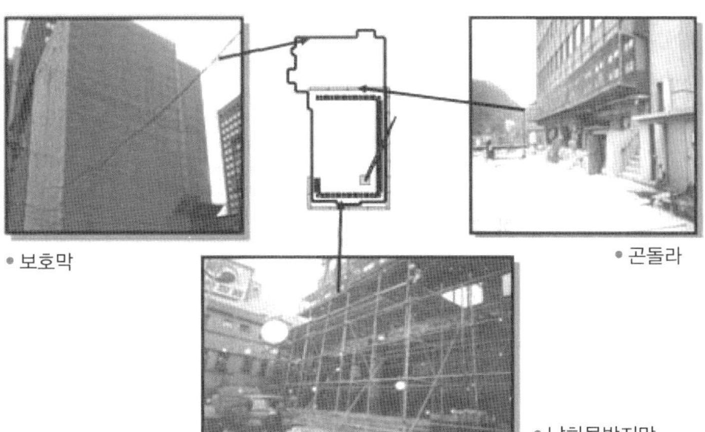

• 가설비계 계획은 기존 철거 및 신설공사를 위한 외부비계와 보호막 설치, 낙하물방지막 등을 설치하고 층별 철거순서와 각층의 폐기물 반출입이 잘 될 수 있도록 계획해야 한다.

② 가설양중계획

가설양중계획은 기존 건물의 상황에 따라 건물의 화물용 엘리베이터, 곤돌라, 또는 크레인 등을 설치하여 사용하고 각층 폐기물을 하역하기 위한 동선 및 장비 반입을 고려하여 계획한다.

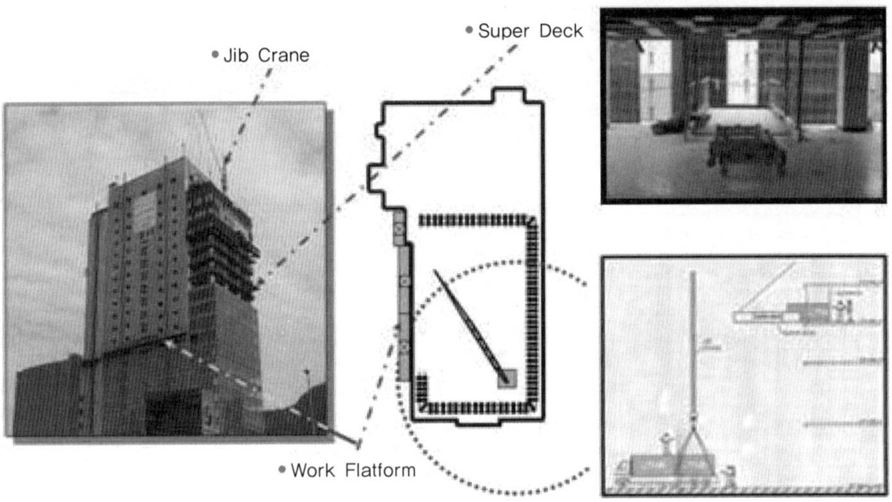

3) 건축공사계획

(1) 개요

① 기본적으로 상부층에서부터 하부층으로 공사를 진행한다.(2개 층은 비워둔 상태)

② 특수목적실(EPS실, 전산기계실, 통신기계실 등)은 ①항에 관계 없이 우선 시공함.

③ 옥상층 철거 후 방수공사를 우선적으로 진행

④ 1개 층의 공사구역을 A, B부분으로 구분하여 공사 진행

⑤ E/L공사는 A, B부분, 비상용 E/L순으로 3회에 걸쳐 시공

⑥ 지하주차장공사(①항과 별도 공사계획 수립 시행) 진행

(2) 외벽커튼월공사

① 커튼월 공장제작 Flow

금형설계

조립

출하

② 커튼월 현장조립 설치

자재입고

양중

각층 분배

리모델링 전 외부 전경

외부 커튼월 철거작업(하부)

외부 커튼월 설치작업

(3) 내부마감공사

① 내부공사

시포렉스 설치

수지미장

액세스 플로어

② 외부 및 소방, 전기공사

벽체 및 창호

소방 · 전기공사

시공 후

(4) 내부 인테리어공사

① 기준층 화장실 리모델링

시공 전

시공 후

② 엘리베이터 홀 리모델링

시공 전

시공 후

③ 사무실 리모델링

시공 전

시공 후

④ 로비 리모델링

시공 전

시공 후 1

시공 후 2

⑤ 옥상 크라운 설치공사

시공 전

옥상 크라운 시공

옥상 크라운 철골 설치

⑥ 기타공사 리모델링

주출입구 캐노피

소화전함

주차장 입구

4) 전기공사계획

(1) 수배전반 교체

시공 전		시공 후
장비의 노후화로 전력사고 위험이 있음 – 전력부하 증가로 변압기 용량 증설 필요	→	변압기 용량 증설 3ϕ 380/220V 2,500KVA → 3ϕ 380/220V 4,000KVA

(2) 비상발전설비공사

발전기

-사용전압 : 3ϕ 380/220V
-발전용량 : 800kW

→

제어반

발전기 : 내부 손상부품 교체 후 재사용
-제어반 : 발전기 용량 증가로 신규 교체

(3) 전력간선공사

케이블 포설(EPS실)

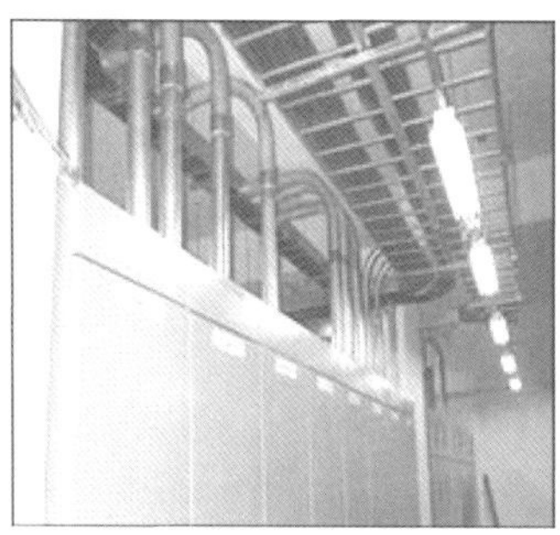

케이블 포설(전기실)

분전반 신설

(4) 조명설비공사

사무실

로비

필로티

5) 설비공사

(1) 공조설비공사

F.C.U.(노출)

F.C.U.(매입)

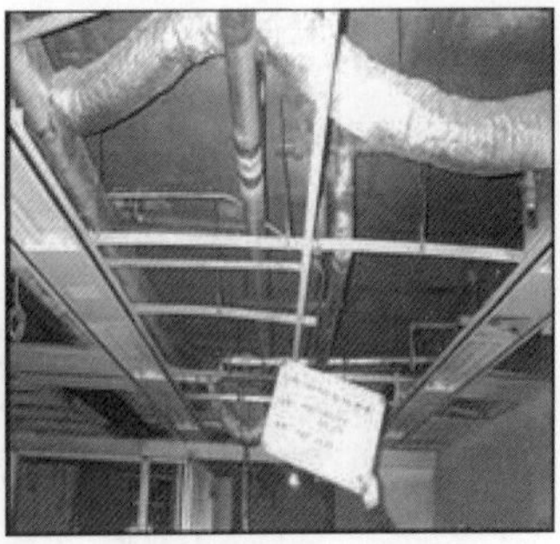

디퓨저

(2) 위생배관 및 기구설치공사

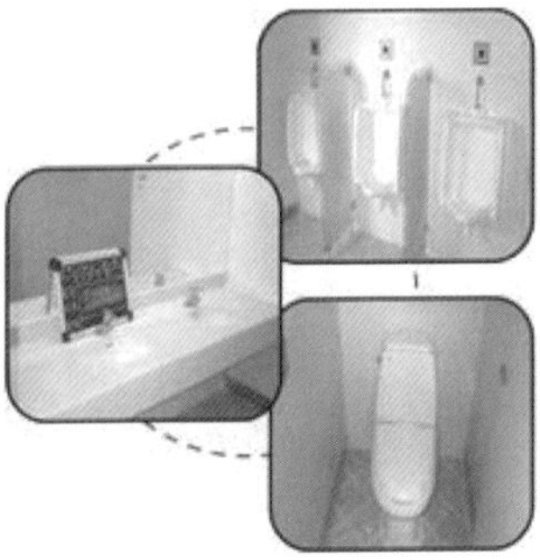

5. 일반빌딩 리모델링공사 시 유의사항

일반건축물 리모델링공사의 설계, 시공, 리모델링 완료까지 유의사항은 다음과 같다.

1. 설계	• 설계도서의 관리소홀로 인한 추적관리 필요 • 보수공사 우선순위 설정
2. 시공	• 공사범위 한계 설정 불확실에 따른 문제 제거 • Design & Build방식의 포괄적 해석문제 해결
3. 리모델링	• 사전조사 및 컨설팅 철저 • 파이낸싱과 연계한 통합 서비스 지향 등

■ 사례 2. 경기도 수원시 OO백화점 리모델링

1. 개요

구분	내 용		
1. 공사명	OO백화점 수원점 리모델링공사		
2. 위치	경기도 수원시 팔달구 OO번지	대지면적	7224㎡
3. 공사기간	2005년 8월 5일~2006년 6월 30일(백화점 1차 준공)		
4. 구조/규모	철골 철근콘크리트조 / 지하 5층~지상 6층 → 지하 5층~지상 8층		
5. 연면적	지상	31,036㎡ → 37,543㎡ (+6,507㎡)	
	지하	23,586㎡	
6. 용적률	429% → 519%(+90%)	최고높이	38m → 49m(+11m)
7. 주차대수	법정	410대 → 476대(+66대)	
	시공	622대(옥내 : 617, 옥외 : 6대) → 639대(+17대)	

2. 공사배경 및 목적

① 시설의 노후화로 인한 기능성, 안전성 저하

② 판매시설 증대에 따른 증축

③ 시대변화에 따른 다양한 쇼핑공간과 고객의 편의시설 증진

④ 지역을 대표하는 예술적 공간으로 재탄생

3. 공사계획 수립

1) 기본방향

① 다양한 고객 확충 및 고객 편의를 위한 판매공간 구축

- 매장 확충 및 다양한 상품으로 인한 매출 증대
- 개방형 녹지공간 및 휴게공간 확보로 인한 유동인구 증대

② 문화 예술 도시에 맞는 현대적 개념의 백화점 구축

- 소공연시설로 지역 문화활동 증진

③ 공간 재배치를 통한 효율성 개선

④ 장애인 및 노약자를 위한 편의시설 증대로 인한 고객 존중

2) 배치현황

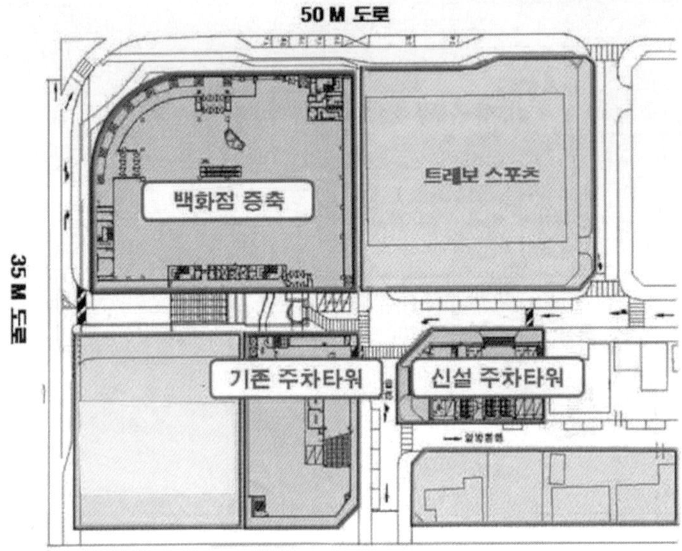

3) 주요공사 계획

구분	내용	도면
건축공사	• 증축에 따른 구조안전검사 • 시스템 비계공사 • 기존 일부 구조물 및 시설물 철거공사 • 7, 8층 철골구조 증축공사 • 코어 4개소 철근콘크리트구조 증축공사 • 창호 및 스페이스 프레임 공사 • 외장공사(석재, U-GLASS, 베이스패널 등) • 옥상 조경공사	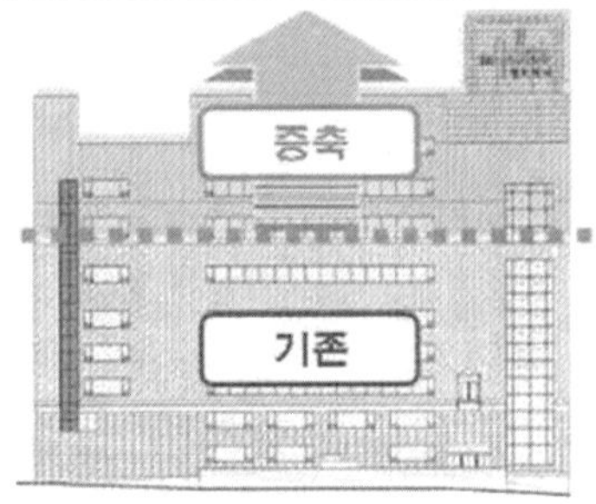
기계설비공사	• 옥상 냉각탑 시설공사 • 냉난방 열원 공급설비, 급배수위생, 소화, 공조덕트, 배관, 자동제어, 가스설비	
전기기계공사	• 변전실 전력설비 개설 • 전력간선, 케이블 트레이 및 동력반 교체 • 방송시설 및 CCTV공사 • 전력, 조명제어 통합배선공사	

4) 진행현황

2006.01 옥상전경

2006.02 옥상 스톤코트 마감

2006.03 시스템비계 해체

2006.03 오솔길 및 공개공지 공사

2005/11	• 9층 바닥 콘크리트 타설 • 옥상 패러핏 철거 • 석재 취부 위한 트러스 설치
2005/12	• 보양 후 8층 바닥 콘크리트 타설 • 9층 바닥(옥상 1) 콘크리트 타설 • A, B, C, D 코어 부분 옥상 콘크리트 타설 • A, B, C, D 코어부분 옥상 슬래브 방수 • 옥탑 광고탑 철골설치 • 스페이스 프레임 설치

4. 리모델링공사 시 문제점

구분	내용	문제점	조치
1. 절대공기 부족	• 초기 도면 상세 부족	• 기준상세도 부족으로 공기 산정의 어려움	• 준공기일에서 역으로 공기 산정 • 주 · 야간 · 새벽작업 병행
2. 작업공간 협소	• 영업 중인 백화점이므로 작업 및 야적, 차량 출입공간 절대 부족	• 철골설치, 공중 투입시기 자재야적, 차량, 작업자 출입 동선 등 문제점 발생	• JUST IN TIME 고려 • 백화점영업시간대 외 자재 투입 • 인근 자재야적장 확보
3. 타워크레인	• 러핑 크레인 설치 시 주도로 침범(조립, 설치, 해체 2.5일)	• 설치 시 주도로 점용으로 택시업체 민원제기 가능성 • 공기상 야간작업 병행으로 타워작업 시 위화감 조성	• 타워설치 시 구조검토 및 민원발생 최소화방안 운영 (공법 변경, 이동식 방음벽 설치)
4. 주변민원	• 인근 아파트(벽산), 입시학원, 주변음식점	• 타워작업 시 인접건물 영공 침해 • 공사장 발생에 따른 정신적 · 물질적 피해 배상 요구	• 야간작업 시 이동식 방음벽 화용 • 주변 민원인과의 대화 및 조치

5. 개략 추정 공사비

공종	공사금액	평당단가	비고
1. 건축공사	7,000,000,000	350만 원	2개 층 증축공사 포함
2. 골조보강공사	200,000,000	10만 원	
3. 정화조공사	500,000,000	25만 원	
4. 주차장공사	1,500,000,000	75만 원	250평, 100대분 증설
5. 철거공사	800,000,000	40만 원	
6. 토목(조경)공사	600,000,000	30만 원	
7. 전기공사	2,500,000,000	125만 원	엘리베이터 6EA 추가
8. 설비공사	3,000,000,000	150만 원	
기타	900,000,000		
계	17,000,000,000	850만 원	

제2장 학습요약 · 문제해설
(일반빌딩 리모델링 사업계획과 공사 사례)

▶ 학습목적

1. 일반빌딩 리모델링 사업계획과 공사 사례를 통해 신축공사와의 차이점을 이해한다.
2. 일반빌딩 리모델링공사는 신축공사와 달리 입지여건에 따라 철거공사와 가설공사 여건이 달라져 많은 변수가 될 수 있다는 것을 이해한다.

▶ 학습내용

1. 서울시 중구 OO빌딩 리모델링 사업계획과 공사 사례
2. 수원시 OO백화점 리모델링 사업계획과 공사 사례

▶ 사전학습

1. 외부 커튼월이란?

   해설: 외부 커튼월(curtain well)이란 구조벽체가 아닌 순수 외부 칸막이만을 위한 벽체를 말하는 것으로 일반적인 고층건물의 외벽을 막기 위해 설치하는 칸막이벽체를 말한다.

2. 팬코일유닛이란?

   해설: 팬코일유닛(Fan Clil Unit)란 냉 · 난방설비 시스템으로 냉온수를 코일에 통수시켜 냉 · 온풍을 공기조화하는 시스템을 말한다.

3. 수배전반이란?

   해설: 수배전반이란 전기공사를 위해 한전으로부터 전력을 받고 분해할 수 있는 전기설비를 말한다.

▶ 학습문제

1. 사례 대상 1. 서울시 중구 OO빌딩의 리모델링 사업계획과 공사내용으로 거리가 먼 것은?

   ① 외장 – 커튼월 교체 ② 설비 – F.C.U와 위생기기

③ 전기 – 통합배선　　　　　　　④ 건축 – 주차장 증설

해설: 건축 리모델링공사에서 주차장 증설 리모델링공사는 하지 않았다.

정답 ④

2. 사례 대상 1. 서울시 중구 OO빌딩의 리모델링 철거공사 시 중점 체크 사항 내용과 거리가 먼 것은?

① 구조체의 성능은 가능한 한 훼손하지 않도록 철거한다.

② 철거공사 시에는 폐기물 반출을 위한 수직동선 확보를 했다.

③ 내부 철거 순서는 저층부터 먼저하고 상층부로 진행한다.

④ 철거계획순서는 내부 철거를 먼저 하고 외부 철거를 한다.

해설: 고층 빌딩의 철거계획에서 내부 철거 순서는 상층부에서부터 저층부로 진행한다.

정답 ③

3. 사례 대상 1. 서울시 중구 OO빌딩의 리모델링에서 건축공사계획 수립내용으로 거리가 먼 것은?

① 사례 대상 건물은 기본적으로 하부층에서부터 상부층으로 리모델링공사를 진행하였다.

② 특수목적실(EPS실, 전산, 통신 기계실 등)은 건축공사계획과 관계 없이 우선 시공하였다.

③ 옥상층을 먼저 철거한 후 방수공사를 우선적으로 수행하였다.

④ 1개 층의 공사구간은 A, B부분으로 구분하여 공사를 수행하였다.

해설: 사례 대상 건물은 기본적으로 상부층에서부터 하부층으로 리모델링공사를 진행하였다.

정답 ①

4. 사례 대상 2. 수원시 OO백화점 리모델링 공사내용 설명으로 틀린 것은?

① 시설노후화와 판매시설 증대에 따른 증축 리모델링이다.

② 리모델링 규모는 2개 층을 증축하였다.

③ 리모델링 공사기간은 10개월 정도이다.

④ 리모델링 공사비는 3.3㎡당 450만 원 정도이다.

해설 : 백화점 리모델링 공사비는 여건에 다라 다르지만 일반적으로 850~950 만 원/3.3㎡ 정도이다.

정답 ④

5. 사례 대상 2. 수원시 OO백화점 리모델링공사 시 문제점이 아닌 것은?

① 절대 공기 부족 ② 작업공간 협소

③ 기존 도면은 문제 없음 ④ 대형 장비 설치 어려움

해설 : 기존 상세 도면의 부족으로 리모델링 공기 산정에 어려움이 있었다.

정답 ③

▶ **적용하기(1)**

1. 일반빌딩의 커튼월 종류에는 어떤 것들이 있는지 조사해 보시오.

해설 : 1) 커튼월의 재료상 종류 ① 알루미늄 커튼월 ② 철제 커튼월 ③ 스테인레스 스틸 커튼월

2) 외관 형태별 종류 : ① 멀리언 타입(삼일빌딩) ② 스팬드럴 타입(동방생명빌딩) ③ 그리드 타입(63빌딩) ④ 쉬스 타입

여의도 63빌딩

▶ **적용하기(2)**

1. 일반빌딩 리모델링 시공시 커튼월의 공장제작과 현장시공순서에 대해 정리해 보시오.

해설: 공장제작순서 ① 커튼월 설계 → ② 제작 → ③ 조립 → ④ 출하(반출)
현장조립순서 ① 커튼월 반입 → ② 각층 양중 → ③ 각층 분배 → ④ 현장조립

외벽 커튼월 시공 현황

커튼월 유닛

2. 일반건물 리모델링 공사계획 컨셉에 대해 간단히 정리해 보시오.

해설: 일반건물 리모델링공사 컨셉은 먼저 리모델링 공사범위와 내용을 정확히 파악하고, 건축공사의 외부 커튼월공사와 내부 마감공사, 설비공사, 전기공사 순으로 실사하여 건물의 가치가 상승할 수 있도록 리모델링한다.

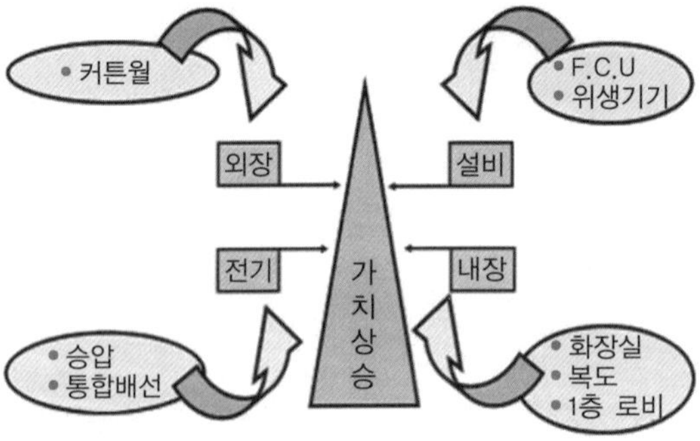

외벽 커튼월 시공 전경

▶ 정리하기

1. 일반빌딩 리모델링 공사계획은 현장입지여건을 충분히 분석하고 리모델링공사의 범위와 내용을 정확히 파악하여 공사계획을 세워야 한다.
2. 일반빌딩 리모델링공사 시에는 건물의 외부 커튼월공사와 내부 설비시스템 공사가 무엇보다 중요하다.

03

공동주택 리모델링 유형별 공사 사례 분석

I. 공동주택 단일동 증축 리모델링공사 사례

■ 사례 1. 서울시 서초구 방배동 OO아파트 증축 리모델링

1. 사업 개요 및 추진 현황

1) 개요

1. 사업위치	서울시 서초구 방배동		
2. 건립년도	1977.4.27	대지면적	7,213㎡
3. 건물규모	1개 동, 지하 2층~지상 12층		
4. 지역/지구	제3종 일반주거지역	구조	철골콘크리트조
5. 설계/감리자	OO건축사무소	시공사	OO건설

2) 위치

방배동 (구)삼호아파트 단지 위치도

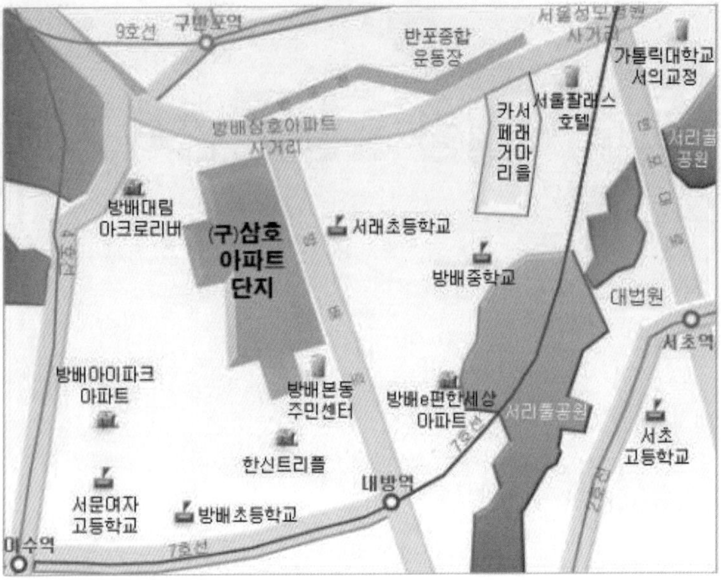

3) 추진 현황

2002.06	시공사 선정
2002.07	조합설립인가
2002.09	가계약 체결
2004.04	행위허가 1차 승인 / 2차 승인(6월)
2004.07	본계약 체결, 이주 완료
2004.08	착공
2004.10	파일공사 완료
2004.11	단위세대 실시공 평면도 FIX(M/H부재)
2005.02	MOCK UP OPEN
2005.09	사업승인 득
2005.10	입주

2. 건축계획

1) 리모델링 전후 비교

	리모델링 전	리모델링 후
외관		

2) 단위세대 리모델링 개요

1) 리모델링 전후 변경 비교		
구분	변경 전	변경 후
세대수(규모)	96세대	96세대
대지면적	2,179평	2,179평
증가면적	53평	63평
연면적	5,088평	6,048평
용적률	212%	259%
2) 공사비		
구분	변경 전	변경 후
공사비	190만/평당 (2002년 6월 시공사 선정 당시 기준)	285만/평당 (가구당 인테리어 옵션비 950만~3,000만 별도)

3) 리모델링 변경 전후 평면도

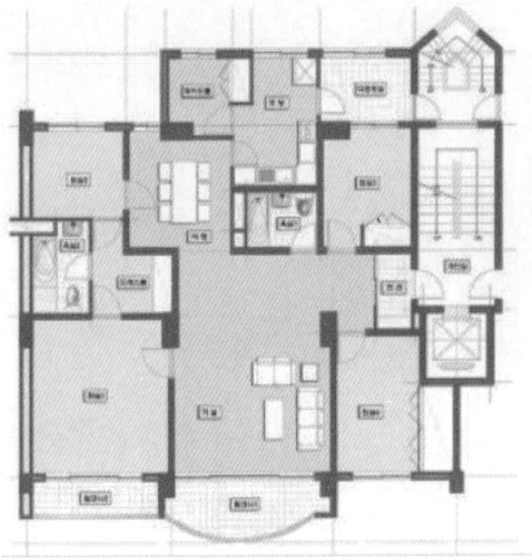

리모델링 전

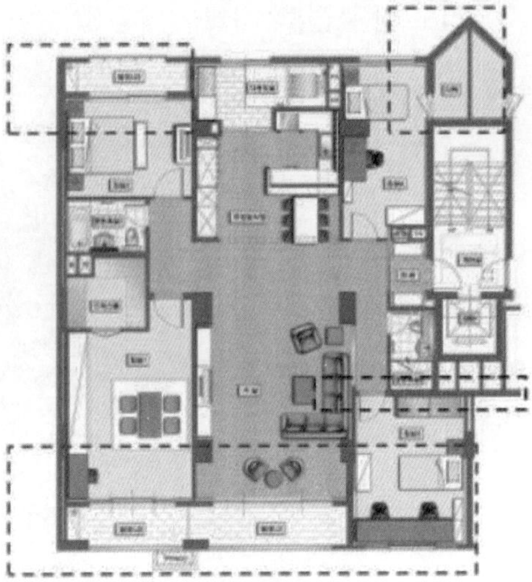

리모델링 후

3. 각 공종별 공사계획

1) 건축공사 개요

<table>
<tr><th colspan="3">구 분</th><th>변경 전</th><th>변경 후</th><th>비고</th></tr>
<tr><td colspan="3">건축면적/연면적</td><td>1,323/16,625</td><td>1,623/19,791</td><td>+29/3,378</td></tr>
<tr><td colspan="3">건폐율/용적률</td><td>18%/214%</td><td>22%/259%</td><td>+4%/+4%</td></tr>
<tr><td colspan="3">주차대수</td><td>33대
(현사용 : 127대)</td><td>68대
(계획주차 : 93대)</td><td>2,280/65=35대</td></tr>
<tr><td colspan="3">조경시설</td><td>적용제외
(법 미제정)</td><td>204(28.32%)</td><td>완화적용 필요
(30% 이상)</td></tr>
<tr><td rowspan="5">세대별
면적</td><td colspan="2">전용면적</td><td>148(44.99평)</td><td>181(54.89평)</td><td>+32(9.9평 증가)</td></tr>
<tr><td rowspan="3">공유면적</td><td>지하층</td><td>11(3.42평)</td><td>11(3.42평)</td><td>-</td></tr>
<tr><td>지상층</td><td>12(3.74평)</td><td>12(3.80평)</td><td>+0.2(0.06)</td></tr>
<tr><td>옥상옥탑</td><td>2(0.67평)</td><td>2(0.67평)</td><td>-</td></tr>
<tr><td colspan="2">합계</td><td>74(52.81평)</td><td>207(62.78평)</td><td>+32(9.97)</td></tr>
</table>

2) 기존 건물의 노후화 조사

(1) 기존 구조물공사 부위

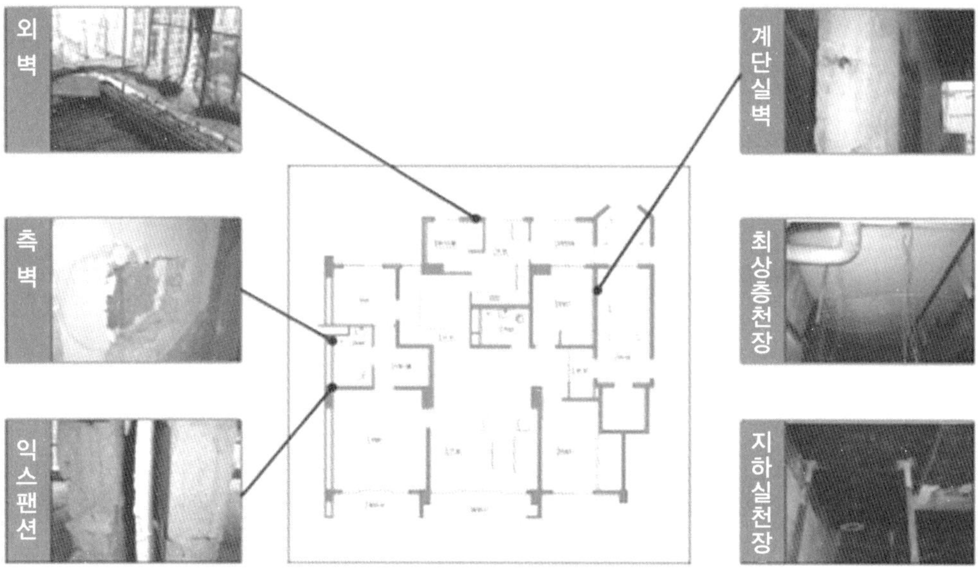

(2) 건물내 노후배관 상태

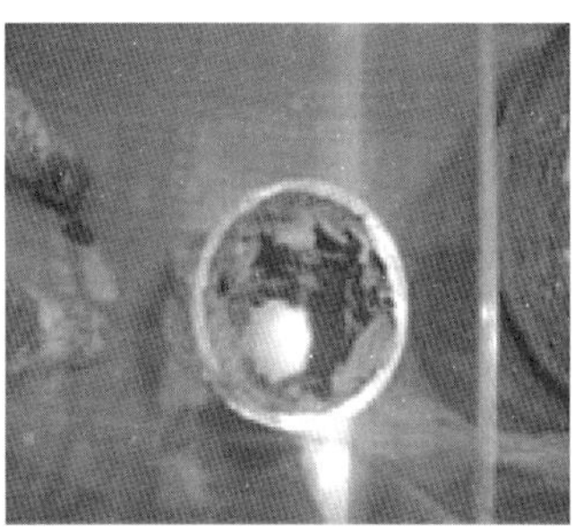
급수배관(백강관)

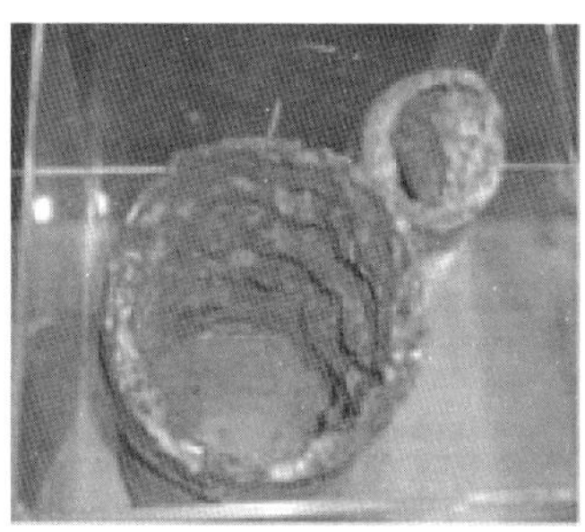
난방배관(백강관)

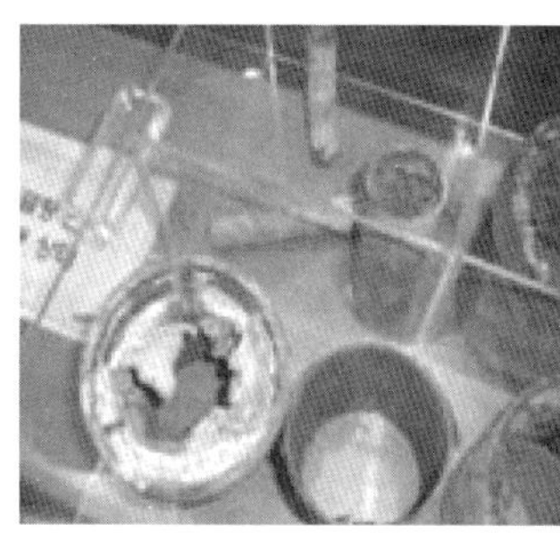
오 · 배수관(백강관)

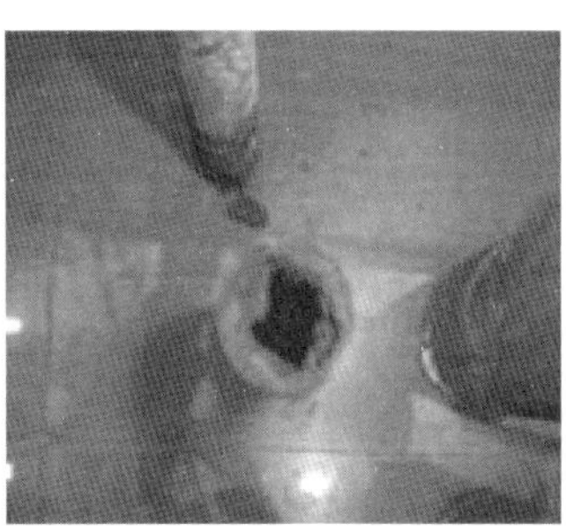
급수배관(백강관)

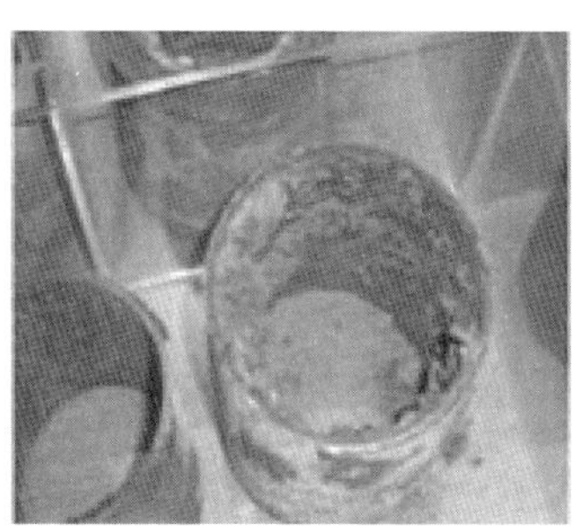
소화배관(백강관)

신설배관(백강관)

3) 기초파일 보강공사

(1) 기초파일 보강공사 시공계획

<table>
<tr><th colspan="2">파일시공 평면도</th><th colspan="2">단면도</th></tr>
<tr><td colspan="2">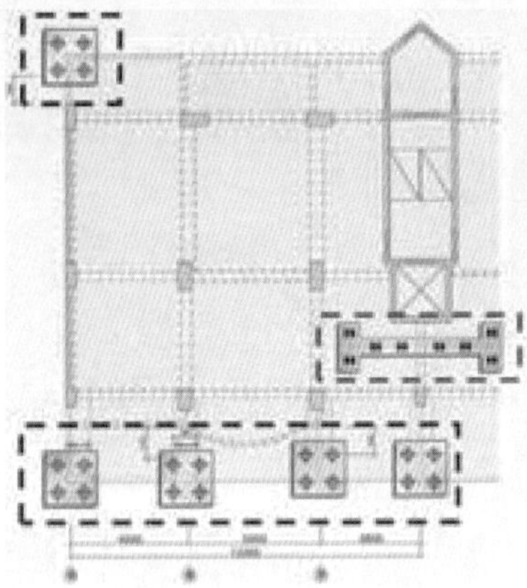</td><td rowspan="2">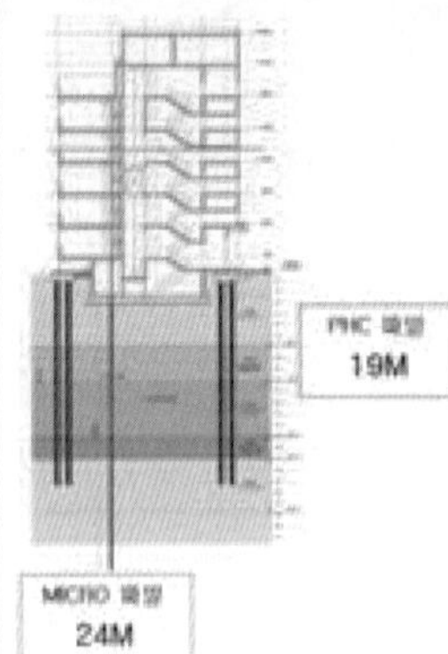
</td><td>• 마이크로파일공사 : 768m
• 항두 정리 : 32본
• 허용압축력 : 50TON/본
• 장비 운반 : 1회
• 근입 깊이 : 24m</td></tr>
<tr><td>• 파일공사(S.I.P. 케이싱 공법) : 2,196m
• 항두 정리 : 122본
• 허용압축력 : 50TON/본
• 장비 운반 : 1회
• 근입 깊이 : 19m</td><td>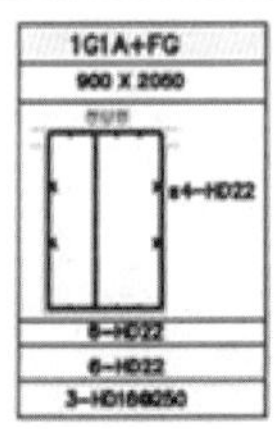
</td><td>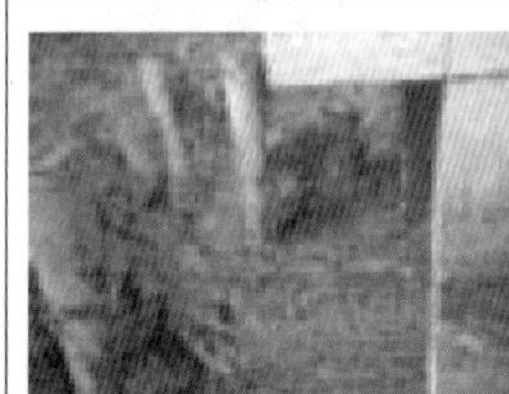</td></tr>
</table>

(2) 기초보강 마이크로파일공사

① 마이크로파일공사란?

기초보강공사 시 도심지에서 사용공간이 협소하고 대형장비의 진입이 어려운 현장인 경우 직경 30cm 이하의 작은 구경 말뚝기초로 높은 하중력(30~150ton/본당)을 전달할 수 있는 말뚝기초보강파일을 말한다.

② 마이크로파일공사 시공순서

① 기초 커팅 후 말뚝 중심 보기

② Crawer 드릴을 이용한 천공작업

③ Thread Bar 연결 및 근입 (주입 호스 동시 삽입)

④ 케이싱 인발 및
2차 시멘트 밀크 주입

⑤ 지압판 설치

⑥ 내진벽체 기초 배근

4) 철거공사

(1) 철거공사 FLOW

철거계획 수립
(범위, 장비, 공기)

↓

내부 수장재 철거
(창호류, 내장재)

↓

전기, 설비, 배관 철거

↓

내부벽체 철거

↓

바닥 철거

↓

외벽 철거

↓

발코니 슬래브 철거

↓

증측부 세대 마감
간섭부 잔먹방식

(2) 구조안전진단 도면과 보수보강공법 위치

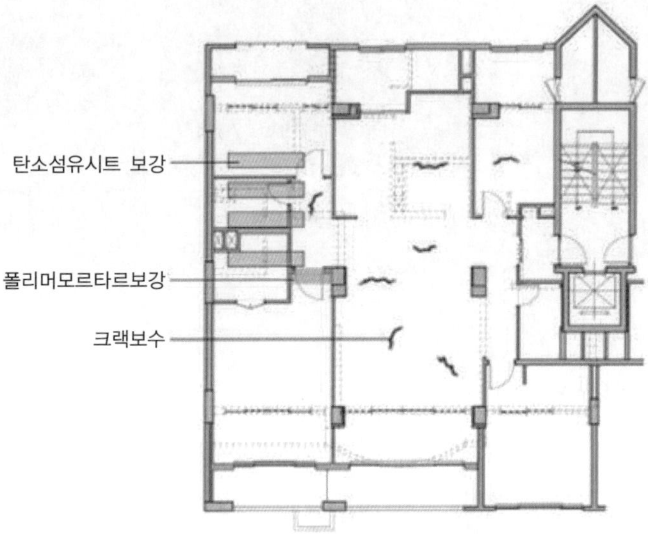

(3) 탄소섬유시트 보강공사 작업순서

① 면처리 및 에폭시 퍼티

② 프라이머 도포

③ 탄소섬유시트 부착

(4) 폴리머모르타르 보강공사 작업순서

① 살수 및 방청제 도포

② 폴리머모르타르 스프레이

③ 폴리머모르타르 면처리

(5) 내진보강벽체 평면도

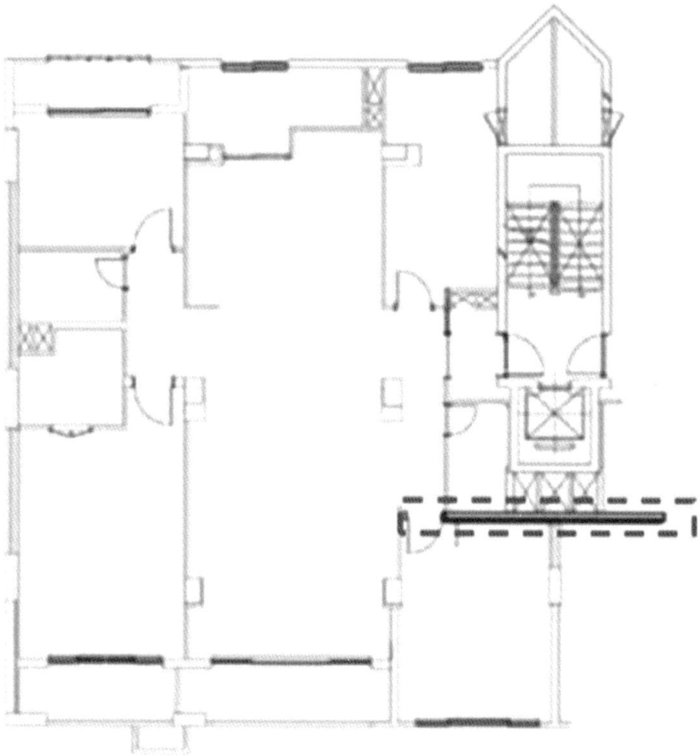

① 내진벽체작업 FLOW

코어천공

철근배근

② 연결부위 다웰(dowel)바 시공구조

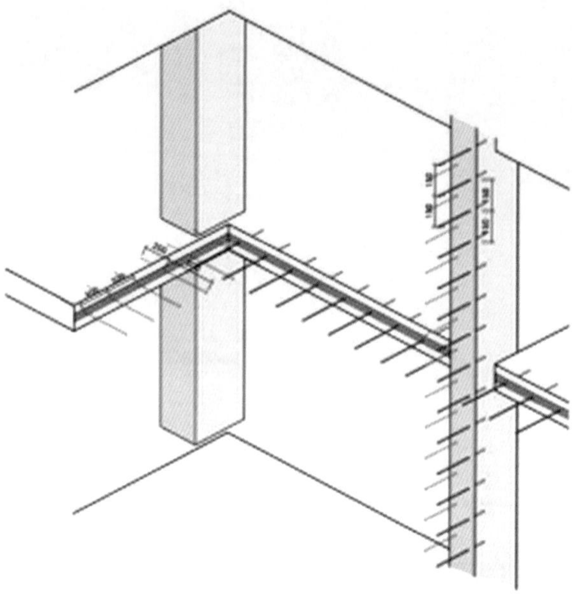

기둥+신설 벽체

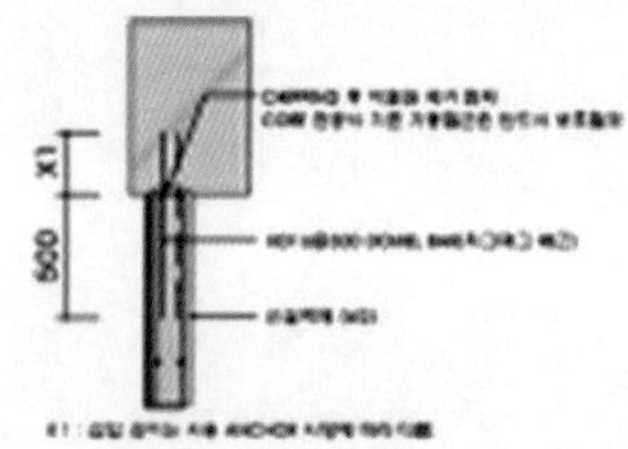

기존 보+신설 슬래브

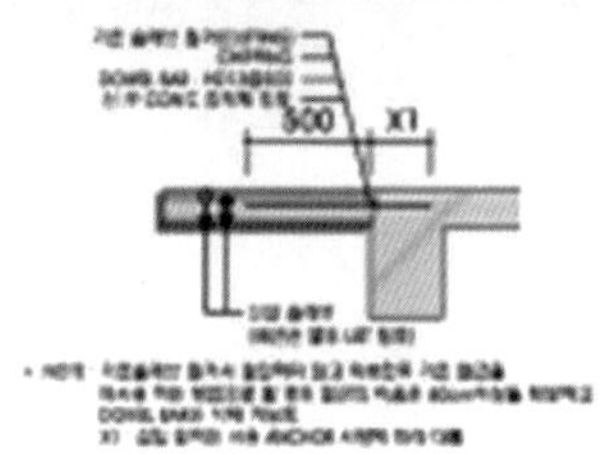

측벽+신설 측벽

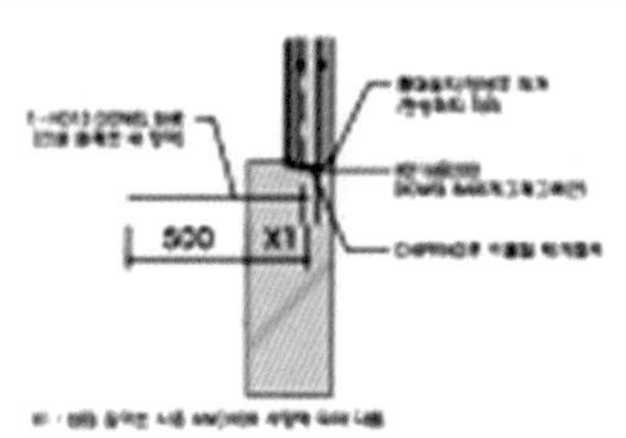

벽체 시공

슬래브 시공

5) 내부마감 인테리어공사

① 침실

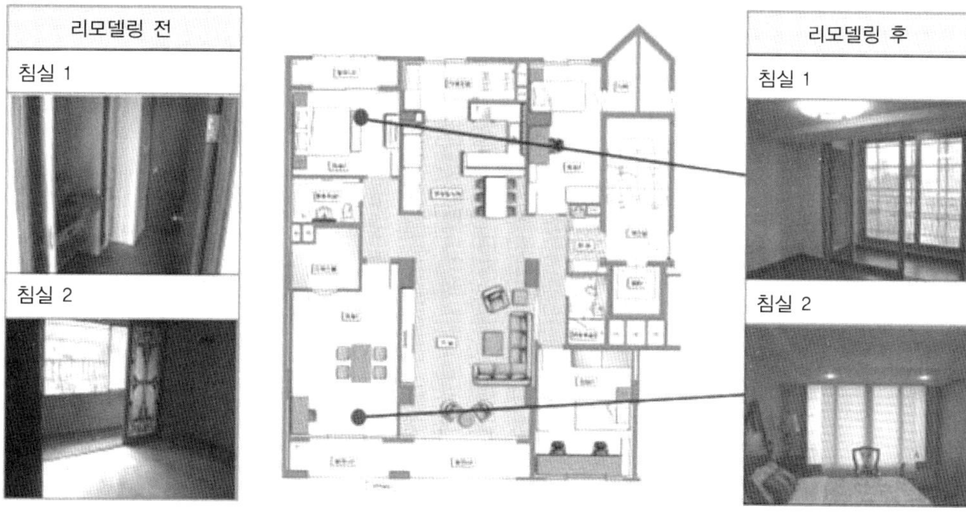

② 발코니

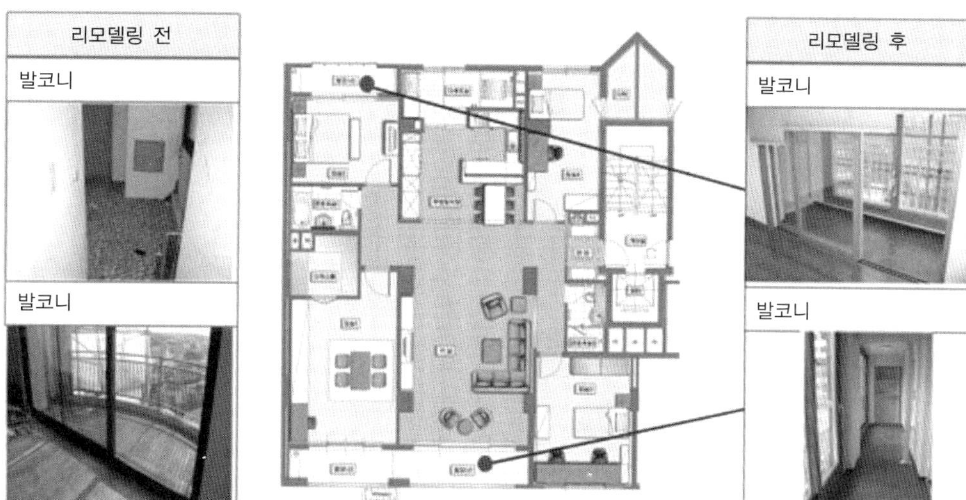

③ 주방+거실

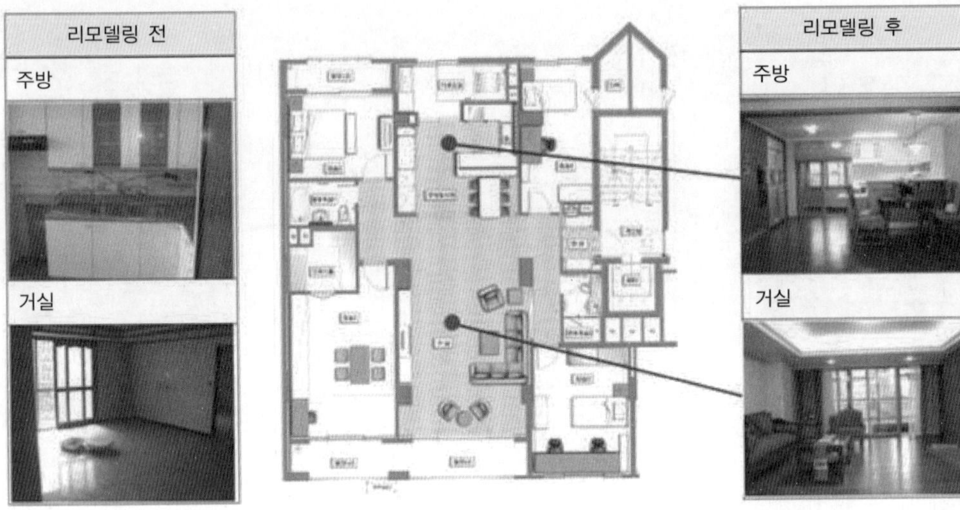

④ 화장실

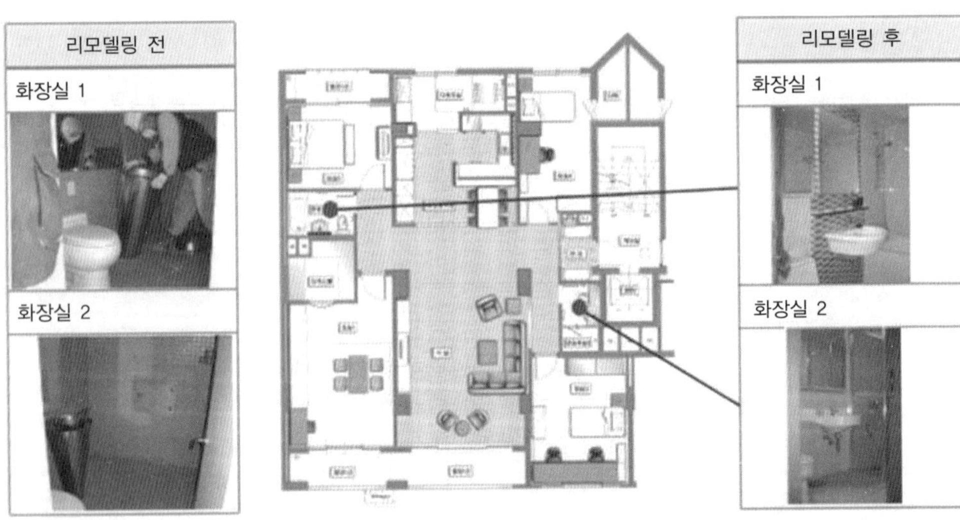

⑤ 주현관

	변경 전	변경 후
주현관		

⑥ 계단실 및 경비실

	변경 전	변경 후
계단실		
경비실		

■ 사례 2. 서울시 마포구 현석동 OO아파트 수직증축 리모델링

1. 사업 개요

(1) 위치 : 서울시 마포구 현석동 OO번지

(2) 규모 : 1개 동, 90세대, 12층

(3) 준공년도 : 1990년

(4) 리모델링 공사기간 : 2011.3~2012.2

〈리모델링단지 위치도〉

2. 추진 현황

(1) 2008년 1월 : 리모델링추진위원회 구성

(2) 2009년 5월 : 창립총회 및 쌍용건설 시공사 지정

2009년 6월 : 조합설립인가(동의율 84.4%)

2009년 12월 : 건축심의 통과

(3) 2010년 2월 : 조합설립 변경(동의율 100%)

2010년 8월 : 리모델링 행위허가 완료

2010년 11월 : 분담금 확정총회

(4) 2011년 3월 : 착공

(5) 2012년 12월 : 준공

3. 건축계획공사

1) 단지 전체 규모 변경 증축

2개 층 수직증축 : 10층 → 12층

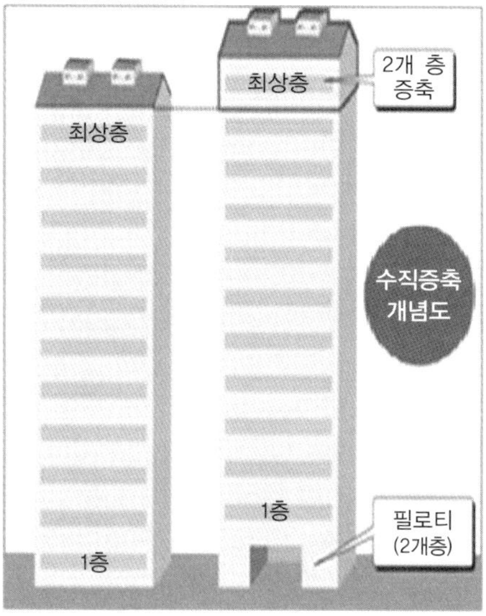

2) 세대 내부변경 증축

리모델링 전	리모델링 후	가구수
전용 63㎡ (기존 28평)	전용 82㎡ (기존 38평)	20가구
전용 66㎡ (기존 29평)	전용 85㎡ (기존 40평)	40가구
전용 69㎡ (기존 30평)	전용 89㎡ (기존 42평)	30가구

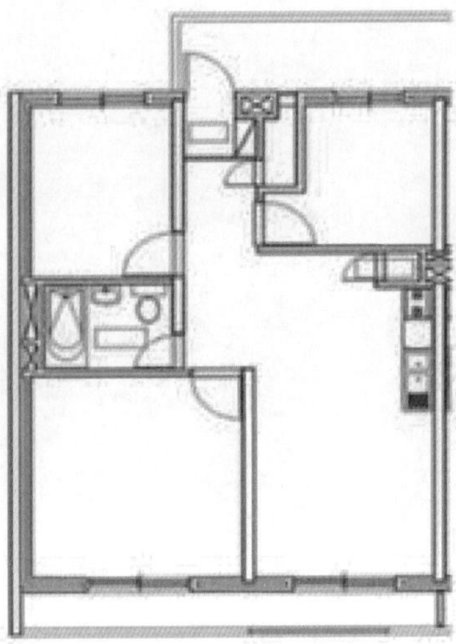

리모델링 전 평면도(69㎡)

리모델링 후 평면도(89㎡)

3) 공사비 및 분담금

① 공사비

– 3.3㎡당 : 378만 원

② 분담금

전용 63㎡	전용 82㎡ 리모델링	1억 8000만 원
전용 66㎡	전용 85㎡ 리모델링	1억 9000만 원
전용 69㎡	전용 89㎡ 리모델링	2억 원

4. 리모델링 전후 비교

〈리모델링 2개 층 수직증축 아파트〉

리모델링 전

리모델링 후

II. 공동주택 단지형 증축 리모델링공사 사례

■ 사례 1. 서울시 서초구 방배동 OO아파트 단지 리모델링

1. 사업 개요

1. 사업명	방배 OO아파트 리모델링
2. 위치	서울시 서초구 방배동 OO번지
3. 최종준공	1978년
4. 건축구조	철근콘크리트 라멘조
5. 규모	아파트 12층, 3개 동, 216세대
6. 공사기간	2005.07 ~ 2006.12

〈사업위치도〉

2. 리모델링 추진 현황

- 2003년 6월 : 리모델링 추진(시공사 선정)
- 2004년 1월 : 리모델링 주택조합설립
- 2004년 3월 : 건축심의 완료(서초구 건축심의위원회)
- 2004년 11월 : 행위허가 완료(서초구청)
- 2005년 3월 : 매도청구 완료(최종 1세대에 대한 합의매수)
- 2005년 4월 : 이주 개시
- 2005년 7월 : 착공
- 2005년 9월 : 철거공사 완료(일부 철거는 골조공사와 병행)
- 2006년 4월 : 골조공사 완료(아파트 및 지하주차장)
- 2006년 10월 : 외장공사 완료
- 2006년 12월 : 준공예정
- 2007년 1월 : 입주

3. 리모델링 전후 비교

리모델링 전 전경

리모델링 후 전경

4. 건축계획

1) 변경 내용

구분	리모델링 전	리모델링 후	비고
1. 연면적(용적률)	8,485.58평(218.53%)	11,589.18평(271.79%)	기존 규모의 30% 증가
2. 주차대수	지상 78대	207대(지상 80+지하 127)	129대 증설(65% 증가)
3. 연면적(용적률)	8,485.58평(218.53%)	11,589.18평(271.79%)	기존 규모의 30%
4. 구조	철근콘크리트 지상 12층	변경 없음	제도 미비로 필로티 미적용
5. 난방방식	지역난방	변경 없음	난방효율이 높음
6. 부대시설	관리사무실 놀이터	관리사무실/노인정/서클룸 운동시설 및 복합놀이시설 옥외 휴게시설	
7. 평형(세대수)	28평형(84세대)	35평형(84세대)	7평형 증가
	36평형(60세대)	44평형(60세대)	8평형 증가
	42평형(72세대)	53평형(72세대)	11평 증가

2) 단위세대 증축 리모델링 전후 평면

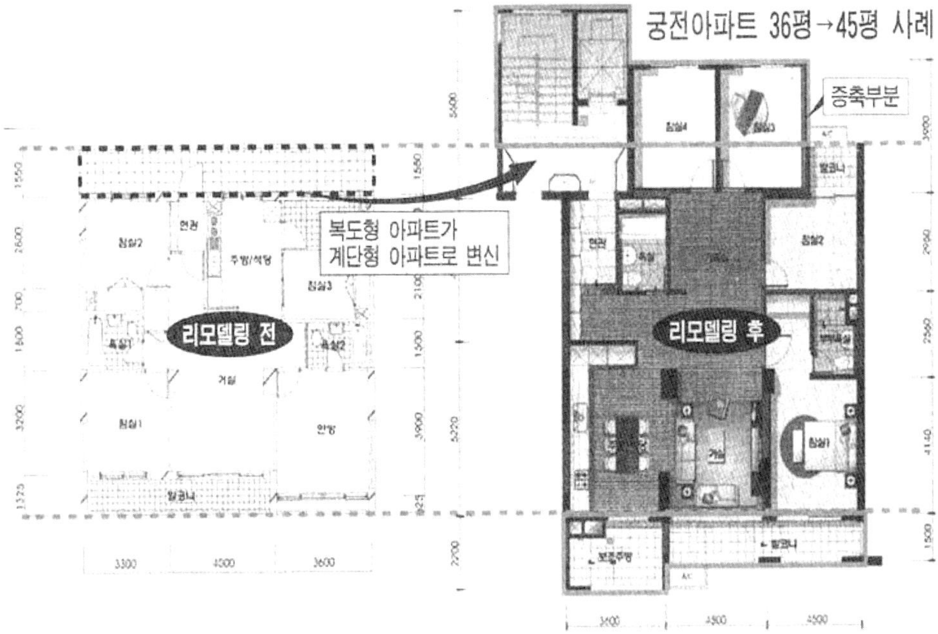

5. 사업 타당성 분석

1) 리모델링과 재건축의 사업 타당성 분석

(단위 : 만 원)

구분		리모델링	재건축(1 : 1)
공사 후 평형 변경		45평형	36평형
1. 사업비(분담금) (A)	공사비	13,323	16,029
	사업경비	281	1,848
	이주금융비	1,417	2,430
	계	15,021	20,307
	평당가	330만 원/평(45평형) 410만 원/평(36평형)	560만 원/평
2. 기존 재산가치 (B)		59,000	59,000
3. 총 투자비용 (C)		74,021	79,307
4. 예상 재산가치 (D)		118,000	90,000
5. 손익 (D–C)		43,979	10,693

2) 세대당 분담금

평형(기준)	평형 증가	공사비 분담금(단위 : 만 원)
35(28)	7	10,397
45(36)	9	10,350
53A(42)	11	16,011
53B(42)	11	16,129

6. 주요공사 계획

1) 주요공사 세부 내용

구분	내용	세부내용
1. 세대증축	평형별 7평~11평	기존 규모의 30%
2. 지하주차장 신설	지하 1층	지상 78대 → 지상+지하 207대
3. 구조성능개선	탄소섬유(보), 철판 보강(기둥)	기타 균열 및 중성화 보수, 내진기준 적용
4. 코어방식 변경	복도식 2개 동 → 계단식 2개 동	기존 코어 폐쇄 2개소, 신설 7개소
5. 승강기 구조개선	엘리베이터 지하 연장(계단식)	규격 확대(8인승 → 16인승), 피트 증설
6. 기둥 개설	신설 및 이동	신규 기둥을 신설하고 기존 기둥 철거
개선	전기, 설비, 통신, 소방	정보통신 1등급, 무인경비, 원격검침, 홈오토메이션 및 시큐리티, 개별 정수, 공기청정, 층간 차음, 부스터 펌프 설치

※ 리모델링 공사비 : 290~300만 원 / 3.3㎡

2) 공종별 주요공사

(1) 철거공사

세대 내부 철거 전 방진막 설치

세대 내부 철거

세대 내부 철거 후 물청소 실시

(2) 비산, 분진방지공사

철거 전 분진막 설치

철거 후 분진막 설치

골조공사 중 분진막 유지

(3) 골조공사

기초파일 시공

증축 부분 기초시공

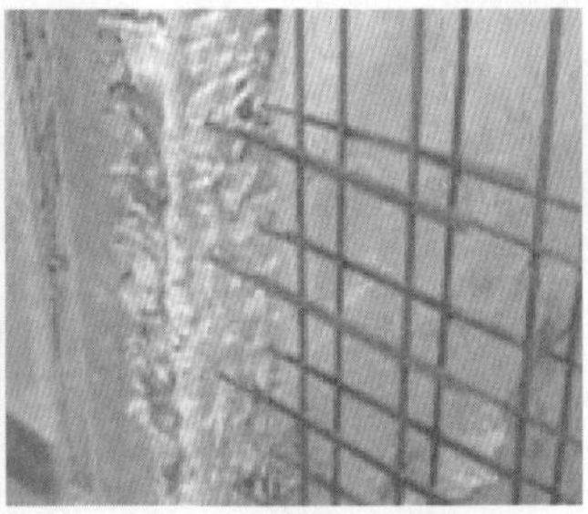
기존 구조물과의 연결

(4) 구조체 보수 · 보강공사

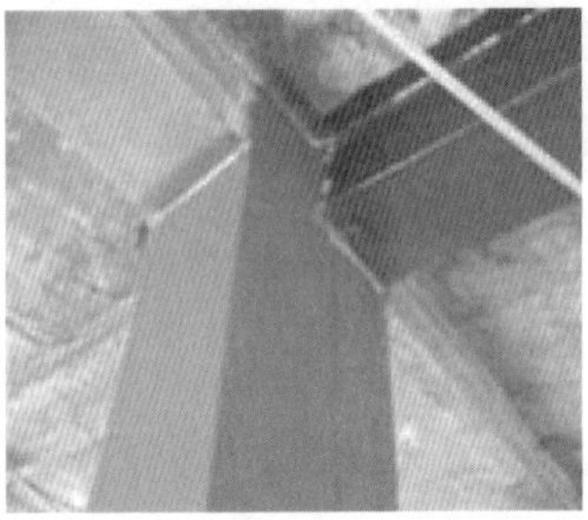
철판 보강(기둥)

기존 구조물 균열보수

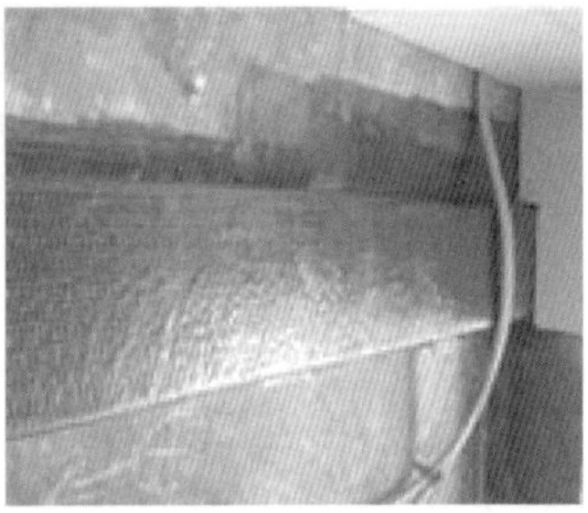
탄소섬유시트 보강(보)

(5) 골조공사 전경

골조공사 완료

도장공사 중

외장공사 중

(6) 지하주차장공사

기존 건축물 부분 흙막이

기초공사

골조공사

1단계 주차장 골조완성

골조공사 완료 후 양생 중

신설 지하주차장 마감 전경

(7) 주요 외관 공사

▶ 기존 엘리베이터 코어를 아케이드식 필로티로 변경

▶ 진입광장에 설치된 벽천에서 바로 본 아파트 전경

■ 사례 2. 서울시 영등포구 당산동 OO아파트 단지 증축 리모델링

1. 사업 개요

- 준공년도 : 1978년 준공 (3개 동, 12층)
- 공사기간 : 2008.7.26~2010.7.15 (24개월)
- 규모 : 284세대, 3개 동 단지(13층)
  22평 → 28평, 25평 → 32평, 30평 → 37평, 34평 → 41평
- 용적률 : 175% → 243% 상향
- 주차대수 : 58대 → 285대 증가 (지하 2층 증설)
- 공사비 : 284만 원/평당 (9천~1억 7천만 원 세대별 공사비)
- 리모델링 전후 시세변화 : 980만 원 → 1,700만 원/평당

〈부지 위치도〉

2. 리모델링 전후 비교

1) 전경

리모델링 전

리모델링 후

2) 단위세대 평면도

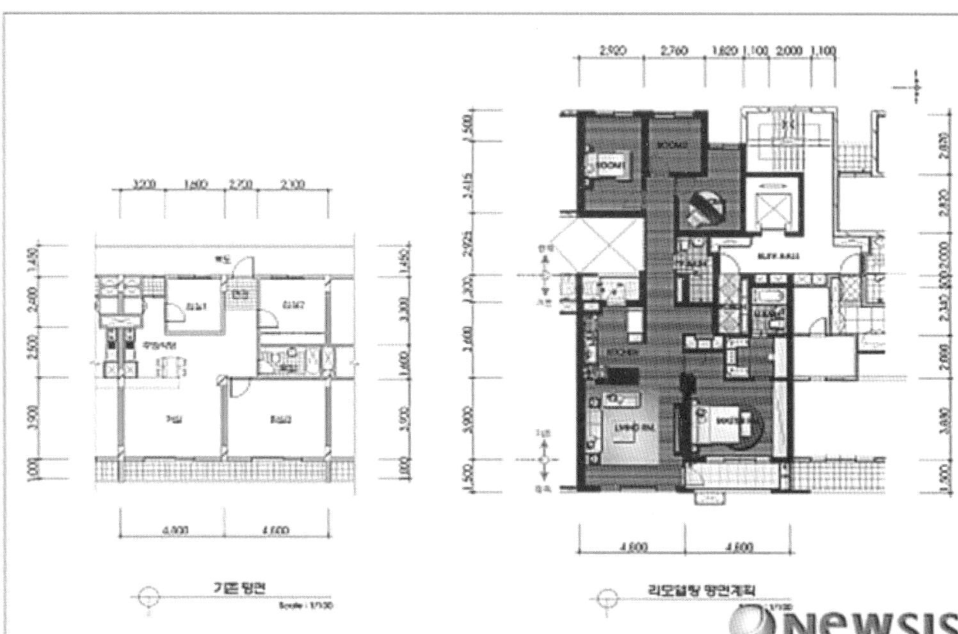

3. 건축계획

1) 리모델링공사 전경

2) 지하주차장 리모델링

리모델링 전

리모델링 후

3) 아파트 지상 1개 층 증축과 지하주차장 2개 증측 조감도

지하주차장 2개 층 증축 단면도

지상 1개 층 수직증축 조감도

■ 사례 3. 서울시 강남구 대치동 OO아파트 증축 리모델링

1. 사업 개요 및 추진 현황

1) 개요

- 서울시 강남구 대치동 OO아파트 리모델링 사업은 1989년 준공된 아파트로써 리모델링공사는 2014년 2월에 준공되었다.
- 전체 리모델링 규모는 5개 동, 354가구, 11층~16층으로 단위세대는 85㎡ 단일 평형으로 110㎡로 리모델링 증가면적은 약 30% 가량 넓혔다.
- 리모델링방식은 국내 최초의 세대분리형으로 주인이 부분임대가 가능하도록 리모델링되었다.

공사명	대치동 OO아파트(래미안 대치 하이스턴) 리모델링공사		
1. 대지 위치	서울특별시 강남구 대치동 985	7. 지역/지구	제3종 일반주거지역
2. 건물구조	철근콘크리트 벽식구조 / 1989년 준공	8. 공사기간	2011.11~2014.02(27개월)
3. 건물규모	지하 3층, 지상 11~16층, 354세대 (필로티/1개 층 수직증축)	9. 연면적	69,998.35㎡ (21,174PY) - 존치 상가 299PY 포함
4. 대지면적	14,779.30㎡ (4,478PY)	10. 용적률	346.94%
5. 발주처	대치2차 우성아파트 리모델링 주택조합	11. 시공사	삼성물산㈜ 건설부문
6. 설계자	㈜건축사무소 미담	12. 감리자	㈜엄&이종합건축사사무소 ㈜계명구조엔지니어링

2) 사업 위치 및 입지여건

① 교통환경 : 영동대로에 인접해 있으며 양재대로와 테헤란로 및 남부순환로 접근 용이, 지하철 3호선 대치역 도보 10분 거리

② 교육환경 : 대현초, 대명중, 휘문중/고대진초, 개원중, 경기고, 단대부고 등 학군 우수

③ 편의환경 : 삼성역 현대백화점, 한티역 롯데백화점을 비롯해 삼성동 코엑스 등 이용시설 분포 단지 뒤쪽 빌라 및 다가구 등 재건축 추진

〈사업부지 위치도〉

3) 추진 현황

2007.11.17	조합창립총회
2008.03.06	조합설립인가
2010.04.17	시공사 선정(삼성물산)
2010.08.30	교통영향평가 / 건축심의
2011.01.21	행위허가승인
2011.10.21	1차 행위허가 변경 승인
2011.11.11	이주완료
2011.11.30	착공신고
2011.12.01	현장개설
2014.03	준공 및 입주
공사기간	2011.12 ~ 2014.02 (27개월)

▶ 리모델링 전 전경

▶ 리모델링 후 전경

2. 건축계획

1) 리모델링 설계 개요

리모델링 아파트 단지는 지하 3층, 지상 11~16층 5개 동으로 구성되어 리모델링 계획의 주안점은 지상을 차없는 녹지공간으로, 모든 주차는 지하로 배치하여 가구당 1.3대의 주차공간을 확보했다. 또한 모든 동은 1개 층 수직증축하여 주거단지의 가치를 향상시켰으며, 1층은 필로티 공간으로 독서실, 보육시설 등 주민공동시설을 배치하고, 별도의 커뮤니티동(헬스장, 관리실 등)을 신설계획하였다.

2) 리모델링 전후 변경 내용 비교

구분	변경 전	변경 후	비고
1. 건물높이	41.1m	45.0m	+3.9m
2. 건축면적	3,374.93m^2 (1,020.92평)	5,952.19m^2 (1,800.54평)	+2,577.26m^2 (779.62평)
3. 연면적	38,701.65m^2 (11,707.25평)	69,998.35m^2 (21,174.50평)	+31,296.70m^2 (9,467.25평)
4. 건폐율	22.84%	40.27%	+17.44%
5. 용적률	237.64%	346.94%	+109.29%
6. 주차대수	총 158대 (세대당 0.45대)	총 461대 (세대당 1.30대)	+303대 (지하주차장 신설)
7. 전용면적	84.92m^2 (25.69평)	110.39 (33.39평)	+29.99% 증축
8. 분양면적	96.72m^2 (29.26평)	142.62m^2 (43.14평)	+13.88평
9. 계약면적	106.54m^2 (32.23평)	194.98m^2 (58.98평)	+26.75평

3) 단지 배치도

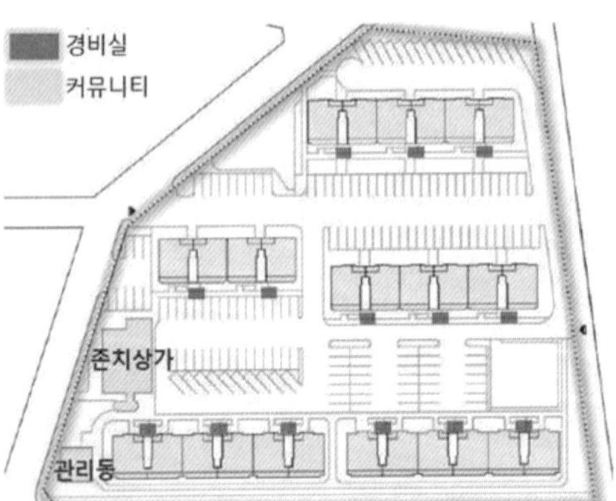

리모델링 전

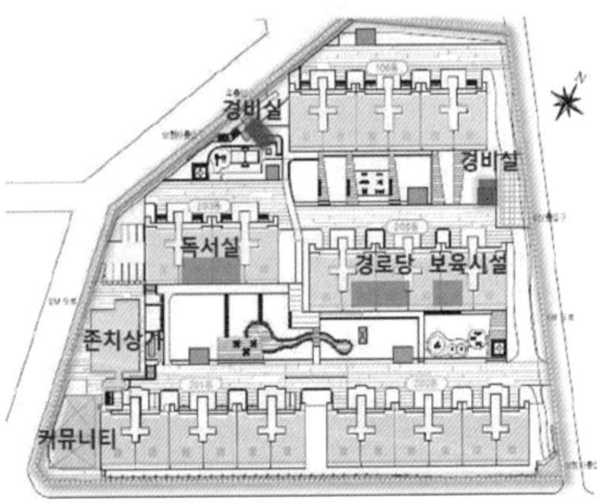

리모델링 후

4) 증축 단면과 지하주차장 증설계획

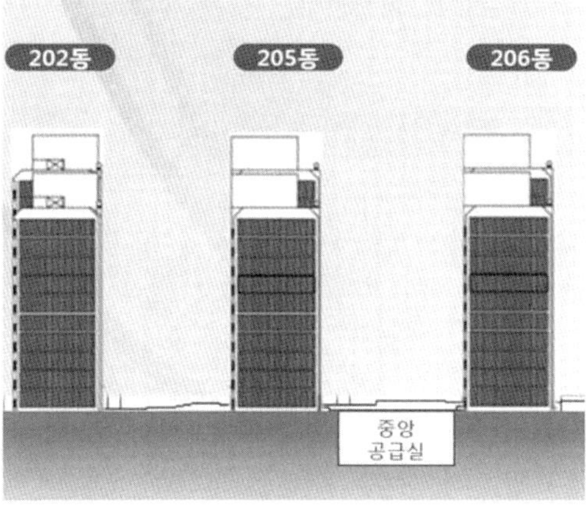

• 주차장 : 지상 총 158대(0.45대/세대당)
주차공간 부족으로 주민간 경쟁치열

리모델링 전

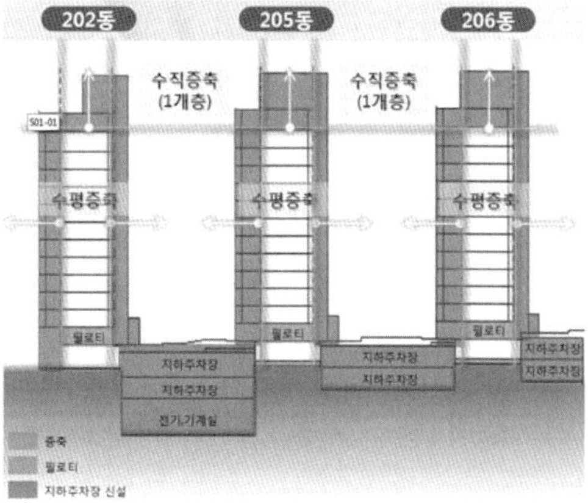

• 주차장 : 지하 461대(1.3대/세대당)
지하에서 아파트 E/L와 직접 연결돼 편리

리모델링 후

5) 단위세대 평면계획

(1) 기본형 리모델링 평면계획

기본형 단위세대 평면설계 전면도로쪽은 A-Type, 나머지는 B-Type으로 두 타입으로 구조는 유사하다. 기존의 세대 내부 천장고를 그대로 유지할 수 있도록 시공되어 기존 리모델링의 한계를 극복했다. 기존과 달리 30mm 규격의 층간소음재를 사용하고, 전체 가구에 스프링클러 및 환기시스템이 설치되었음에도 우물형 천장방식을 적극 도입하여 스프링클러를 우물천장 주변으로 배치하고, 세대 내부 천장고를 기존과 동일한 수준으로 만들었다. 또한 밝은 톤 위주의 인테리어 마감으로 공간 개방감을 줄 수 있도록 계획하였다.

① A-Type (110㎡)

▶ 리모델링 전 평면도

전용면적	84.92㎡ (25.69평)
분양면적	96.72㎡ (29.26평)

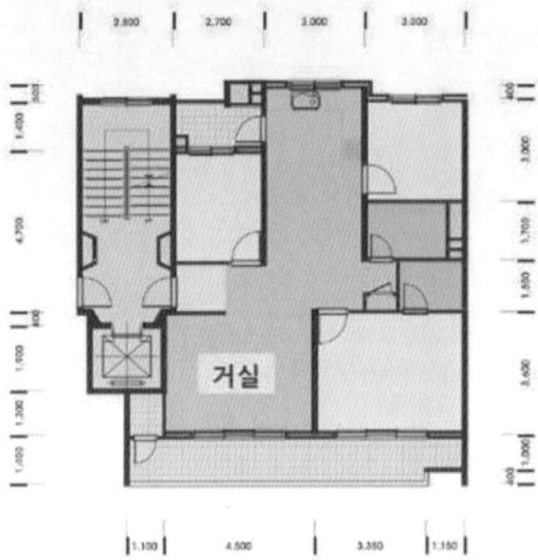

▶ 리모델링 후 평면도

전용면적	110.39㎡ (33.39평)
분양면적	142.54㎡ (43.14평)

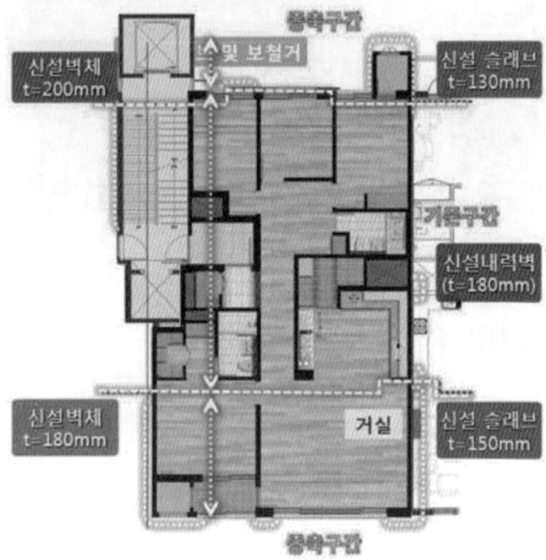

② B-Type (110㎡)

▶ 리모델링 전 평면도

전용면적	84.92㎡ (25.69평)
분양면적	96.72㎡ (29.26평)

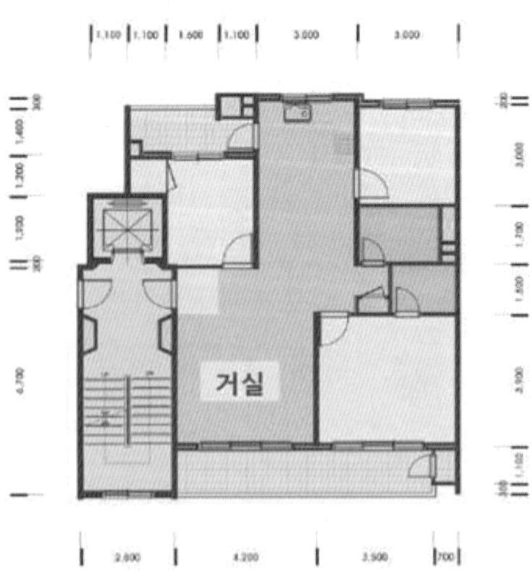

▶ 리모델링 후 평면도

전용면적	110.39㎡ (33.39평)
분양면적	142.54㎡ (43.14평)

(2) 세대분리형 리모델링 평면계획

국내 최초의 세대분리형 리모델링 평면계획으로 세대를 분리하여 임대할 수 있도록 평면계획을 하였다. 단지 주변의 대치동 학원가의 임대수요를 감안하여 원하는 조합원에게 옵션으로 공급한 결과 해당 조합원은 임대 보증금으로 분담금의 상당 부분을 마련할 수 있어 향후 대형 평형 리모델링시 조합원의 분담금을 경감시킬 수 있는 리모델링 방법이다.

① A-Type (110㎡-2세대 분리)

A TYPE	158세대
선택세대	1세대

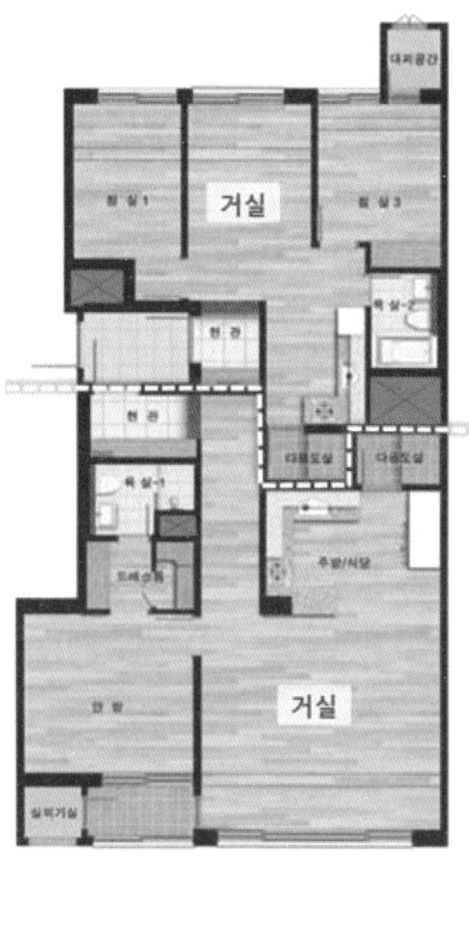

② B-Type (110㎡-2세대 분리)

B TYPE	196세대
선택세대	2세대

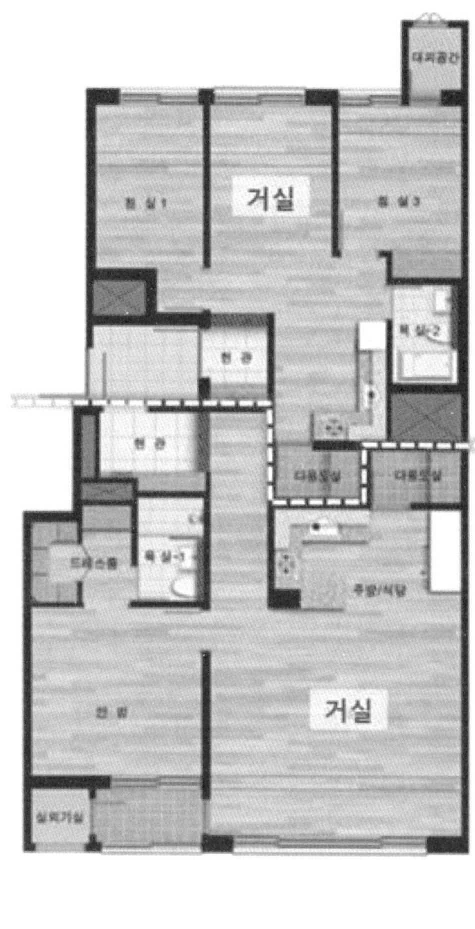

3. 각 공정별 공사계획

1) 공사준비 및 착공계획

리모델링공사를 위한 준비계획은 ① 구조물 현황조사, ② 기존 도면 확보, ③ 리모델링 설계도서 검토, ④ 철거공사, ⑤ 파일 및 기초보강공사, ⑥ 현장실사를 통한 설계변경 등을 들 수 있다.

(1) 구조물 현황조사

- 설계도서와 건축물 비교
- 실측에 의한 구조체 레벨 및 치수조사
- 균열, 누수, 화재이력 등 세대 현황조사 및 사진촬영(전세대)
- 경계측량 및 현황측량(대지 침범 여부)
- 물탱크, ELEV, CCTV 등 기존 마감공사로 사용 가능 여부 검토

(2) 리모델링 설계 검토

- 마감을 고려한 인테리어 도면 확정(철거 전)
- 천장고 확보안 수립
- 보강 부위 건축마감 검토
- 층 변화세대 구조 확인

(3) 기존 도서 확보

- 기존 도면, 시방서 확보

(4) 철거공사

- 내부 마감재 철거 후 정밀안전진단 실시계획
- 구조물 존치 부위 서포트 보강계획 수립
- 무소음, 무진동공법, 장비 사용 계획 수립
- 방음벽/분진망 설치 및 재활용 계획
- 폐기물 운반 계획

(5) 파일 및 기초보강공사

- 지하구조체 도면과 일치 여부 확인
- 기존 파일 기초 등 열화상태, 내력 등 확인 보강안 및 설계변경 수립
- 흙막이와 신설파일 간섭 검토

(6) 1차 설계변경 및 인테리어 도면 확정

- 도면과 실시공 차이에 의한 설계 변경 진행

2) 구조물 안전진단

구조물 안전진단은 구조물 철거 전 구조설계사를 통한 1차 정밀안전진단과 현장추가 조사를 실시하여야 한다.

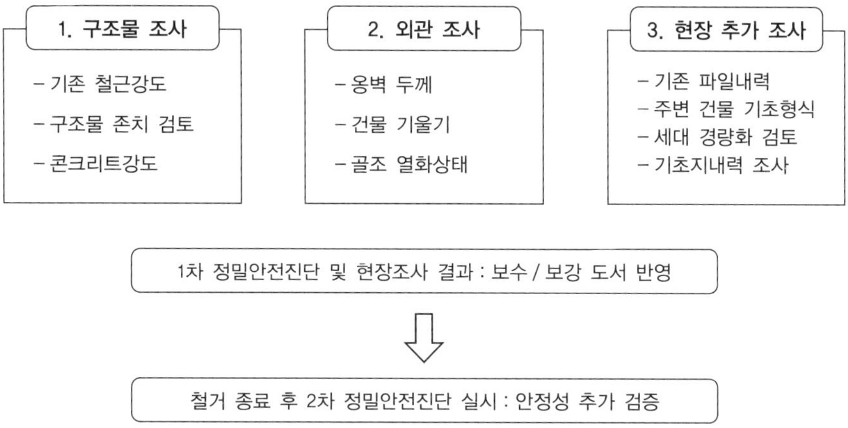

3) 철거공사 계획

리모델링 철거공사는 기존 구조물 조사와 도면 검토가 끝난 후 철거계획 시공도를 작성하여 가설공사와 함께 철거를 진행한다.

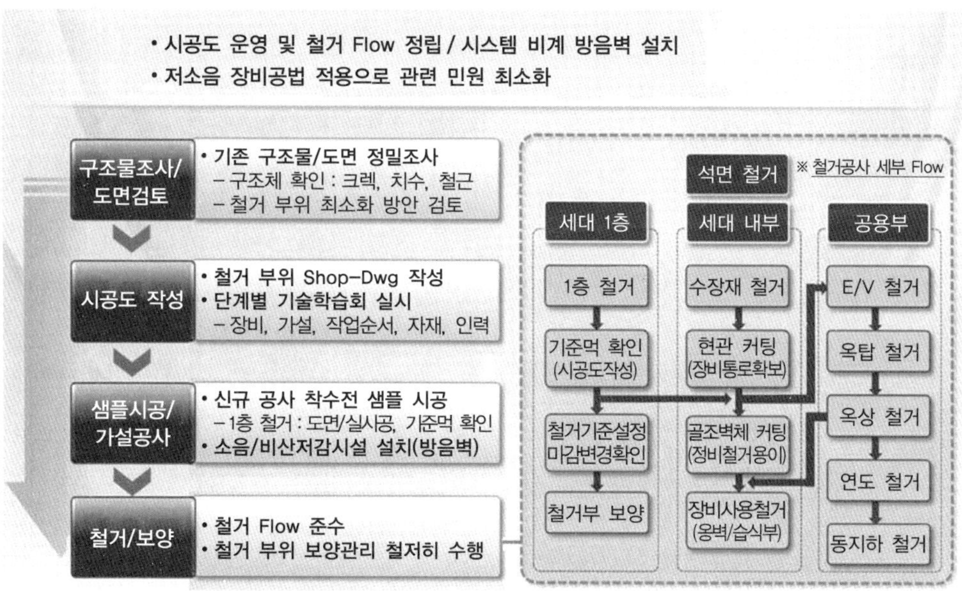

4) 파일 기초보강공사

(1) 파일 기초보강공사 개요

구분	개요	
본수	1,122본 (21,868m)	
	본파일 길이	보조파일 길이
	15,616m	6,252m
설계하중	90Ton	
천공깊이	17.2~21m	
일일시공량	250m/일	

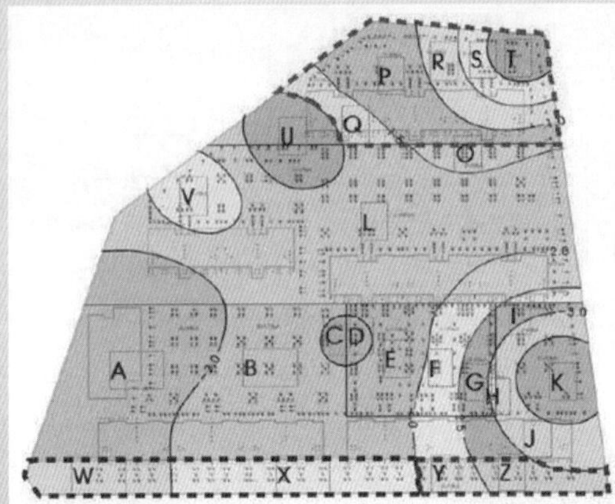

2本 이음
3本 이음
4本 이음

구역	A	B	C	D	E	F	G	H	I	J	K	L	M	N	O	P	Q	R	S	T	U	V	W	X	Y	Z	타워	합계
길이	14	14	13	8	8	9	9	10	15	15	16	15	16	15	14	16	16	15	15	14	15	15	18	18	19	20	15	
본수	53	110	6	9	116	73	29	12	20	19	40	250	2	7	26		7	21	27	15		35	20	67	19	22	27	1122
공삭공	4.97	4.97	4.97	11.02	11.02	11.02	11.02	11.02	5.92	5.92	5.92	4.45	4.45	4.78	4.78	3.50	3.50	3.50	3.50	3.50	4.78	4.78	0.00	0.00	0.00	0.00		
비고(최대길이)																8m	8m	8m	8m	8m			6m	6m	6m	6m		
단위개수	1	1	1	1	1	1	1	1	1	1	2	1	2	1	1	2	2	2	2	2	1	1	3	3	4	4	1	43
PHC 파일	742	1540	78	72	928	657	261	120	300	285	640	3750	32	105	364	848	112	315	405	210	565	525	360	1206	361	440	405	15616

(2) 마이크로파일 기초보강공법

파일상세	시공FLOW
• **마이크로파일** 대형 장비의 진입이 어렵고 또한 **작업공간이 협소**하거나 제한된 지역에서도 쉽게 설치할 수 있는 것이 큰 장점이며 높은 하중력을 전달하면서 천공구경을 최소화한 파일	

파이크로파일 시공 상세도

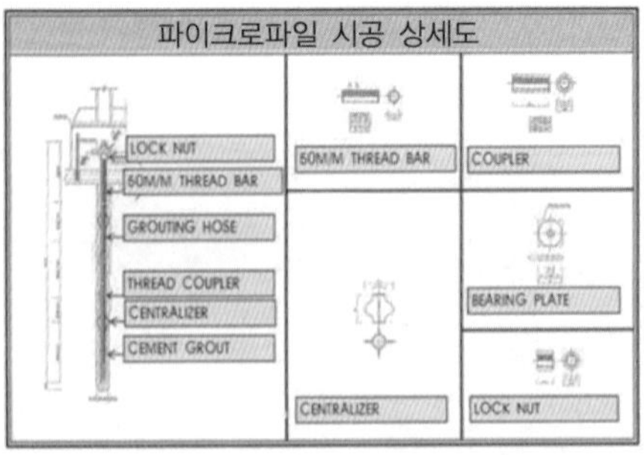

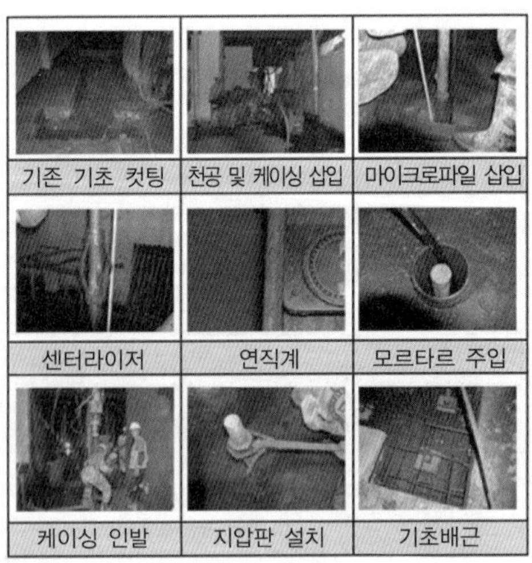

기존 기초 컷팅 | 천공 및 케이싱 삽입 | 마이크로파일 삽입
센터라이저 | 연직계 | 모르타르 주입
케이싱 인발 | 지압판 설치 | 기초배근

(3) 마이크로파일 기초시공

구분	개요	
	내부	외부
본수	183본 (4,402m)	307본 (7,394m)
설계하중	80Ton	
천공깊이	23~26m (연암층 7m관입)	
장비제원	2.1(W)×2.5(L)	
일일시공량	70m/일	100m/일

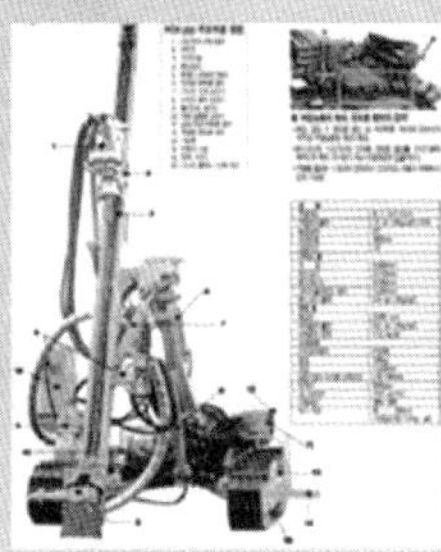

• 장비 SIZE : 2.1W×2.5(L)

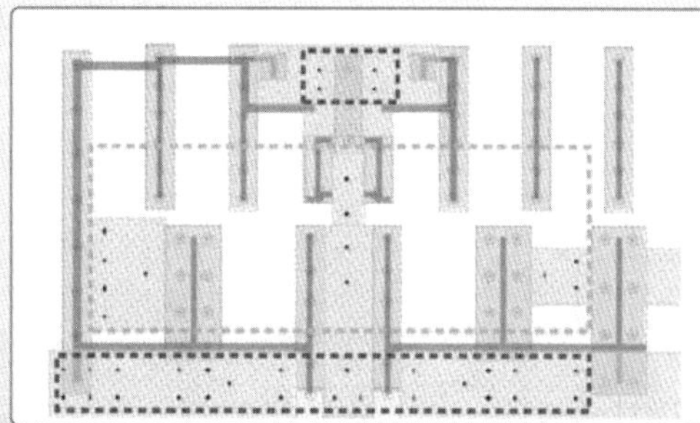

[마이크로파일 구조평면도]

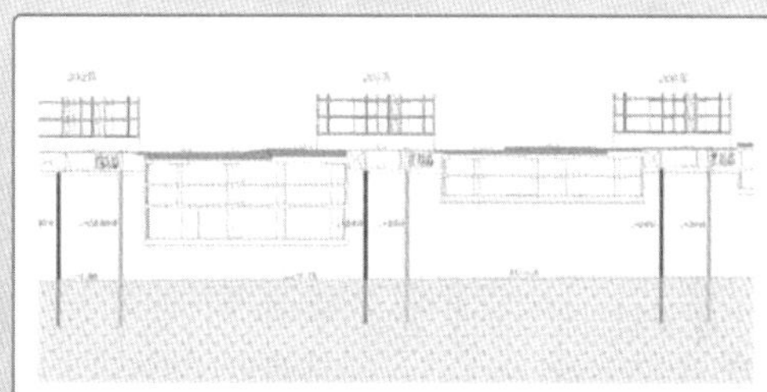

[마이크로파일 시공단면]

(4) 마이크로파일 기초시공시 문제점과 대책

시공시 문제점	대책	품질관리
○ 터파기 후 파일 항타 불가 (흙막이 간섭, 장비 반입 문제) ○ 현장 내 이동통로 협소 (201/2동 6m 이상 파일 진입 불가) ○ 용접이음발생(1~3개소/본당)	○ 아파트 기초 Level에서 보조파일 사용 파일 항타 : 최대 보조파일 12m 사용 (청담 래미안 리모델링 : 보조말뚝 시공 최대 9m) ○ 201/2동 6m 이상 파일자재 반입 ○ 자분탐상시험 실시	○ 최대 보조파일 12m 사용시 품질관리 방안 – 물시멘트비 관리(7 : 3) – 침하량 4mm 이내 관리 – 용접부 비파괴검사 실시 (1회/20이음 개소) – 파일 품질관리 점담자 운영

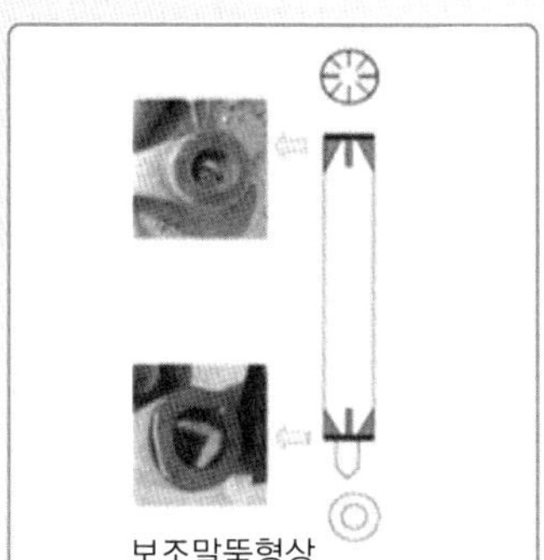

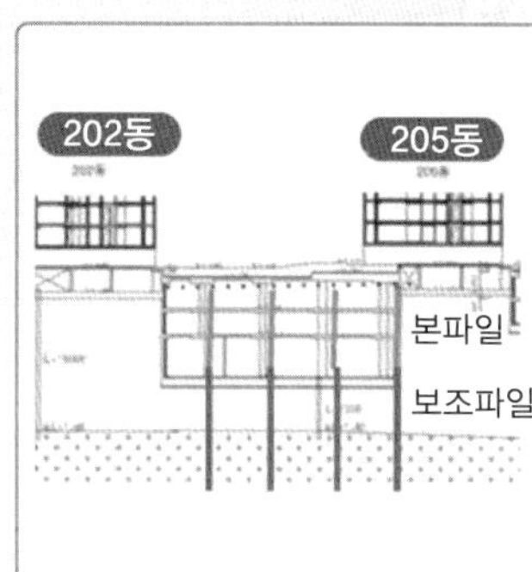

5) 기존 구조물 보수공법

기존 구조물의 보수 · 보강공사계획은 보수 · 보강공법 선정과 보수 · 보강공법 제안 및 적정성 검토를 거쳐 시공되어야 한다.

(1) 보수 · 보강공법 시공순서 (2) 보수 · 보강공법 선정 시 고려사항

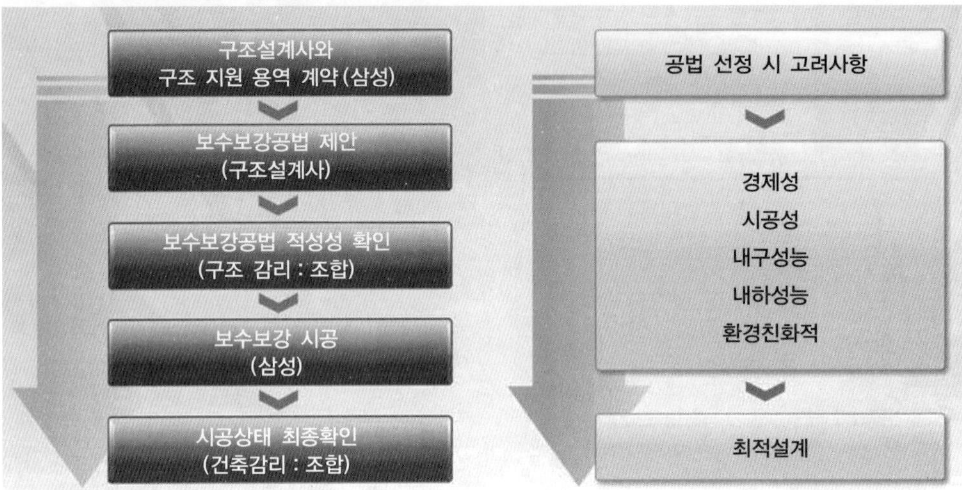

(3) 균열보수공법

기존 구조물의 균열보수작업은 철거공사 종료 후 균열지도를 작성하여 균열 크기와 폭에 따라 표면처리(퍼티), 에폭시주입, 충전공법 등으로 보수한다.

예시) 203동 201호

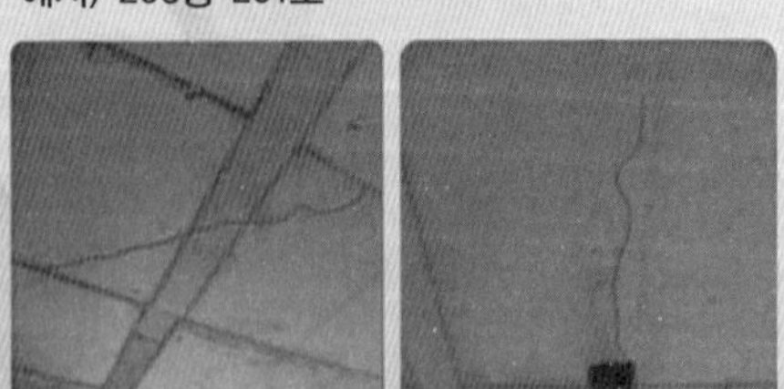

거실	침실 1	침실 2	안방	합계
17.7	3	4.3	16.1	41.1

Putty	에폭시 주입	충전공법
0.2mm 이하	0.2~0.5mm 정도	0.2~0.5mm 정도

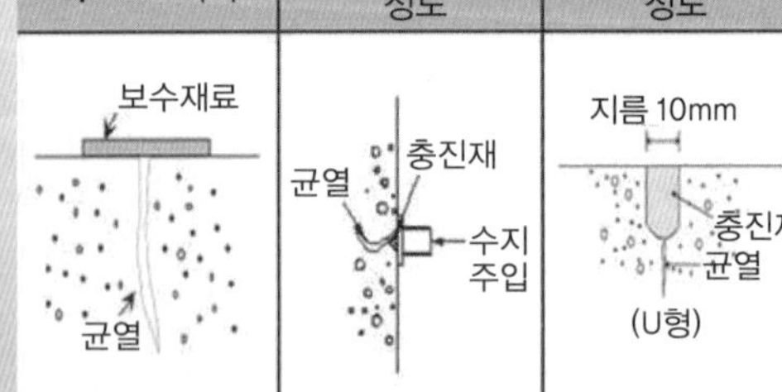

※ 크랙 전체물량 총 1,075m 예상(세대당 평균 30m)

6) 기존 구조물 보강공법

(1) 탄소섬유시트보강공법

기존 구조물의 기둥, 보, 벽체, 슬래브 등의 품질을 확인한 후 공법 적용 여부를 결정한다.

① 탄소섬유시트공법 시공순서

② 구조물의 공법 적용 부위별 위치도

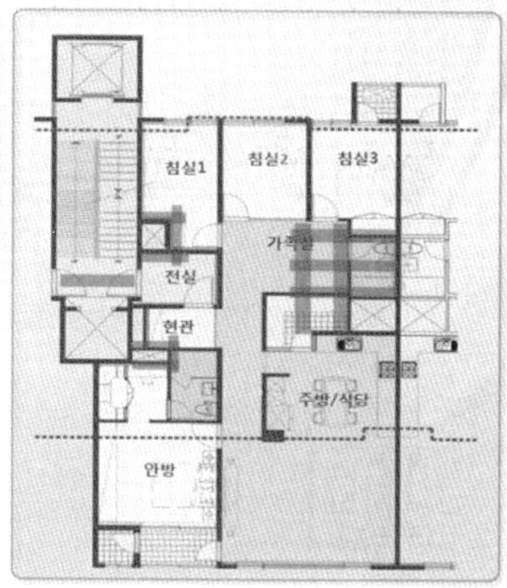

(2) 골조접합부 보강공법

증축을 수반하는 공동주택 리모델링에 계단실 등의 수평증축과 지붕층 수직증축에 대한 접합부 및 신·구 구조체의 변위 제어 등을 통한 구조안전성을 확보할 수 있는 공법을 선정한다.

① 골조접합공법 선정

• 공법 선정

구 분	방 법	장 점	단 점	적용 예	적용성
Expansion Joint 설치	신·구 구조물 완전분리	균열 없음	유지보수 어려움 사용성 저하	일본	×
Delay Joint 설치	증축골조 완료 후 신·구 연결	부등침하량 최소화	공기 증가 공사비 증대	싱가포르	○
Pre-Loading	증축부 침하량 강제 제어	침하량 제거 가능	공사비 고가	CSB	△
침하량 제어 & 강접합	**침하량 최소화 / 신·구 강접**	**비용저렴 공기단축**	**기존 건물 진단 어려움/ 침하량 정밀제어 필요**	**방배 삼호 청담래미안**	◎

• 강접합 장점

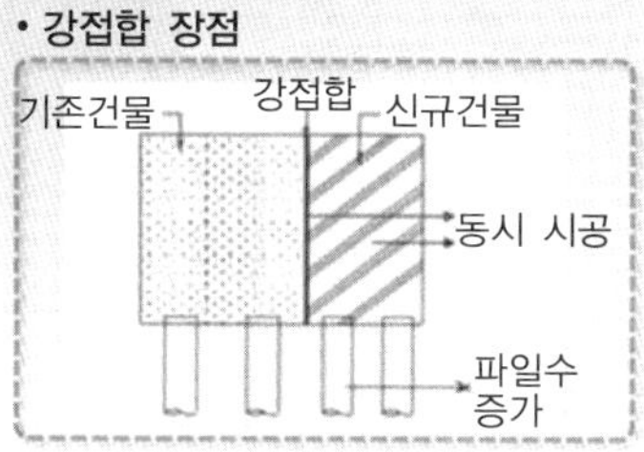

구 분	단순접합	침하량 제어&강접	비 고
처짐 현황	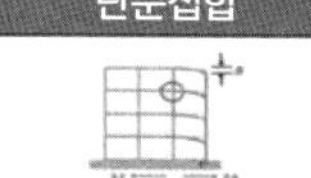	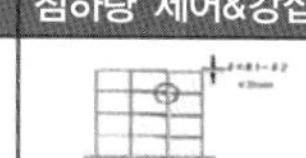	
접합부 균열발생 유·무	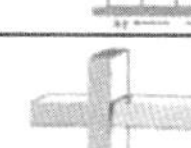 [접합부 균열발생]	 [접합부 균열 미발생]	

② 케미컬 앵커 접합 공법

기존 슬래브와 신설 슬래브의 접합 부위를 드릴링 후 케미컬 앵커(Hilti HY-150) 접착제를 주입하고 철근을 삽입하여 신구 골조를 일체화시키는 공법을 말한다.

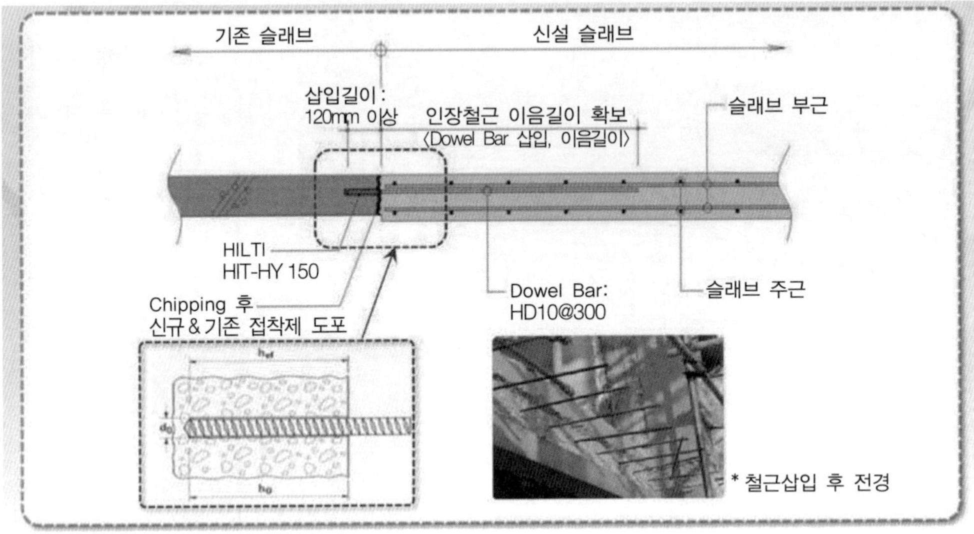

(3) 내진보강증타공법

① 내진벽체 시공계획

철근 절단을 최소화하는 드릴링-코어링을 적용하여 골조공사 시 먼저 선행하여 작업을 추진한다.

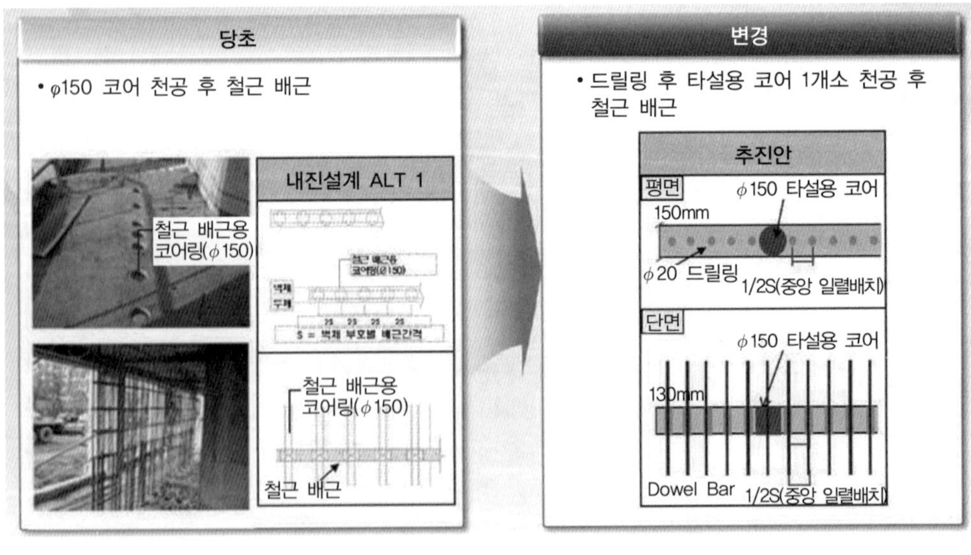

② 기존 골조보강증타공법

기존 골조를 철거하지 않고 철근을 추가하여 단면적을 증가시키고 내화성을 키우는 공법을 말한다.

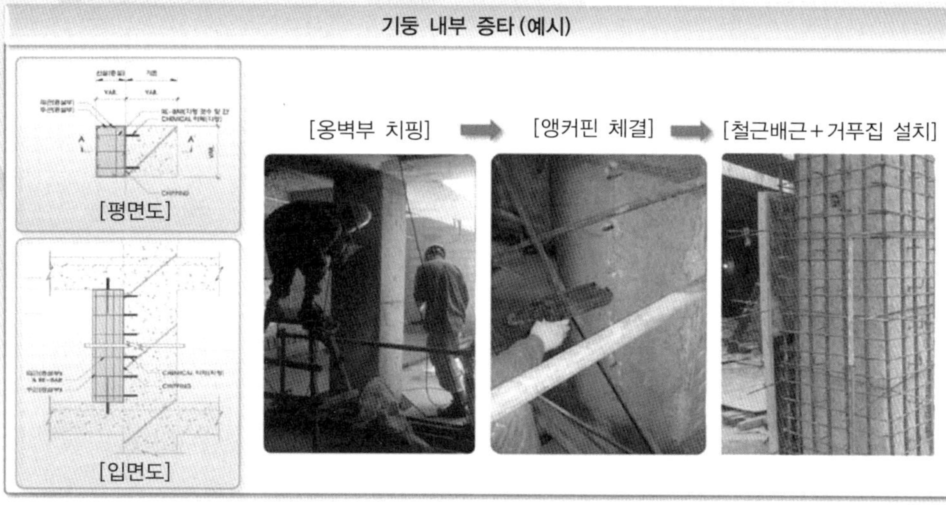

③ 벽체증타공법

인테리어 마감을 고려하여 당초 안인 강판보강공법을 내력벽체보강공법으로 변경하여 ELEV. 벽체증타와 함께 신설 옹벽두께를 증가시켜 시공하는 공법을 말한다.

당초안	변경안
• **내력벽체 보강 : 강판 보강** – 강판보강(PL 6T) : 1차 정밀안전진단 시 제안 → 201, 202동 : 1~3층 계단실, 침실2, 주방 벽체 → 203~206동 : 1~5층 계단실 벽체 → 도배미감 등 인테리어 마감 어려움 발생	• **내력벽체 보강(안) : 강판 보강 삭제** – 엘리베이터 / 대피소 내력 보강 → 201, 202동 E/L벽체 : 지하~3층 증타(120mm) → 201~206동 대피소 옹벽 : 벽체THK 증가 (150mm → 180mm)

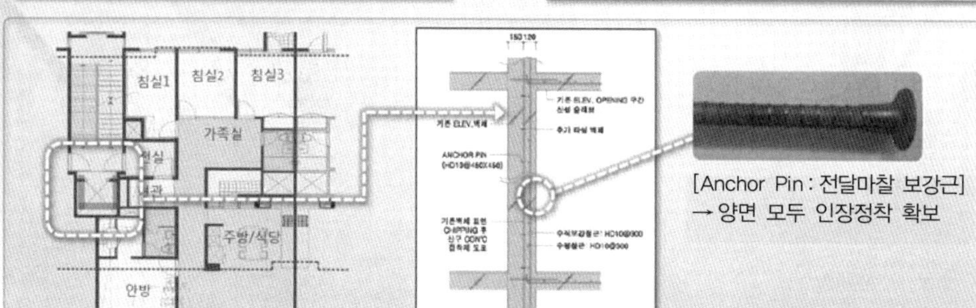

[보강 부위도] [E/L내부 옹벽 증타 Detail]

④ 최상층 트랜스퍼 세대 골조보강계획

최상층의 트랜스퍼 세대 골조는 구조안전성에 문제가 있으므로 골조시공 시점에 철거한 후 재시공한다.

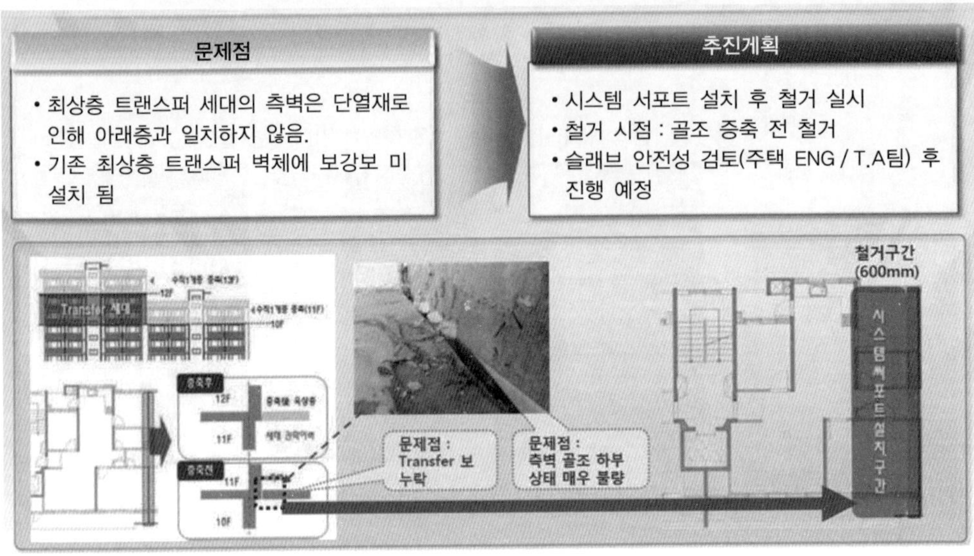

7) 건축마감공사계획

단위세대 내부 마감공사는 천장고를 최대한 확보하고 인테리어 디자인을 통해 단천장으로 처리하여 시공을 계획한다.

거실, 침실, 주방 등 건축 인테리어공사는 리모델링 설계에 따라 시공한다.

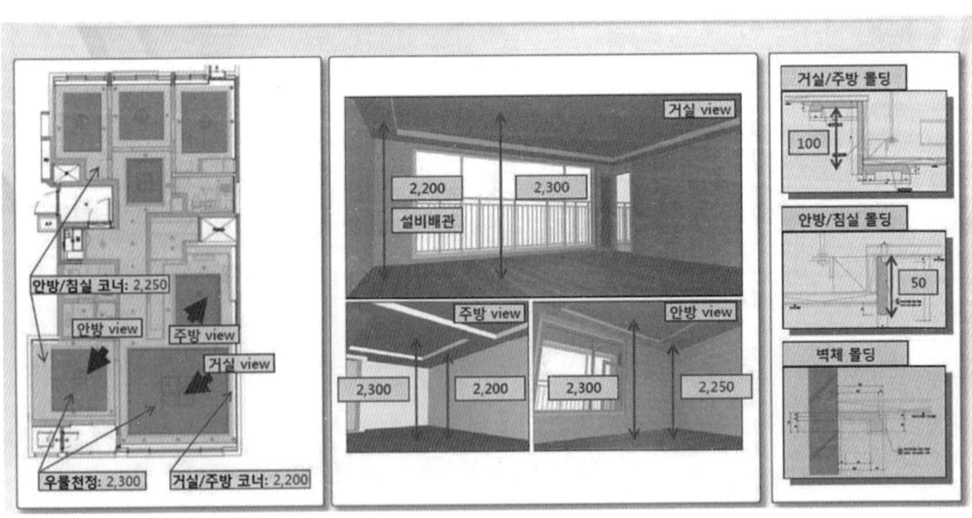

8) 설비배관 공사계획

세대의 천장설비배관을 시공계획한다.

전기 · 설비배관과 간섭되는 부분에 대해서는 사전에 천장틀 시공도를 작성하여 조정하고 시공한다.

현황 및 문제점	대 책
• 층고 : 2,600 • 우물천장고 : CH : 2,300(안방/침실/거실/주방) • 단천장/복도천장고 : CH : 2,250/CH : 2,200 → 설비배관, 덕트/전선관의 설치공간 협소	• 우물천장 부위 천장공간 : 기존(60) / 신설(40) • 복도 : (160, 140) / 단천장 내부공간 : 신설(90) • 엠바 케링 방향 조정으로 배관 공간 확보 → 공종간 샘플시공으로 사전 Cross Check

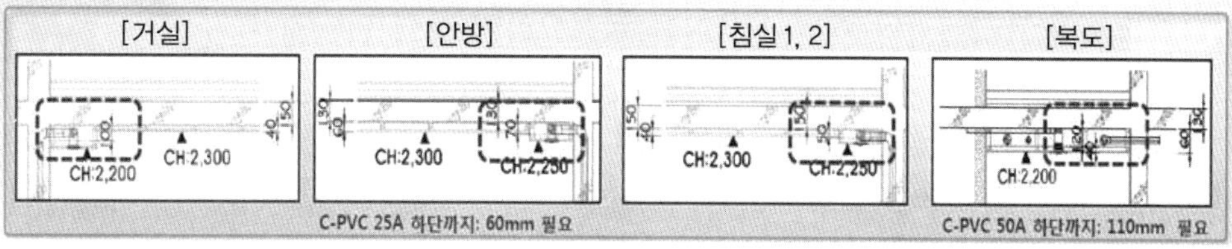

4. 리모델링 활성화를 위한 향후 대책 방안

1) 노후 아파트의 급격한 증가추세

- 2012년 말 현재 400만 가구로 증가
- 2016년 말 500만 가구 예상

2) 리모델링 현황 및 문제점

① 가설공사비 증가(전동, 전층 방음벽) 문제

② 기존 기초보강비 증가 문제

③ 흙막이공사비 증가 문제

④ 천장고 확보 어려움 문제

⑤ 리모델링 특성에 맞는 전기 · 설비 자재 없음

⑥ 리모델링 전문업체 POOL부족

⑦ 기존 구조물의 불확실성 안전 문제

⑧ 보수 · 보강공법의 불명확

⑨ 주변 소음 · 분진 문제

3) 대책 방안

① 신자재 개발, 업체 발굴

② 내부 경량화 검토

③ 흙막이공법 최적화, 신공법 개발

④ 스프링클러 설치, 환기시스템 공법 개발

⑤ 신자재 개발(천장고 확보, 층간 소음재 개발)

⑥ 리모델링 전문업체 양성

– 철거 및 보수 · 보강 전문업체 양성

⑦ 행위허가시 구조보강도 승인

⑧ 기존 구조물 보수 · 보강 기준 정립

⑨ 소음 · 분진방지 공법 개발

〈위 자료는 삼성건설 김경식 소장 세미나 자료 참조 수정함〉

제3장 학습요약 · 문제해설
(공동주택 리모델링 유형별 공사 사례 분석)

▶ 학습목적

1. 사례 대상 1 아파트는 리모델링 단지 중 가장 오래된 아파트로 구조체 보수·보강공법과 내부마감공사방법을 설명할 수 있다.
2. 사례 대상 2 아파트는 국내 최초 2개 층 수직증축 아파트 리모델링 사례로 분담금과 공사비에 대한 내용을 설명할 수 있다.
3. 사례 대상 3 아파트는 국내 최초의 단지형(3개 동) 리모델링 아파트로 리모델링 전후 사업성 분석과 공사내용을 설명할 수 있다.
4. 사례 대상 4 아파트는 지상 1개 층 수직증축과 지하주차장 2개 층 증축 아파트로 리모델링 공사내용과 방법을 설명할 수 있다.

▶ 학습내용

사례 1. 서울시 방배동 OO아파트 리모델링공사 사례
사례 2. 서울시 마포 OO아파트 리모델링공사 사례
사례 3. 서울시 방배동 OO아파트 리모델링공사 사례
사례 4. 서울시 당산동 OO아파트 리모델링공사 사례
사례 5. 서울시 대치동 OO아파트 리모델링공사 사례

▶ 사전학습

1. Mock up Room

해설: Mock up Room이란 리모델링 대상 건물에 실제와 똑같은 샘플룸을 만드는 것을 말한다.

2. Model House

해설: 모델하우스란 분양을 위해 앞으로 지어질 실제 건물 크기의 샘플룸을 별도의 장소에 만드는 것을 말한다.

3. 필로티층

해설: 필로티란 1층 부분을 비워 공용공간으로 사용하기 위해 open공간으로 만든 것을 말한다.

▶ **학습문제**

1. 사례 대상 1 서울시 방배 OO아파트의 리모델링공사 주요내용과 거리가 먼 것은?

① 사례 대상 아파트는 2개 층을 수직증축 리모델링하였다.

② 지하기초 파일보강공사를 하였다.

③ 주차장 증설로 주차대수는 2배 이상으로 증가하였다.

④ 구조물 보수 · 보강공법으로 탄소섬유시트 보강공법을 적용하였다.

해설: 사례 대상 아파트는 수직증축은 1층 한 개층을 필로티화하고 1개 층만 수직증축하였다.

정답 ①

2. 사례 대상 2 서울시 마포 OO아파트의 리모델링 주요내용과 거리가 먼 것은?

① 사례 대상 아파트는 국내 최초 2개 층을 수직증축을 리모델링하였다.

② 리모델링 순수 공사기간은 약 2년 정도 소요되었다.

③ 리모델링 공사비는 약 370~380만 원/3.3㎡ 정도이다.

④ 리모델링시 가구수 변동은 없었다.

해설: 사례 대상 아파트의 리모델링 공사기간은 약 1년 정도 소요되었다.

정답 ②

3. 사례 대상 3 서울시 방배 OO아파트의 리모델링 주요내용과 거리가 먼 것은?

① 사례 대상 아파트는 국내 최초 단지형(3개 동) 리모델링 아파트이다.

② 지하주차장 증설로 인한 주차대수는 기존보다 65%가 증가되었다.

③ 전체 연면적은 리모델링 전보다 약 20% 정도가 증가되었다.

④ 사례 대상 아파트의 사업성은 리모델링이 재건축보다 유리하였다.

해설: 전체 연면적은 리모델링 전보다 30% 정도가 증가되었다.

정답 ③

4. 사례 대상4 서울시 당산동 OO아파트의 리모델링 주요내용과 거리가 먼 것은?

① 사례 대상 아파트는 단지가 ㄷ자형으로 중앙부에 지하주차장 증설이 유리하였다.

② 리모델링 공사기간은 약 1년 정도 소요되었다.

③ 지하주차장은 지하 2층으로 증설되었다.

④ 사례 대상 아파트 리모델링 후 주차대수가 4배 이상 증가되었다.

해설: 사례 대상 아파트 리모델링 공사기간은 지하 2층 주차장 증설공사로 인해 약 2년 정도 소요되었다.

정답 ②

▶ **적용하기(1)**

1. 사례 대상1 서울시 방배동 OO아파트의 단위세대 부분의 리모델링 증축 부위에 대해 생각해 보시오.

해설: 사례 대상 아파트의 단위세대 리모델링 증축 부위는 앞 발코니 부분과 뒷 발코니, 계단실 부분을 증축하였다.

2. 사례 대상2 서울시 마포 OO아파트의 수직증축 리모델링은 몇 개 층까지 하였는지 생각해 보시오.

해설: 사례 대상 아파트의 수직증축 리모델링은 2개 층을 하였으나 세대수는 증가되지 않았다.

▶ **적용하기(2)**

1. 사례 대상3 서울시 방배동 OO아파트는 국내 최초의 단지형(3개 동) 아파트 리모델링으로 공사기간은 얼마 정도 걸렸는가?

해설: 사례 대상 아파트는 국내 최초 단지아파트 리모델링으로 아파트 동 사이 중간에 지하주차장을 증설하는 관계로 공사기간은 1년 6개월 정도 소요되었다.

2. 사례 대상 4 서울시 당산동 OO아파트는 ㄷ자형의 단지형 리모델링으로 아파트 중앙부에 지하 2층의 주차장을 증설하여 주차대수는 몇 대가 더 증가되었는지 생각해 보시오.

해설: 사례 대상 아파트는 ㄷ자형의 단지형 리모델링으로 아파트 중앙 부분에 지하 2층의 지하주차장을 증설하여 기존 주차대수 58대에서 285대로 증가되어 약 4.5배가 증가되었으며, 공사기간 또한 2년이 걸렸다.

▶ 정리하기

1. 사례 대상 1, 2 아파트는 노후 아파트에 따른 구조 보수 · 보강공법과 수직 증축으로 인한 리모델링시 사전안전진단이 무엇보다 중요하다.
2. 사례 대상 2, 3 아파트는 단지형 리모델링으로 아파트 동 사이에 지하주차장 증설로 인한 공사시 안전과 공사기간이 증가되는 것에 대한 검토가 필요하다.

P/A/R/T/ 5

개발형 리모델링 사업계획과 마케팅 전략

01

개발형 리모델링 사업계획 수립

I. 개발형 리모델링 사업계획 수립

1. 개발형 리모델링 개요

(1) 개발형 리모델링이란?

기존 건물을 용도 변경하여 건물의 가치 향상과 수익성을 창출하기 위한 리모델링을 말한다.

(2) 개발형 리모델링의 목적

개발형 리모델링의 목적은 기존 건물이 너무 낡아서 임대에 문제가 있다거나 또는 현재보다 좀 더 나은 건물의 가치 향상과 수익성을 올리고자 하는 데 그 목적이 있다.

(3) 개발형 리모델링방식

① 기존 건물주가 직접 리모델링하는 방식

② 기존 건물을 새로 매입하여 리모델링하는 방식

– 기존 건물을 직접 매입 후 리모델링하는 경우

– 경매를 통한 매입 후 리모델링하는 경우

2. 개발형 리모델링사업방식

1) 개발형 리모델링사업방법

(1) 개발형 리모델링시 용도 변경 요건

- 개발형 리모델링시 용도 변경 방법은 현재용도보다 하위군으로 변경시에는 문제가 없지만 상위군으로 변경시에는 허가를 다시 받아야 하며, 허가 또한 쉽지 않기 때문에 충분한 검토가 필요하다.
- 주거용 건물은 오피스나 근린생활시설로 변경시에는 동일 시설군으로 큰 문제가 없지만, 사무실이나 근린시설을 도시형 생활주택이나 숙박시설로 바꾸는 경우에는 상위군(상업시설군)으로 바뀌는 것이므로 시장 · 군수의 허가를 받아야 하고, 충분한 검토 후 리모델링 여부를 결정해야 한다.

(2) 용도 변경 시설군 분류 "예"

↑ 상위군	• 영업 및 판매시설군	판매 및 영업시설, 숙박시설, 위락시설
	• 문화 및 집회시설군	문화 및 집회시설, 운동시설, 관광휴게시설
	• 산업시설군	공장, 위험물저장 및 처리시설, 자동차관련시설, 분뇨쓰레기시설, 창고시설
	• 교육 및 의료시설군	교육연구 및 복지시설, 의료시설
	• 주거 및 업무시설군	단독주택, 공동주택, 업무시설, 공공용시설
	• 기타 시설군	제1종 근린생활시설, 제2조 근린생활시설, 동물 및 식물관련시설, 묘지관련시설

2) 개발형 리모델시 유의사항

① 대상 리모델링 건물의 노후도와 주변 상권변화, 경쟁건물 등의 조사가 핵심이다.

② 좋은 리모델링 사례의 인근 빌딩을 벤치마킹한다.

③ 리모델링이나 용도 변경 등 건물 가치를 높이는 방법과 투입비용을 계산해야 한다.

④ 임차업종 전환이 필요한지 고민해야 한다.

⑤ 더 좋은 빌딩으로 리모델링한다면 매물과 비용을 꼼꼼히 확인해야 한다.

⑥ 리모델링할 임차업종 구성이나 임차인 관리는 전문가의 도움을 받는 것이 좋다.

II. 개발형 리모델링시 관련 기본 법규(건축법)

1. 건축물 관련 기본 법규

1) 건축물의 신축 · 증축 · 개축 · 재축 · 이전이란

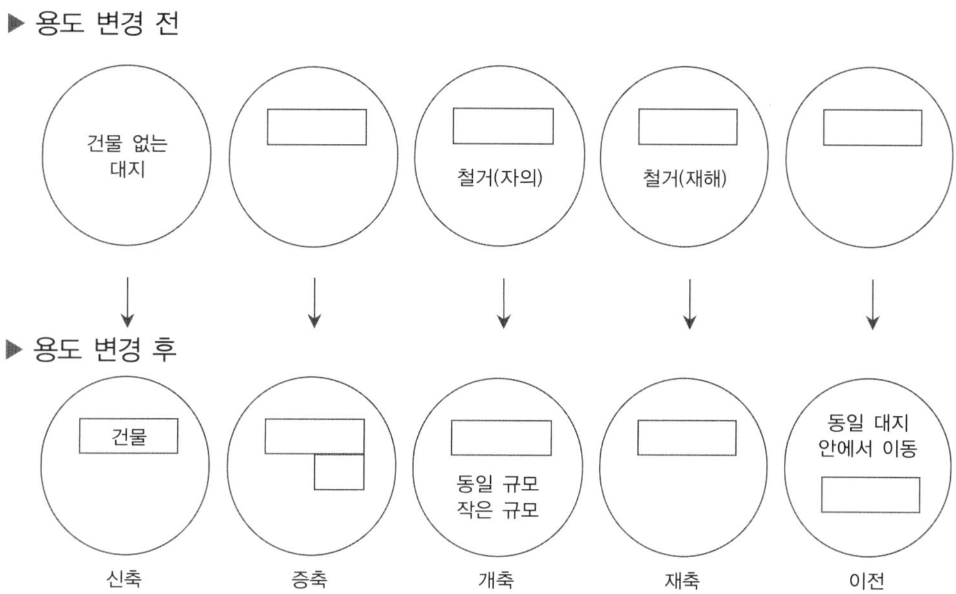

2) 대지란

1. 대지	지적법에 의하여 각 필지로 구획된 토지
2. 저대지	대지는 인접하는 도로면보다 낮은 대지를 말함
3. 대지 안의 조경	면적이 200㎡ 이상인 대지에 건축시 조경해야 함(원칙)

3) 도로란

도로	도로란 보행 및 자동차통행이 가능한 폭 4m 이상의 도로 또는 예정도로
대지와 도로의 관계	건축물의 대지는 2m 이상을 도로에 접해야 함

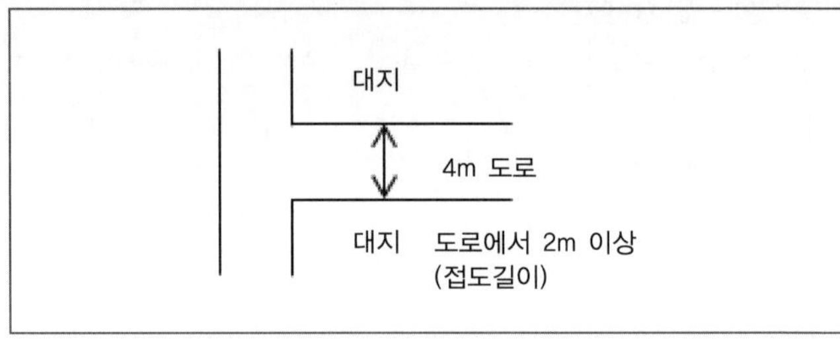

4) 건축선 지정이란

(1) 건축선이란

대지에 건축물을 건축할 수 있는 한계선으로 일반적으로 도로(예정도로 포함) 경계선으로 한다.

(2) 소요너비에 미달되는 도로의 경우 건축선 지정 예

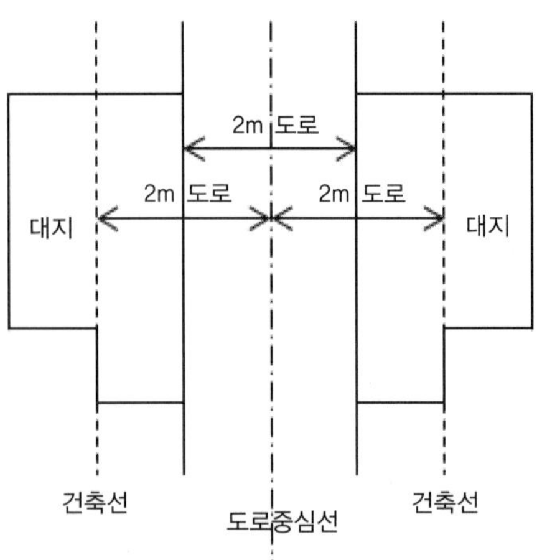

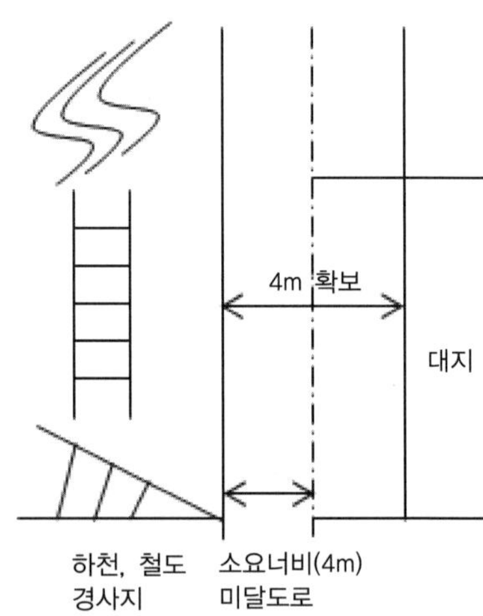

(3) 도로모퉁이에서의 건축선 지정 예

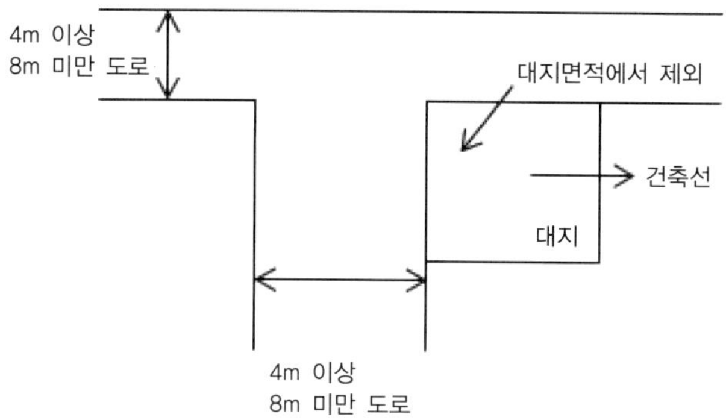

(4) 미관지구 등에서 별도로 건축선을 지정한 경우

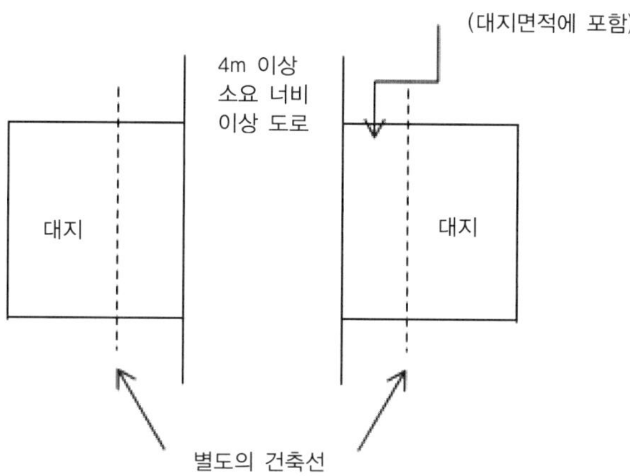

2. 건축물 높이와 면적산정방법

1) 건축물의 높이산정방법

(1) 기본 원칙의 경우

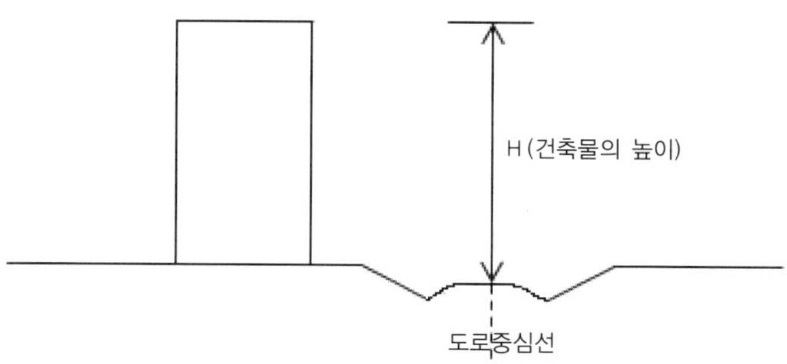

(2) 건축물의 대지에 접하는 전면도로의 노면 고저차가 있는 경우

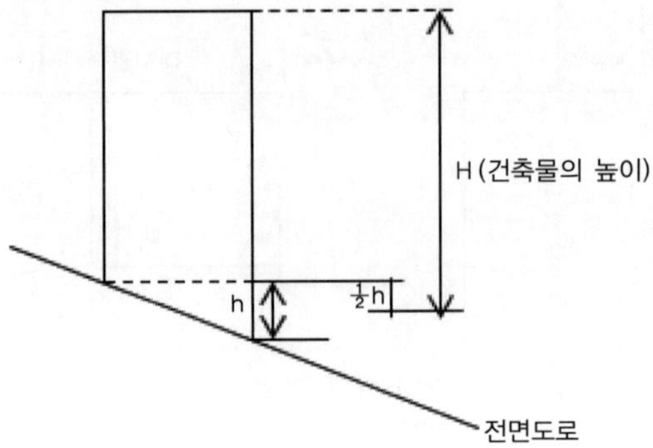

(3) 건축물의 대지에 지표면이 전면도로보다 높은 경우

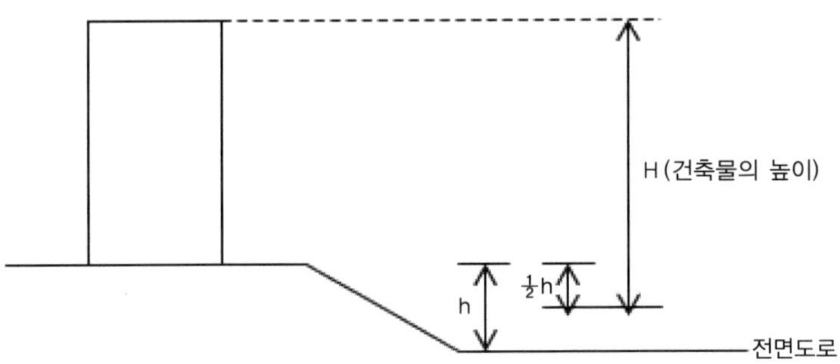

2) 건축물의 높이제한

1. 용적률에 의한 제한	용적률이란 대지면적에 대한 건축물의 연면적 비율 (연면적이란 지하층 면적을 제외한 바닥면적)
2. 고도지구에 의한 제한	용도지구에 따른 건축물 높이제한
3. 가로구역에 의한 높이제한	사방이 도로인 가로구역의 경우 시장 · 군수 · 구청장이 정함
4. 최고높이가 정해지지 않는 가로구역의 높이제한	전면도로의 반대쪽 경계선까지 수평거리의 1.5배 초과 불가 (사선제한)

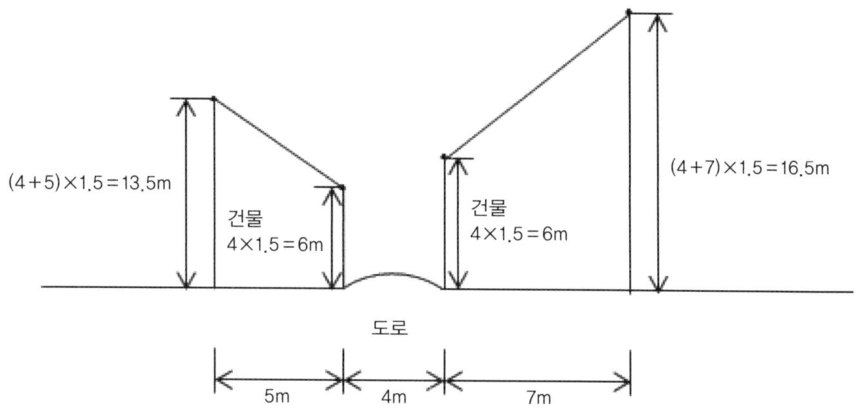

3) 일조 등의 확보를 위한 높이제한에 의한 건축물 높이산정방법

1. 일조 등의 확보를 위한 높이제한	전용 · 일반주거지역 안

▶ 정북방향에 따른 인접대지경계선과의 거리

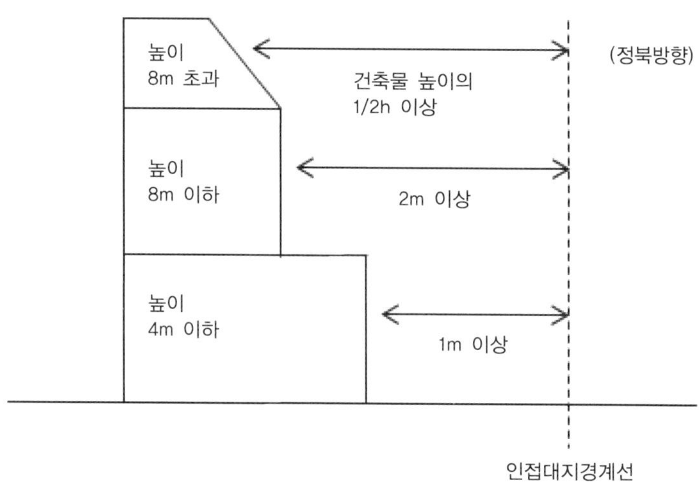

사례) 준주거지역 주상복합 및 주거용 오피스텔 일조권 규제 완화(2012.3.13)

- 도심지 준주거지역에 들어서는 주상복합아파트나 주거용 오피스텔 등은 현재 처럼 일조권 규제를 적용받지 않을 것으로 보인다.
- 국토부는 높이가 8m일 때 대지경계선에서 2m 이상을 띄우도록 함으로써 건물이 계단모양처럼 만들어지는 일이 발생하고, 이로 인한 민원이 계속되는 점을 감안해 건물 높이가 9m일 때 1.5m만 띄우도록 일조권 기준을 완화했다.

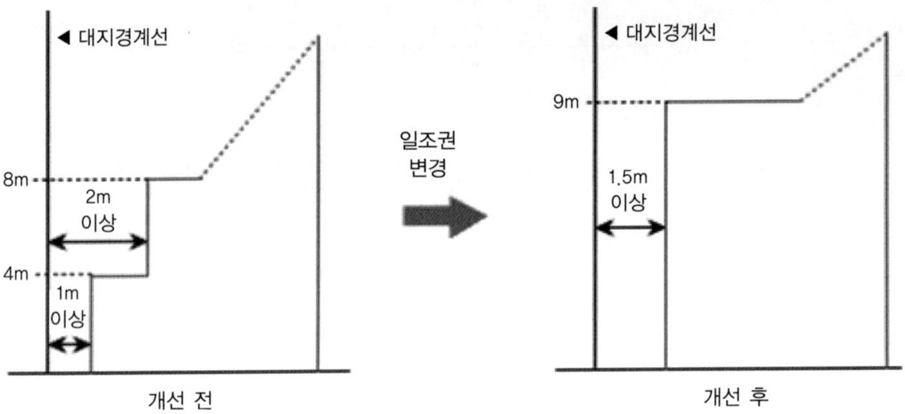

2. 공동주택의 경우

일반/중심상업지역 제외

(1) 채광을 위한 창문방향의 높이제한

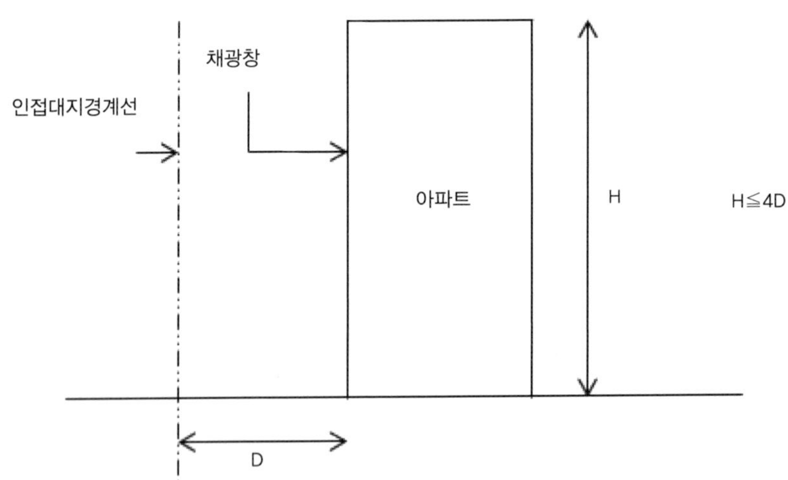

(2) 예외적인 경우(주상복합 아파트)

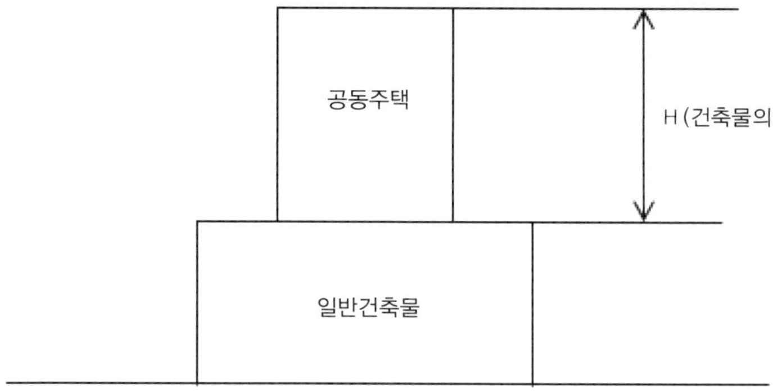

4) 건축면적과 연면적 산정방법

(1) 건축면적 산정

① 건축면적 산정원칙

건축면적은 건폐율 산정시 적용되는 면적으로써 건축물의 수평투영면적으로 산정한다.

※ 지하층 부분이 지상으로 1m를 초과하여 노출되어 있다면 건축면적에 포함된다.

② 건축물의 건폐율 산정

- 건폐율이란 대지면적에 대한 건축면적 비율을 말한다.
- 건폐율 산정방법

건폐율 = 건축면적 / 대지면적 × 100%

③ 건폐율 적용 예시

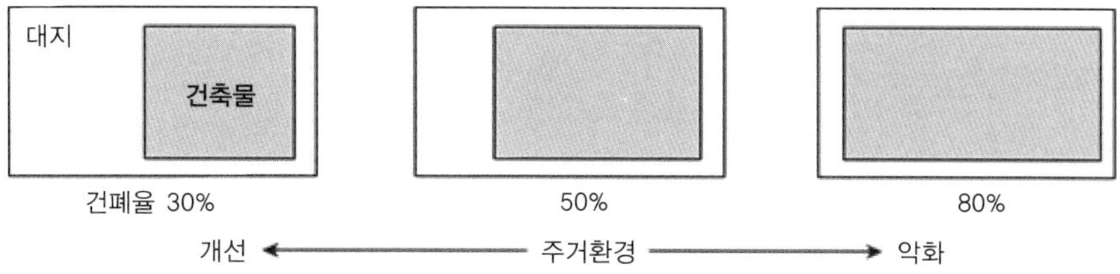

(2) 건축 연면적 산정

① 연면적 산정원칙

연면적이란 하나의 건축물의 각층의 바닥면적 합계를 말한다.

② 건축물의 용적률 산정방법

- 용적률이란 대지면적에 대한 연면적의 비율을 말한다.
- 용적률의 산정방법

※ 용적률 산정은 지하층 면적과 지상 부분의 주차장용 면적을 제외한 면적으로 산정한다.

③ 건폐율과 용적률 적용 예

예제) 대지면적 1,000㎡이고, 용적률 240%, 연면적이 2,400㎡라 할 때 건폐율에 따라 최대 층수를 산정해 보자.

- 용적률 산정 1,000㎡×240% = 2,400㎡
- 건폐율과 층수 산정

용적률 = 연면적 / 대지면적 × 100%

㉠ 건폐율 : 80%일 때

건축면적 : 800㎡

층수 : $\frac{2,400\text{㎡}}{800\text{㎡}} = 3$층

㉡ 건폐율 : 60%일 때

건축면적 : 600㎡

층수 : $\frac{2,400\text{㎡}}{600\text{㎡}} = 4$층

㉠ 건폐율 : 40%일 때

건축면적 : 400㎡

층수 : $\frac{2,400\text{㎡}}{400\text{㎡}} = 6$층

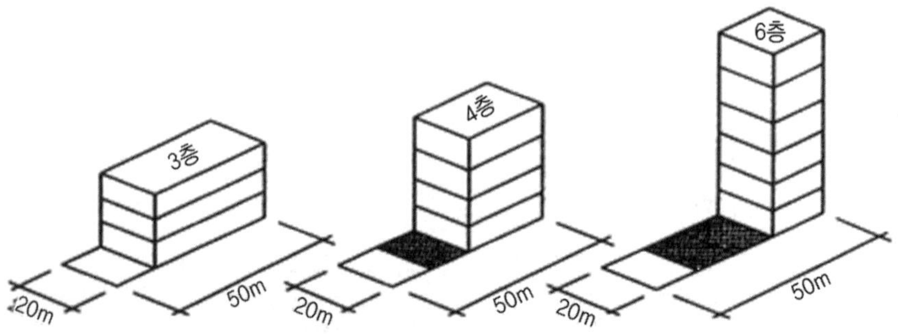

02

개발형(빌딩) 리모델링 사례 분석

I. 건물 신축과 리모델링시 사례 분석

1. 건물 신축과 리모델링시 사례 분석 기준

1) 사업투자 결정

① 리스크에 위한 사업투자 결정

② 수익률에 의한 사업투자 결정

2) 투자수익률 분석

구분	투자자본	투자이익	수익률	비고
"A" 사례	10억	1억	10%	신축시
"B" 사례	5억	5천만 원	10%	리모델링시

2. 리모델링시 주차장 증설 관련법규 기준

1) 건물 용도별 주차장 설치 기준법

수익형 빌딩의 사업성은 지하 주차면적에 의해 좌우되며, 건물 용도별 주차장 설치기준은 다음과 같다.

구분	해당시설 종류	주차설치 기준 면적(㎡)
1. 업무시설	① 위락시설	1대/100㎡
	② 일반업무시설, 문화집회시설, 판매시설, 의료시설 등	1대/150㎡
	③ 제1종, 2종 근린생활시설, 숙박시설	1대/200㎡
	④ 공장시설(창고시설 : 1대, 400㎡)	1대/350㎡
2. 주거시설	① 단독주택 : 1대/50~150㎡ 이하, 150㎡ 초과 1대+추가 100㎡당 1대 ② 공동주택 : 세대당 1대 ③ 오피스텔 세대당 1대(2003년 주거용) ④ 도시형 생활주택 : 30㎡ 미만 : 0.5대, 30~50㎡ 이하 : 0.6대	

2) 기본 주차면적 산정기준

① 차량 1대당 주차면적 5m×2.3m=11.5㎡

② 주차면+램프+기둥면적을 포함할 경우 1대당 주차면적 보통 33㎡로 산정한다.

사례 1. 400대 주차시 지하주차장 면적은 얼마인가?

400대×33㎡=13,200㎡

사례 2. 도시형 생활주택(원룸형 50㎡) 15세대를 건축할 경우 주차장 설치면적은?

- 원룸형의 경우는 최대 공급 연면적이 500㎡를 넘을 수 없으므로 건물을 2동으로 분리하여 500㎡와 250㎡로 건축하여야 한다.
- A동 : 500㎡÷50㎡/1대=10대, B동 : 250㎡÷50㎡/1대=5대 ∴ 총 15대

3) 부설주차의 인근 설치기준(건물 외부에 주차장 설치가능)

당해 부지의 경계선으로부터 부설주차장 경계선까지 직선거리 300미터 이내 또는 도보거리 600미터 이내이어야 한다.

4) 용도 변경시 주차장 증설 사례

사례 1. 6층 건물로서 각층의 바닥면적이 240㎡인 경우 총 주차대수를 산출하라.

6층	업무시설(240㎡)
5층	업무시설(240㎡)
4층	위락시설(240㎡)
3층	위락시설(240㎡)
2층	제2종근생시설(240㎡)
1층	제1종근생시설(240㎡)

풀이) 주차대수산출

1층과 2층 : 480㎡÷200㎡=2.4대=3대

3층과 4층 : 480㎡÷100㎡=4.8대=5대

5층과 6층 : 480㎡÷150㎡=3.2대=4대

∴ 총 주차대수 산정 : 12대

사례 2. 각층의 바닥면적이 350㎡인 4층 건물을 2종근린생활시설에 위락시설로 용도 변경할 경우 주차대수를 산정하라.

4층	제2종근생
3층	제2종근생
2층	제2종근생
1층	제2종근생

→

4층	위락시설
3층	제2종근생
2층	제2종근생
1층	제2종근생

풀이) 1. 용도 변경 전 주차대수
350㎡×200㎡=1.75대=2대
2. 용도 변경 후 주차대수
350㎡×100㎡=3.5대=4대
∴ 2대를 추가로 확보해야 한다.

■ 사례 1. 서울시 강남구 도곡동 OO도시형 생활주택 신축 개발

1. 사업 개요	• 서울시 강남구 도곡동 제2종 일반주거지역(용적률 182.6%) • 토지면적 : 207㎡(63평), 건축연면적 : 380㎡(115평) • 규모 : 원룸형 10가구(전용면적 12㎡), 주인거주형 1가구(전용면적 115㎡)
2. 총 투자금액 : 51,920만 원	• 토지비 : • 공사비 : 51,920만 원(380만 원/평당+빌트인 비용)
3. 실투자금액 : 41,920만 원	• 보증금 : 1억(10가구×1,000만 원) – 51,920만 원–10,000만 원=41,920만 원
4. 월수익 : 600만 원	• 공실률 : 10% 가정 • 유효매출액 : 600만 원(10가구×60만 원)
5. 연수익률 : 17.8%	7,200만 원÷41,920만 원=17.8% 수익률

신축 전

신축 후

■ 사례 2. 서울시 강남구 역삼동 OO도시형 생활주택 리모델링 개발

1) 리모델링사업 개요

① 위치 : 강남구 역삼동 지하 1층, 지상 4층 상가빌딩

② 리모델링 비용 : 지하 1층 소형오피스, 1층 상가,
지상 2~4층 고시원 12가구

③ 리모델링 총 투입비용 : 4억 (2억 원은 융자, 연 6% 금리)

2) 리모델링 전후 비교

리모델링사업 전후 비교 (단위 = 만 원, 자료 = 코쿤하우스)

리모델링 전			리모델링 후		
구분	보증금	월세	구분	보증금	월세
지하 1층(PC방)	2,000	150	지하 2층(오피스 10실)	2,000	650
1층(음식점)	10,000	250	1층(점포)	10,000	350
2~4층(사무실)	무보증금 사무실	300	2~4층(고시원 12실)	없음	700
			잠재매출	12,000	1,700
			공실 10% 반영한 유효매출		1,530
합계	12,000	700	합계	12,000	1,130*

※ *는 유효매출에서 2억 원 대출에 대한 월이자 100만 원과 월운영비 300만 원을 제외한 수치.

리모델링 전

리모델링 후

II. 건물 용도변경 리모델링 사례 분석

■ 사례 1. “마스터 리스” 개발형 리모델링

(1) 마스터 리스 개념

마스터 리스(Master Lease)란 장기로 건물을 통째 임대하여 리모델링한 후 이를 일정기간 동안(보통 10년) 재임대하여 수익을 창출하는 사업방식을 말한다.

(2) 서울시 강남구 신사동 OO빌딩 리모델링 사례

① 리모델링 전후 수익성 비교

리모델링 전	리모델링 후
1. 건물 규모 - 6층 노후 건물 2. 기존 사업 수익 - 월 임대료 수입 : 3천만 원 - 연소득 : 3억 6천만 원	1. 마스터 리스 리모델링 조건 - 10년 장기 임대조건 2. 리모델링 후 수익 - 월수입 : 6천만 원 - 연수입 : 7억 2천만 원 3. 업종구성과 리모델링 - 지하층 : 창고/카페 → 패션브랜드 - 지상층 : 병원, 레스토랑, 전문사무실 등

② 리모델링 전후 전경 비교

■ 사례 2. 부천시 송내동 목욕탕 리모델링

1) 사업 개요

리모델링 전	리모델링 후
1. 규모 • 지하 1층~지상 3층 목욕탕 2. 월수익 : 2,500만 원 3. 월지출 : 2,400만 원 • 인건비 : 500만 원, 가스비 : 500만 원 • 수도료 : 700만 원, 기타 : 300만 원 • 매출이자 : 400만 원	1. 규모 • 원룸 50가구로 리모델링 2. 리모델링 투자 비용 • 50가구×7평=350평×200만 원=7,000만 원 • 매입비 : 6억 3천만 원

2) 수익성 비교

업종변경 전(사우나)		업종변경 후(원룸텔)	
매출	2,500	잠재매출	1,850
인건비	500	유효매출(공실 10%)	1,665
가스료	500	운영비	400
수도료	700	이자	400
이자	400		
기타	300		
순운영수익	100	순운영수익	865(수익률 : 9~10%)

■ 사례 3. 서울시 은평구 근린상가 개발형 리모델링

1) 사업 개요

1. 부지위치	서울시 은평구 대조동 OO번지	준공년도 : 1974년 8월
2. 대지면적	716㎡ (217평)	
3. 연면적	330㎡	
4. 규모	근생 2층 1동(60평), 주택 1층 1동(40평)	
5. 용도지역	제3종 일반주거지역, 전면 30m도로, 측면 3m도로	
6. 사업조건	• 현재 근생시설은 보증금 5천만 원, 월세 250만 원, 주택은 비어 있음 • 유치원 건물로 리모델링	

(1) 부지위치도

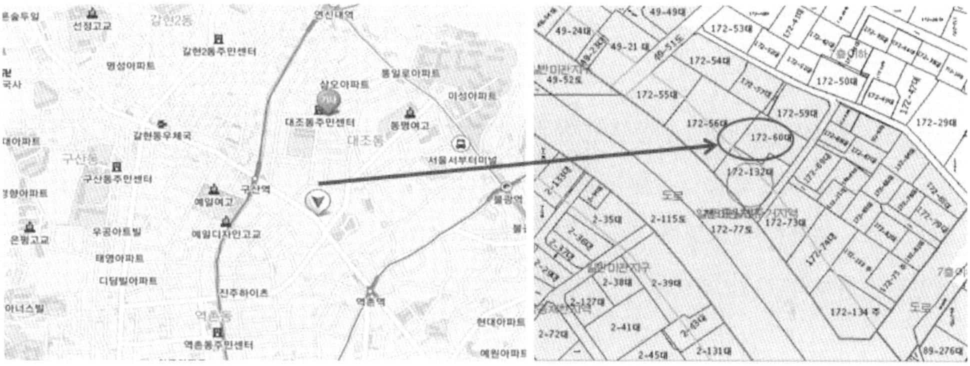

(2) 건물 현황도

현재 음식점으로 사용 중

2) 부동산개발 리모델링 투자분석

(1) 법규 분석

- 제3종 주거지역으로 용적률, 건폐율 문제 없음
- 건물 높이, 인접경계선, 일조건, 건축할 수 있는 용도 등

(2) S.W.O.T 분석

장점	단점
1. 양쪽 전철 역세권 중간지점으로 대로변 인접 2. 다가구와 아파트 배후지역 3. 초·중·고등학교 교육시설 풍부	1. 역세권에서 조금 떨어져 도시형 생활주택 어려움 2. 토지비(1,600만 원/3.3㎡)가 높음 3. 연립, 다가구 개발은 수익성 한계

(3) 리모델링시 문제와 투자분석

① 문제점

- 역세권에서 떨어져 도시형 생활주택 개발 어려움
- 연립, 다가구주택 개발시 수익성에 한계가 있음

② 투자대책

- 신축개발로는 수익성에 한계가 있고 주변 배후지역의 특성을 살려 유치원으로 리모델링 후 임대 또는 매각 방안
- 유치원 리모델링 비용 : 약 7천~1억 정도
- 유치원 입주자 사전 마케팅

■ 사례 4. 서울시 혜화동 복합상가 리모델링

1) 사업 개요

구분	변경 전		변경 후	
	A동	B동	A동	B동
지하 1층		일반음식점(9.31평)		일반음식점(9.31평)
1층	일반음식점(43평)	일반음식점(163평)	일반음식점(43평)	일반음식점(145평)
2층	일반음식점(14평)	골프연습장(44평)	일반음식점(14평)	공연장(88평) 음식점(80평)
3층		골프연습장(0평)		일반음식점(26평)
소계	57평	216평	57평	347평
	273평		404평	

2) 리모델링 전후 비교

리모델링 전

리모델링 후

3) 공사계획

(1) 건물 배치도

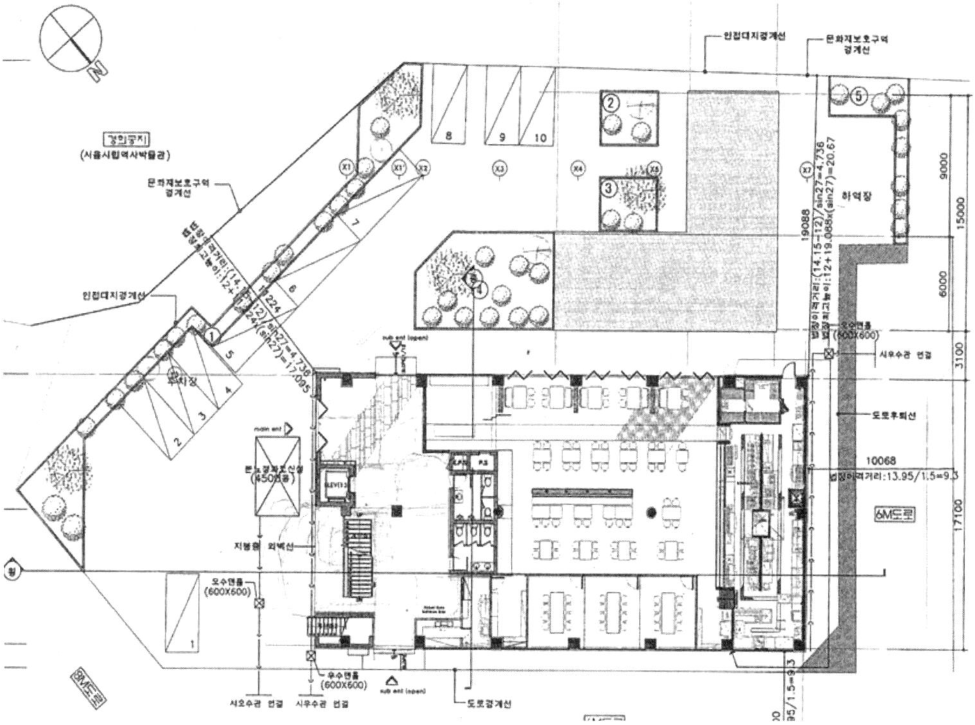

(2) 건물 단면도

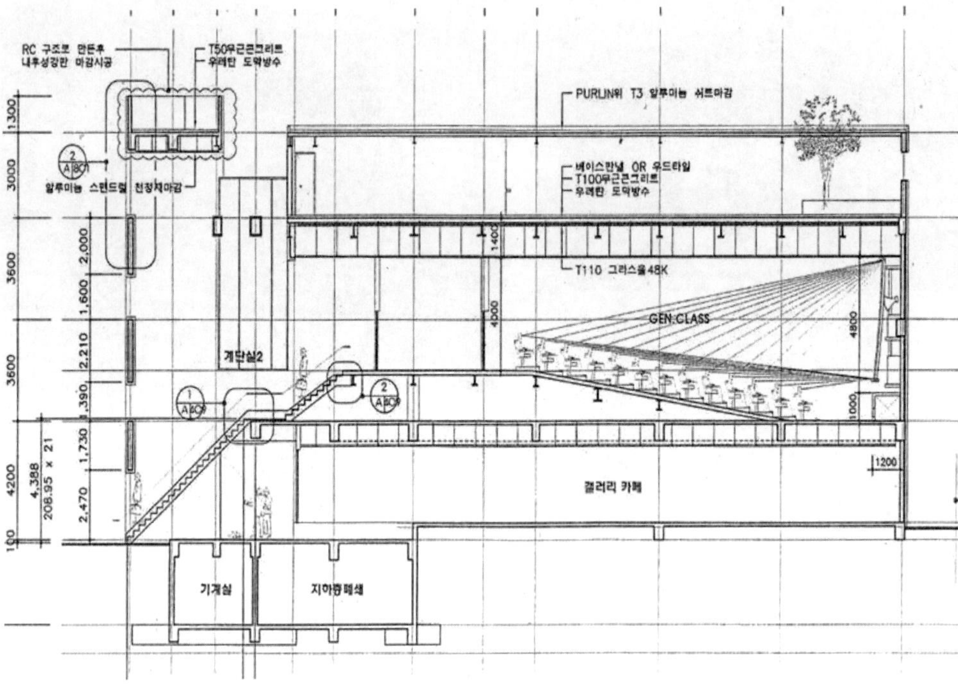

4) 공사비 검토

(연면적 : 404평, 단위 : 원)

공종	공사금액	평당금액
1. 공통가설공사	59,400,000	147,000
2. 철골공사	313,500,000	776,000
3. 금속(외장)공사	235,400,000	583,000
4. 수장공사	170,500,000	422,000
5. 부대잡공사	75,900,000	188,000
6. 설비공사	374,000,000	926,000
7. 전기공사	196,900,000	487,000
계	1,425,600,000	3,520,000
인테리어 포함	1,940,000,000	4,800,000

제1장, 2장 학습요약 · 문제해설 (개발형 리모델링 사례)

▶ **학습목적**

1. 개발형 리모델링을 통해 수익을 창출하기 위한 기본제도와 개발방법을 이해하는 데 있다.
2. 개발형 리모델링의 유형별 사례 분석을 통해 리모델링 절차와 방법을 이해하는 데 있다.

▶ **학습내용**

1. 개발형 리모델링 개요
2. 개발형 리모델링 사업방식
3. 개발형 리모델링 관련기본법규
4. 개발형 리모델링 사례 분석

▶ **사전학습**

1. 개발형 리모델링이란

   해설: 기존 건물을 용도 변경하여 수익성을 창출하기 위한 리모델링

2. 건축선 지정

   해설: 대지에 건축물을 건축할 수 있는 한계선으로써 일반적으로 도로경계선으로 함

3. 건축물의 높이산정 원칙

   해설: 전면도로 넓이 또는 일조권 등에 따라 건축물의 높이를 산정하는 선

▶ **학습문제**

1. 개발형(빌딩) 리모델링에 대한 설명으로 틀린 것은?

   ① 기존 건물을 리모델링하여 수익성을 창출하기 위한 리모델링을 말한다.

   ② 리모델링시 용도 변경은 하위군으로 변경시에는 허가를 다시 받아야 한다.

③ 리모델링방식은 기존 건물을 매입하는 방법과 경매를 통해 매입하는 방식이 있다.

④ 개발형 리모델링의 목적은 수익성을 높이기 위한 것이다.

해설: 개발형 리모델링시 용도 변경은 상위군으로 변경시에는 허가를 받아야 한다.

정답 ②

2. 리모델링을 위한 대지와 도로에 대한 건축기본법규 설명으로 틀린 것은?

① 대지란 지적법에 의해 각 필지로 구획된 토지를 말한다.

② 대지면적이 200㎡ 이상 대지에 건축시에는 조경을 해야 한다.

③ 도로란 보행 및 자동차통행이 가능한 폭 4m 이상의 도로를 말한다.

④ 건축물의 대지는 4m 이상을 도로에 접해야 한다.

해설: 건축물의 대지는 2m 이상 도로에 접하면 된다.

정답 ④

3. 다음 그림에서 A와 B지점의 건물 높이는 얼마일까요?

① A : 6m, B : 21m　　② A : 4m, B : 19m

③ A : 6m, B : 20m　　④ A : 4m, B : 15m

해설: A지점 건물 높이=4×1.5=6m이고, B지점 건물 높이=14×1.5=21m 이다.

정답 ①

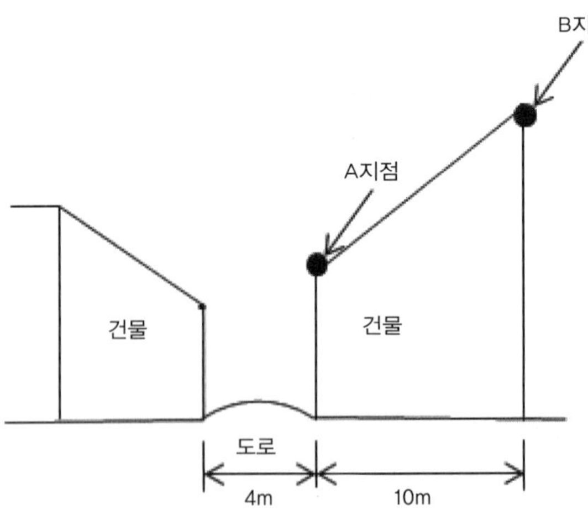

4. 정북방향에 따른 인접대지경계선과의 일조 확보를 위한 높이제한에 대한 설명으로 틀린 것은?

① 건물 높이 2m 이하까지는 0.5m 이상 띄어야 한다.

② 건물 높이 4m 이하까지는 1m 이상 띄어야 한다.

③ 건물 높이 8m 이하까지는 2m 이상 띄어야 한다.

④ 건물 높이 8m 초과시에는 건물 높이의 1/2 만큼 띄어야 한다.

해설: 정북방향에 따른 일조 확보를 위한 인접대지경계선과 띄어야 할 거리는 4m 이하는 1m 이하, 8m 초과시에는 건물 높이의 1/2 만큼 띄어야 한다.

정답 ①

5. 개발형 리모델링을 위한 도시형 생활주택 사례에 대한 설명으로 틀린 것은?

① 개발형 빌딩 리모델링 사업투자시는 신축시와 리모델링시 사업성 분석을 비교해보는 것이 좋다.

② 저성장시대에는 리모델링방식보다는 신축 개발방식이 리스크를 더 줄일 수 있다.

③ 개발형 빌딩 리모델링시에는 용도 변경이 가능한지 검토가 반드시 필요하다.

④ 개발형 빌딩 리모델링시에는 인근 빌딩을 벤치마킹하는 것이 필요하다.

해설: 저성장시대에는 신축개발방식보다 리모델링방식이 리스크를 줄일 수 있어 더 유리하다.

정답 ②

단독주택을 지을 때 일정거리를 띄워 짓도록 하는 '일조권 이격거리' 제한이 완화된다. 사진은 일조권 거리제한에 묶여 계단식 벽체와 경사지붕이 적용돼 신축된 서울 방배동의 한 도시형 생활주택 모습

▶ 적용하기(1)

1. 전면도로에 의한 건축물의 높이제한 규정을 정리해 보시오.

해설: 전면도로의 1.5배 높이까지 건축물을 올릴 수 있다.

2. 일조권에 의한 정북방향에 따른 인접대지경계선으로 띄어야 하는 거리는 얼마인지 정리해 보시오.

해설: 일조권에 의한 정북방향에 따른 인접대지경계선과 띄어야 하는 건물 높이가 4m 이하는 1m 이상, 8m 이하는 2m 이상, 8m 초과는 건축물 높이의 1/2 이상을 띄어서 건축물을 지어야 한다.

▶ 적용하기(2)

1. 도로폭이 2m인 도로에 대지가 접해 있을 경우 건축선 지정은 도로중심선으로부터 몇 m에 지정되는지 생각해 보시오.

해설: 도로폭이 4m 이하이므로 도로중심선으로부터 2m 지점에 건축선이 지정된다.

2. 마스터 리스 임대방식에 대해 간단히 설명해 보시오.

해설: 장기로 건물을 통째 임대하여 리모델링한 후 이를 재임대해서 일정기간 동안(10년 등) 수익을 창출한 후 돌려주는 방식이다.

▶ 정리하기

1. 개발형 리모델링방식은 사전에 수익성 여부를 충분히 검토한 후 리모델링을 결정해야 한다.
2. 개발형 리모델링은 용도 변경에 따른 관련법규를 사전에 검토하는 것이 중요하다.

03

리모델링 마케팅 분석과 전략

I. 리모델링 마케팅 개념

1. 리모델링 마케팅 개념

1) 리모델링 마케팅 정의

리모델링 마케팅은 일반부동산 마케팅과 달리 리모델링 대상 상품에 한정되는 마케팅으로, 리모델링한 상품을 팔기 위해 고객의 수요와 욕구를 평가하고, 고객이 원하는 상품을 효과적으로 구매할 수 있도록 적합한 정보제공과 아이디어를 상품화하여 판매하기 위한 마케팅을 말한다.

2) 공공적 개입이 필요한 마케팅

리모델링 마케팅은 일반 건설부동산 상품 마케팅과는 달리 시장의 수요와 공급논리에만 맡겨둘 수 없는 것으로 정부차원에서 제도보완과 금융지원 등의 일정부분 시장개입이 필요한 마케팅이다.

2. 리모델링 마케팅의 특성

1) 리모델링 마케팅 상품의 특성

리모델링 상품은 건축물이 신축되어 소멸되기까지 수명주기 과정에서 각 소제간(부품간)의 수명주기 차이와 시대변화에 따른 사회적 요구 수준 차이로 발생되는 건축물 자체의 진부화를 극복하기 위해 필연적으로 발생하는 상품의 특성이 있다.

① 제한된 시장구조 : 20년 이상 경과된 건축물이 존재해야 리모델링 상품화가 가능하다.

② 고객 및 시장의 한정 : 건축물을 소유한 대상건축물로 한정된다.

③ 고객의 동의 필요 : 공동주택은 이해가 다른 다양한 구분 소유자가 존재하는 데 상품화를 위해서는 최소한 소유주의 고객 4/5 이상의 동의가 필요하다.

④ 대수선의 제한 : 신축에 비하여 기술적 · 경제적인 측면에서 설계계획과 시공방법 등이 제한적이다.

2) 리모델링 마케팅의 특성

① 리모델링 상품은 정보와 아이디어 제공을 통한 상품 발굴

② 제한된 상품으로 인한 시장 선정을 위한 과당경쟁 발생

③ 신축상품보다 시공상 위험변수가 큼

④ 신축과 달리 모든 사업 비용은 고객이 부담

⑤ 기존 다수 구분 소유자를 대상으로 동의 확보 및 상품 설명이 필요

⑥ 시공사 선정 시 브랜드 인지도의 영향력이 매우 큼

⑦ 초기시장으로 관련법이 정비되지 않아 성공적인 사업화에 대한 위험 존재

⑧ 일반분양분이 적어 분양 리스크가 크지 않음

⑨ 리모델링 상품기술과 기획력이 요구되는 기술 영업력 필요

3) 리모델링에 대한 인식적 특성

① 재건축과 리모델링의 경제적 차이 비교 인식

- 일반건물 리모델링은 기존 건물의 진부화로 인한 용도 변경 등을 통한 수익창출로 인식하고 있다.

– 공동주택의 리모델링은 구분 소유주들이 재건축을 통해 얻어지는 경제적 이익과 리모델링을 통해 얻어지는 이익을 비교하려고 한다.

② 리모델링사업은 제품보다 브랜드에 의한 선택 경향이 많음

– 리모델링은 제품의 품질도 중요하지만 대형 브랜드에 대한 선호도가 상대적으로 의사결정시 큰 영향을 미친다.

③ 리모델링 비용에 대한 가격 부담

– 일반건물이나 단독주택 리모델링의 경우보다는 공동주택 리모델링의 경우가 가격에 대한 부담이 크므로 의사결정이 잘 이루어지지 않는다.

3. 마케팅의 시대별 트렌드 변화

1) 마케팅의 시대별 트렌드 변화

마케팅 1.0시대 (70~80년대)	마케팅 2.0시대 (80~90년대)	마케팅 3.0시대 (90~20년대)	마케팅 4.0시대 (2010~)
1. 상품 중시	1. 소비자 중시	1. 가치 중시	1. 상생 중시
2. 제품 중시 – 안전성 – 품질관리 – 대량생산시대	2. 제품+차별화(디자인) – 차별성 – 서비스관리 – 소량 다품종시대	2. 제품+차별화+가치 중시 – 기능성+관리성+공익성 – 경험과 문화관리(well being) – 복화화 시대(디자인+웰빙사회)	2. 제품+차별화+따뜻한 가치 – 활용성+다양성+상생성 – 웰빙+사회상생관리 – 웰빙, 라이트시대
3. 고객만족시대 – 감동시대	3. 고객감동시대 – 감성시대	3. 고객관계시대 – 감성+이성시대	3. 고객 상생시대 – 로하스시대(웰빙+사회상생과 환경) – 감성+이성+행복시대
4. 판매시대	4. 분양시대	4. 스토리텔링 마케팅	4. 빅데이터 분석 마케팅
고전자본주의 (70~80년대)	수정자본주의 (1990~2000년대)	신자본주의 (2000~2010년)	책임자본주의 (2010~2020년)

※ 4.0마케팅이란

1.0시대(상품 중시), 2.0시대(소비자 중시), 3.0시대(가치 중시)를 넘어 따뜻하면서도 차별화된 가치를 중시하는 마케팅을 말하는 것으로서 상생의 가치를 말하는 것이다. 즉 “사회의 약자에게 관심을 기울이면서도 자신만의 역할을 해 나가는 기업이라면 소비자에게 특별한 이득을 주지 않아도 무조건 좋다는 것으로 따뜻하고 행복한 기업경영과 상생의 가치추구 마케팅을 말한다.”

2) 산업별 마케팅 트렌드 변화

(1) 일반 마케팅 트렌드 변화

1. 상품(Product) → 2. 서비스(Service) → 3. 경험(Experience)

4. 문화(Culture) → 5. 로하스(Exchanged / Give / Sport / Life 등)

(2) 마케팅의 고객 서비스 변화

고객만족시대	→	고객감동시대	→	고객관계시대	→	고객상생시대
-제품의 품질 중시 -Quality Control -대량생산시대 -1970~1980년대		-제품품질+서비스+가치 중시 -Quality Management -소량 다품종시대 -1990~2000년대초		-제품품질+서비스+가치 중시+라이프 타임관계 (평생, 종신관계) -Quality Life relation -복합화 시대 -2000년대 중반		-로하스시대 Exchanged/Give/Sport/Lift 등 -따뜻한 가치시대

(3) 부동산 마케팅의 트렌드 변화

Quality	→	Green	→	Well Being	→	LOHAS 등
-1970~1930년		-1990~2000년대		-2000년대 중반		-2010년 이후

4. 스토리텔링 마케팅 전략

1) 스토리텔링 마케팅이란

스토리텔링 마케팅은 상품의 기능을 따분하게 설명하는 것이 아니라 상품에 담겨 있는 의미나 개인적 이야기를 제시함으로써 상품에 대한 몰입과 재미를 불러일으키게 하는 주관적이고 감성적인 마케팅기법이다.

주1) 스토리텔링 마케팅이란, 이야기(story)+나누기(telling)의 합성어로 이루어진 말로 사건이나 사실에 대한 의사소통보다는 개인적이고 주관적인 의미의 스토리에 의한 마케팅을 말한다.

2) 스토리텔링 마케팅기법

① 스토리텔링 마케팅기법은 브랜드(상품) 그 자체에 대해 소개하는 것이 아니라 '상품에 담겨 있는 의미나 개인적인 이야기를 제시'함으로써 몰입과 재미를 불러일으키는 주관적이고 감성적인 의사소통을 통한 커뮤니케이션 목표를 달성

해가는 마케팅기법이다.

② 해당 브랜드(상품)에 관련한 인물이나 배경 등의 소비자들이 관심을 가질 수 있는 의미나 소재들을 활용한 이야기를 콘텐츠화하여 소통하고 이를 통해 마케팅을 달성해 나가는 기법으로 브랜드(상품)의 기능이나 편익 등을 설명하는 내용 중심의 광고나 이미지 광고와는 차이가 있다.

3) 스토리텔링 마케팅 5가지 구성요소

① 이야기를 끌어내는 힘, 열정(Passion)

② 사람을 이야기 속으로 빨아들이는 주인공(Hero)

③ 이야기에 생동감을 불어넣는 상태(Antagonist)

④ 마술 같은 힘을 주는 깨달음의 순간(Awareness)

⑤ 이야기의 완성, 변화(Transformation)

4) 스토리텔링 마케팅의 전략 체크리스트

① 스토리 열정

- 내가 왜 그 이야기를 했을까
- 내가 왜 그 문제에 신경을 쓸까
- 이야기를 듣는 사람도 신경을 쓸까

② 스토리 주인공

- 누구에 관한 이야기였나
- 듣는 사람도 주인공의 관점을 받아들일까

③ 스토리 느낌

- 주인공은 어떤 문제에 직면했을까
- 그 이야기를 한 것이 나와 듣는 사람에게 어떤 느낌을 주었나

④ 스토리 깨달음

- 그 이야기 속에서 주인공은 무엇을 깨달았을까
- 그 이야기를 빛나게 하려고 사실에 덧붙인 것은 무엇인가

⑤ 스토리텔링 변화

- 그 이야기 속에서 어떤 변화가 일어났는가

5) 스토리텔링 마케팅 사례

사례 1) 합격사과

1991년 일본의 아오모리현은 연이은 태풍으로 사과의 90%가 떨어졌다. 한 농부가 나무에 간신히 매달려 있는 사과를 따서 '결코 떨어지지 않는 사과'라는 이름으로 수험생에게 1개에 10배 가격에 판매, 그것이 바로 입시생들에게 대히트쳤던 '합격사과' 스토리텔링 마케팅 전략이다.

태풍피해 사과나무

합격사과

사례 2) 서울 신도림 디큐브시티 복합몰

A) 사업 개요

- 위치 : 신도림 대성연탄 부지
- 면적 : 연면적 205,651㎡ (62,182평)
- 규모 : 아파트(51층) 2개 동, 복합 사무시설(42층) 1개 동
- 총사업비 : 1조 원

B) 스토리텔링 분양 전략

- 당초 대성연탄 사업부지내 맹꽁이 서식지를 스토리텔링 마케팅 분양 전략화 사례
- 당초 아파트 앞 어린이대공원 설치 계획 변경

• 생태공원 조성계획
- 맹꽁이 서식지 습지조성 - 1,700㎡ (514평)
- 맹꽁이 서식 공간 사업비 : 50억 원 (4,500만 원/ 맹꽁이 1마리당)
- 당초 맹꽁이 숫자 : 16마리 → 117마리 채집 성공
- 맹꽁이 이주비용 : 3억 원
- 맹꽁이 광고 경제적 효과 : 1,000억 원 예상
  ① 자연친화형 환경조성 인근 아파트 가치 상승
  ② 방문객 증가로 관련 상가 매출 증가
  ③ 맹꽁이 서식지로 지역 명소화
  ④ 대성 브랜드 이미지와 가치 상승
  ⑤ 자연친화형 건축물로 인한 가치 상승
  ⑥ 상업시설 상권 강화로 임대가 상승
  ⑦ 지역 주민 자긍심 고취

사례 3) 포항 삼구 트리니엔 아파트 분양
• 위치 : 포항시 양덕지구
• 규모 : 지상 25층, 7개 동(당초 8개 동)
• 세대수 : 766가구(당초 812가구, 46가구 줄어듦)
- 25층 1개 동 96가구(104동) 골조공사 완료된 건물 철거
- 85㎡ : 496가구, 106㎡ : 28가구, 122㎡ : 150가구, 135㎡ : 50가구
• 스토리텔링 분양 전략 : - 축구장 1.5배 크기의 유럽형 지상 조경 공원 조성
- 재분양 후 3일 만에 분양 완료

사례 4) 일산 두산 위브더제니스 주상복합 분양
• 위치 : 일산 탄현동 297번지
• 면적 : 대지 97,451㎡ (29,500평), 연면적 37,170㎡ (11,244평)
• 규모 : 지하 5층, 지상 51층~59층 8개 동
• 세대수 및 평형 : 2,700세대, 59㎡ : 564세대, 95㎡ : 720세대, 145㎡ : 412세대, 170㎡ : 196세대
• 총 매출 : 9,700억~1조 원 정도(분양면적 : 58,900평 정도)

• 평당 분양가 : 1,600만 원~1,700만 원/3.3m²당

30평형 가격 : 5억 5천만 원 정도 주변 분양가보다 1억 원 이상 비싸다.

(330만 원/3.3m²당)

• 스토리텔링 마케팅 전략 : 분양 당시 특별한 스토리텔링 전략 부재

삼구 트리니엔 조감도

일산 두산위브더제니스 조감도

사례 5) 아산탕정 블루크리스탈 지중해 빌리지

A) 사업 개요

• 위치 : 충남 아산시 탕정면 명암리 711-2
• 대지면적 : 20,000(6,050평)
• 규모 : 유럽식 빌라 66가구,
  삼성전자 직원 조합원 66가구
  지상 1층~3층, 유럽풍 건축
  양식 빌라/1인당 4억 투자

▲ 그리스처럼 … 충남 아산시 탕정면에 위치한 블루크리스탈 빌리지(지중해 마을)는 이국적이고 독특한 건축물과 다양한 문화 프로그램을 통해 새로운 관광명소로 주목받고 있다. 김동훈 기자

B) 스토리텔링 마케팅전략

• 컨셉 : 한국의 유럽풍 건축 지중해 빌리지 조성
• 유럽풍 건축양식 : 파르테논/산토리니/프로방스 양식건축
• 지상 1층 : 까페, 음식점, 의류매장(40평, 보증금 5천, 월3백만 원)
• 지상 2층 : 예술인사무실, 원룸, 투룸
• 지상 3층 : 주거용도
• 아산, 천안 온천 관광객 증가/삼성전자 LCD 직원 상주

산토리니(Santorini) 식음 & 엔터테인먼트 존 D31, D32블록
: 그리스 산토리니의 해안절벽의 건물입면 효과를 준 디자인으로 푸르른 하늘과 순백색이 건물의 조화로 주변 풍경이 아름다운 아산탕정의 Blue crytal 이미지를 재현하므로 아기자기하고 산뜻함의 디자인을 모티브로 함
- 연결통로를 통해 다양한 동선을 유도하고 건물간의 상호 연계 가능한 구조
- 뷰티존과 회신존을 활성화시킬 수 있는 브릿지 스트리트

5. 부동산 인터넷 정보의 마케팅 변화

1) 부동산 정보 서비스 마케팅

① 부동산 종합정보 포털서비스
네이버, 다음, 부동산 114 등

② 부동산 정보망 서비스
블로그, 카페, 모바일, 투자 정보서비스

네이버 / 다음 / 부동산 114		
블로그	카페	모바일 서비스
• 부동산 투자정보 서비스 • 부동산 매물 정보 서비스		• 임대전문/공실정보 서비스 • 포털카페 서비스

2) 부동산 마케팅 전략과 방법

부동산 마케팅 방법에는 off-line과 on-line방법이 있다.

지금까지는 부동산 마케팅에서 off-line마케팅이 많았으나 앞으로는 on-line마케팅이 증가할 것으로 본다.

① Off-line방법

- Off-line 마케팅방법에는 D/M방법, P/M방법, E/M방법, T/M방법, M/M방법, 현수막 부착 등의 마케팅 방법을 말한다.
- 임대설명회, 미디어작업도 Off-line 마케팅방법으로 유효하다.

(2) On-line방법

- On-line 마케팅방법은 인터넷을 활용하여 현재의 임차인을 발견하거나 미래 예상임차인을 찾아내는 마케팅방법을 말한다.
- 임대전문 사이트를 활용하거나 자체 또는 업무제휴로 부동산전문 사이트를 이용하는 마케팅이다.

3) 빅데이터 마케팅

- 거대한 규모의 정보 데이터를 짧은 시간에 분석하여 필요한 부동산 정보를 찾아내는 마케팅기법을 말한다.
- GIS 기반을 통한 부동산 빅데이터 분석 가능
  ① 공공 부동산 마케팅 분야
  ② 민간 부동산 마케팅 분야

4) 바이럴(Viral)마케팅이란

누리꾼이 이메일이나 스마트폰 등의 전파 가능한 매체를 통해 자발적으로 어떤 기업이나 제품을 스스로 널리 퍼트리는 마케팅을 말한다.

- 입소문 마케팅과 개념은 비슷하지만 전파방식이 다르다.
- 입소문 마케팅은 정보제공자를 중심으로 입소문으로 퍼져나가는 방식이지만 바이럴 마케팅은 정보수용자를 중심으로 퍼져나가는 방식이 다르다.

II. 리모델링 마케팅 분석

1. 리모델링 마케팅 환경분석

1) 리모델링 마케팅 환경이란

① 리모델링시장과 대 · 내외적으로 관련이 있는 제반 변수가 리모델링 마케팅에 미치는 환경적 영향을 말한다.

② 리모델링 마케팅 환경 분류
- 자연적 시장 환경

– 경제적 시장 환경
– 제도적 시장 환경
– 사회적 시장 환경

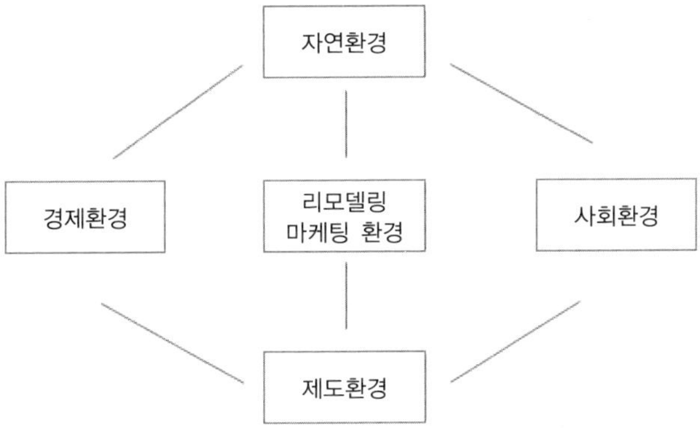

2) 자연적 시장 환경

① 리모델링시장 환경은 1980년 이후 자연 환경의 지속가능한 발전을 위한 자원 활동이라는 측면에서 중요한 마케팅 환경 요인 중 하나이다.

② 최근에 와서는 기존 아파트의 경우 층간소음, 새집증후군, 실내 공기질 등의 주거시설 환경 문제도 궁극적으로는 리모델링 마케팅의 자연환경에 속한다.

3) 경제시장 환경

① 리모델링의 마케팅 환경도 특정시점의 경제구조와 경기변동 상황에 따라 마케팅에 많은 영향을 받는다.

② 일반건설 부동산도 전체 경기변화에 따라 마케팅 방법이 달라지듯이 경기변동은 리모델링 마케팅의 가격과 수요에도 직접적인 영향을 미치기 때문이다.

4) 정치 · 제도적 시장 환경

① 정부의 제도적 · 정치적 환경은 특히 리모델링 마케팅 환경에 영향을 가장 많이 미치는 요인으로 볼 수 있다.

② 리모델링제도에 대한 정부의 간섭과 규제는 일반건설 부동산시장 환경과 마찬가지로 마케팅에도 호황을 누리거나 침체에 빠뜨릴 수 있기 때문이다.

③ 리모델링시장이 활성화되지 못하는 가장 큰 이유 중 하나도 리모델링 관련 정

책들이 제대로 갖추어지지 못한 요인이 크다고 볼 수 있기 때문이다.

5) 사회적 시장환경

① 리모델링 상품은 시대의 변화에 따른 소비자 기준에 맞게 아이디어를 제공하여 상품이 만들어져야 한다.

② 리모델링의 마케팅은 새로운 트렌드의 환경변화에 맞게 최첨단, 친환경, 웰빙 등의 콘셉트를 가진 상품이 출시되어야 한다.

③ 리도델링 상품은 웰빙 트렌드와 함께 노후된 건물을 첨단기능의 새로운 건물 상품으로 만들어내야 하기 때문이다.

2. 리모델링의 마케팅 영역

1) 리모델링 마케팅 영역이란

① 리모델링 마케팅 영역은 건설부동산 마케팅의 한 영역이라고 볼 수 있으며, 건설부동산 마케팅의 하위시장 영역이라고 볼 수 있다.

② 건설부동산 시장이 침체하면 리모델링시장도 특별한 이슈가 없는 한 침제될 수밖에 없는 하위시장 구조를 가지고 있기 때문이다.

2) 건설부동산 마케팅의 영역 분류

① 판매 주체에 따른 유형

② 상품 개발시기에 따른 유형

③ 분양 조건에 따른 유형

리모델링 상품 마케팅은 상품개발 시기에 따른 유형으로 사후 마케팅 상품으로 사전 판매 상품인 일반부동산 상품과는 차이가 있기 때문이다.

▶ 상품 개발 시기에 따른 마케팅 상품 유형

구분	상품유형
선분양 상품	아파트, 상가, 오피스텔 등
후분양 상품	임대, 매각, 리모델링 상품

III. 리모델링 마케팅 전략

1. 리모델링 마케팅 전략 요소와 특징

1) 리모델링 상품요소

① 리모델링 증축규모

리모델링 인허가를 통해 증축 가능한 리모델링의 규모 결정(건축심의를 통해 결정)

② 평면 및 입면 디자인 차별화 리모델링

주어진 제약조건에서 가능한 최선의 평면 및 낡고 진부한 이미지의 외관을 일신할 수 있는 입면 디자인 차별화

③ 내부 인테리어 마감 차별화 리모델링

다양한 옵션을 통해 선택의 폭을 넓히고, 최근의 변화된 주거문화를 구현하고, 현대인의 라이프스타일과 최신의 마감 트렌드를 적용한 내부 인테리어 마감공사

④ 설비기능 향상 리모델링

사회의 변화에 따라 웰빙 개념이 바탕이 된 정보통신, 에너지, 안전 및 보안, 단지 내 녹지환경 등을 구현한 리모델링

⑤ 편리성과 경제성을 겸비한 아이디어 설계의 차별화

- 일부 개방형 데크 주차장 설치(범죄예방, 자연채광으로 유지비 절감)
- 수직증축을 통한 공용 필로티 공간의 다양한 활용(주차장, 조경시설) 등
- 사람의 동선과 차량의 동선을 합리적으로 개선(사고예방, 산책로 확보) 등

⑥ 마케팅 영업 차별화 요소

- 리모델링(절차적, 기술적) 업무 전반에 대한 이해 및 경험이 있는 수주 영업 조직 구축
- 참신한 아이디어, 입주민의 불편사항과 개선 요구사항을 조기에 파악할 수 있는 영업 시스템 구축
- 건축물의 상태를 정확히 진단하고 최소의 비용으로 최적의 리모델링 효과를 발휘할 수 있는 보수보강, 접합 및 내진기술 등의 적용

⑦ 마케팅 가격 차별화 요소

- 적정한 공사범위 설정을 통한 공사비 설정
- 설계비, 조합운영비 등의 사업비 최소화
- 기존 건축물 보수보강 비용의 최소화 기술능력
- 리모델링 후의 기대수익 극대화

⑧ 단지별 특화 전략 요소
- 지하주차장 증설
- 공용공간 부대시설 확보
- 외부공용 입지환경 조성

2) 시공기업 요소

① 기업 브랜드 인지도

② 리모델링 시공경험 실적

③ 재무 건전성과 신용 신뢰도

3) 리모델링 마케팅 전략요소의 특징

① 소규모사업이면서 편차가 심함
- 리모델링공사 규모는 소규모이지만 그 여건에 따라 편차가 심하다.
- 리모델링공사 수주는 공사의 종류 또는 특징에 따라 리스크 차이가 크다.

② 외형 매출보다는 경영의 내적 안전성
- 리모델링공사 수주는 외형적 매출 규모 확대보다는 내적 경영의 안전성을 중요시한다.
- 리모델링 수주는 장기적인 측면에서 외형보다는 실속 위주의 실적 경험이 필요하다.

③ 상업용 건물이 주된 타깃 시장
- 리모델링 수주의 대부분은 상업용 건축물로 앞으로도 잠재수요가 풍부한 타깃 시장이다.
- 상업용 건축물 리모델링시장은 아직 초기 단계로 특정유형의 건물을 특화하는 전략이 필요하다.

④ 지인의 소개를 통한 수주에 의존
- 대부분의 리모델링공사가 소규모공사로 아는 지인들을 통한 수주가 이루어

지고 있다.

- 아직까지 체계적인 수주 전략이 확립되어 있지 않다.

⑤ 리모델링은 사업제안방식으로 수주

- 리모델링 수주는 대부분 지인 소개에 의한 지명경쟁을 통해 이루어지고 있다.
- 리모델링은 공개가격 경쟁입찰방식보다는 사업제안방식으로 대부분이 이루어지고 있다.

⑥ 사업제안 능력이 수주의 핵심관건

- 리모델링 수주는 대부분 사업제안방식을 통해 수주가 이루어지므로 아이디어에 의한 사업제안 능력이 수주의 가장 핵심적 관건이 되고 있다.
- 사업제안방식은 발주자의 요구조건을 잘 반영하고 설득할 수 있는 능력이 필요하다.

2. 리모델링 마케팅 기본전략

1) 리모델링시장의 장기전략 수립

- 아직까지 국내 리모델링시장은 초기단계이며, 제도 또한 명확히 정비되어 있지 않아 인허가를 받아 사업을 추진하기까지에는 많은 어려움이 있다.
- 리모델링시장은 장기적인 측면에서 많은 시장 잠재력을 가지고 있으므로 시장규모가 성장하였을 때를 대비하여 충분한 기술적 실적을 쌓아야 한다.

2) 수주 영업 기반구축

① 기술영업 네트워크 구축

- 리모델링 수주는 일반적인 건축영업과 달리 주어진 건축물의 상태를 정확히 진단하고 다수의 구분 소유자들을 상대로 리모델링에 대한 기술적 질문에 따른 영업력을 강화하고 기술관련 부서의 유기적인 협력체계를 잘 갖추어야 한다.
- 리모델링 영업 기반구축은 리모델링의 상품특성, 고객특성, 시장특성 등을 충분히 고려하여 조직 및 영업시스템을 재조정하고 유관부서 및 협력업체

와의 긴밀한 협조를 위한 토대를 마련해야 한다.

② 협력사와의 네트워크 구축

– 설계사 선정(설계도서 준비 및 P/T자료 준비, 인허가 진행)

• 리모델링은 신축아파트 설계와 달리 기존 건물의 골격을 유지하면서 각 단지의 여건에 따라 제한된 조건하에서 고객이 원하는 설계를 만들어내야 하므로 상당히 기술적인 노하우가 요구된다.

– 우수한 홍보요원을 확보한 용역업체와의 협력체계 구축

• 시공사 선정 과정은 우선 협상대상자 선정에 의하거나, 조합원 공개투표에 의해 결정되는 것이 일반적이다.

• 다수의 구분 소유자 혹은 추진위원을 소수의 인력으로 모두 접촉하고 영업한다는 것은 사실상 불가능하므로 회사를 대신한 홍보회사측의 홍보요원을 활용할 수밖에 없다.

– 기획사와 협력체계 구축

• 우수한 리모델링계획안을 주민에게 홍보하기 위해서는 사업설명회, 영상·카탈로그, 홍보전단 등의 홍보물을 제작하는데, 시공사의 리모델링 제품 구성 개념을 이해하고 홍보물을 효과적으로 제작할 수 있는 업체 선정이 필요하다.

3) 리모델링 시장조사

① 일반건물 자료조사

– 각 지자체별 노후건물 현황

– 각 건물 유형별 준공 현황

– 용도 변경시 인허가 조건 내용 등

② 공동주택 자료조사

리모델링 관계법규에 따라 리모델링 대상 공동주택은 준공 후 20년 이상 경과된 주택이 대상이므로 각 지자체의 준공년도별 공동주택 현황조사 자료나 인터넷, 설계사 등의 아파트 현황 정보자료 등을 토대로 조사한다.

③ 리모델링 대상지 선정 및 조사

– 리모델링 대상지 선정기준

• 재건축이 법적, 제도적 제약으로 고객들의 주거환경에 대한 불만족이 높고

리모델링할 경우 주거환경 개선효과 및 기대수익이 예상되는 단지 위주로 조사

• 리모델링 행위허가(수직 · 수평 증축)가 가능한 지역
• 단지 규모가 자사의 브랜드와 부합성이 있는지 여부
• 단지 내에 리모델링사업 추진주체가 있는지 여부

– 리모델링 대상지 현장조사
  • 투입인원 : 현장 모니터 1명, 담당직원 1명
  • 조사대상 : 자료조사 결과 선정 기준에 적합한 단지
  • 조사기간 : 2개월 정도 소요
  • 조사방법 : 아파트 관리소장, 입주자대표회장 혹은 주변 부동산 탐문 등을 통하거나 협력사 등의 인맥 활용 조사
  • 조사내용 : 도시계획정보 및 기존 건축물의 도서 등 건축관련 정보와 추진조직에 관한 정보(인적 정보) 및 사업 추진과 관련된 연혁정보(재건축 추진 전력 타사의 동향 등)

4) 표적시장 선정

리모델링 대상지 자체 시장조사, 협력사의 추진정보입수, 리모델링 추진단지의 사업참여 요청 등을 통해 파악된 정보의 분석결과를 토대로 주민여론 성숙도 등을 고려하여 현실적으로 리모델링이 가능한 단지를 표적시장으로 선정한다.

① 표적시장 발굴

리모델링 사업지 선정 기준을 마련하고 현장조사 등 다양한 정보수집 과정을 통해 경제성과 인허가 가능성 및 주민의 사업시행 의지 등을 고려하여 표적시장을 선정한다.

– 시장조사에 의한 발굴
  • 리모델링시장의 현황을 전반적으로 파악하여 장기계획 수립에 반영하고, 단기적으로 표적시장을 선정하기 위해서는 시장조사를 실시한다.
  • 현장을 직접조사하고 주민접촉을 통해 실질적인 조사가 이루어지도록 해야 하며 조사된 시장정보는 주기적으로 실시하여 정보의 정확성을 높여야 한다.

– 협력업체의 정보 입수에 의한 발굴

• 공동주택 관련 협력업체들을 통해 리모델링 가능 단지의 정보를 입수하면 사업추진주체 등에 대한 파악이 쉽고, 초기에 표적시장을 발굴할 수 있어 어려움을 줄일 수 있다.

– 추진단지의 사업 참여 요청에 의한 발굴

주민 자체적으로 리모델링을 추진하기 위한 자치조직을 결성하고 참여를 요청하여 표적시장으로 발굴하는 경우를 말한다.

② 표적시장 설문조사 예

– 목적

표적시장의 설문조사는 고객의 리모델링에 대한 요구와 현재의 주거환경에 대한 불만족 사항이나 리모델링에 대한 고객의 성향 파악을 위해 실시하는데, 이는 단지의 리모델링 컨셉을 정하거나 리모델링 범위 및 사업추진방향을 결정하는 데 중요한 기본자료로 활용된다.

– 설문내용

리모델링에 대한 입주민의 핵심적 관심사항을 잘 파악할 수 있는 내용으로 설문을 구성하고 쉽게 접근하여 답할 수 있는 형식으로 작성해야 한다.

– 입주민의 주요 관심사항

• 수평증축면적, 수직증축 여부, 평면구성 등 설계관련 요소
• 공사비, 이주비, 리모델링 후 시세, 시공사의 브랜드 등 경제 손익적 요소
• 주차장 및 생활편의시설 부대시설 관련개선 요소
• 재건축 대비 경제적 · 시간적 손익 요소
• 기타 특수한 단지 사항 등

5) 시공사 선정

① 수주 활동의 궁극적인 목적은 시공권 확보이므로 경쟁사가 관심을 갖지 않을 때, 경쟁보다는 우선 협상대상 방식의 사업추진 방향으로 접근하는 것이 불필요한 수주홍보비용을 절감을 할 수 있어 바람직한 방법이다.

② 단지의 리모델링에 대한 공감대가 형성되면 시공사 선정을 통해 리모델링사업을 구체화시키게 되는데, 추진위원회는 여러 시공사의 경쟁을 통해 유리한 점을 취하려 하고, 시공사는 과잉경쟁을 회피하려는 입장을 견지하려고 한다.

3. 리모델링 마케팅 홍보전략

1) 사전홍보물 준비

① 리모델링 단지의 수주를 위해서는 사업계획에 대한 준비로 많은 비용을 부담해야 한다.

② 수주 참여가 불확실한 상황에서 이러한 비용은 매우 소모적이므로 리모델링을 고려중인 사업주체측과 초기 접촉단계에서 당사의 우수성과 리모델링에 대한 일반적인 내용을 설명할 수 있는 홍보영상물 및 카탈로그, 브로셔 등을 준비해야 한다.

③ 리모델링시장의 장기적인 시장잠재력을 고려한다면 샘플하우스 등 장기적이고 전략적인 측면에서 전향적 투자가 요구된다.

2) 단지별 수주 홍보전략 수립

① 단지별 수주 홍보는 단지의 현황을 정확히 분석하고 주민의 의견을 충분히 반영하여 가장 이상적인 리모델링이 되도록 사업제안서를 준비한다.

② 리모델링 제안을 가장 효과적으로 홍보할 수 있는 사랑방좌담회, 사업설명회, 홍보 카탈로그 등 다양한 홍보방법을 활용한 수주 홍보전략을 수립한다.

3) 다양한 수주영업

① 수주영업은 활용 가능한 회사의 인적 네트워크를 적극 활용한다.

② 단지 내에서 당사 계획안의 우수성을 홍보해 줄 수 있는 주민 자체적 인적 네트워크 등의 다양한 수주 홍보활동을 전개한다.(사업설명회, M/H tour, 좌담회, 세대별 방문 설명 등)

4) 시공권 확보

리모델링 홍보의 목적은 궁극적으로 시공권을 확보하여 수주하기 위한 것이다.

P/A/R/T/ 6

해외 리모델링(유럽/아시아) 시장 현황과 사례 분석

01

유럽의 리모델링시장 현황과 사례 분석

I. 유럽 부동산시장과 리모델링시장 현황

1. 유럽 부동산시장과 리모델링시장의 특징

1) 중부 유럽 부동산시장의 특성

중부 유럽의 부동산시장 특성은 주거의 경우에는 단독주택 위주로 한 번 지어진 주택은 일반적으로 60~100년 이상 사용하므로 기존 주택은 대부분 리모델링하여 임대 등으로 사용하고 있어 부동산 투자개념보다는 순수 주거개념으로 인식되고 있다.

2) 주택 부동산의 리모델링 활성화

중부 유럽의 주택의 부동산은 대단위주택을 신축하는 것보다는 기존 부동산(건물)을 리모델링하여 사용하는 것이 사회적 인식으로 부동산 투자개념의 주요 대상이 아니다.

2. 유럽과 한국의 주거문화 차이 비교

구 분	유 럽	한 국
1. 집에 대한 개념	• 거주 공간개념으로 주로 임대거주 형태임	• 주거보다는 투자와 소유개념으로 주로 분양 또는 전세거주 형태임
2. 부동산 투자개념	• 기존 건물 리모델링으로 임대수익 개념 • 주택은 저층 임대개념으로 부동산 투자 대상이 아님 • 실거래가 개념 • 부동산 투자대상은 상가나 오피스	• 신축으로 분양수익 개념 • 주택은 고층으로 분양수익 개념으로 부동산 주요 투자 대상임 • 기준시가 및 실거래가 개념 • 부동산 투자는 대부분 아파트 또는 일부 상가
3. 부동산 투자시 세제 차이	• 부동산 투자수익 발생시 대부분 세금으로 환수	• 부동산 투자 수익시 적용방식에 따라 세금 환수의 한계 • 다주택에 한해 일부 중과세
4. 부동산 투자에 대한 사회적 인식 차이	• 부동산 투자로 돈을 번다는 사회적 인식이 없음 • 기존 건물에 대해 선호 • 대규모 택지개발 등에 사회적 선호 미흡	• 부동산 투자로 돈을 번다는 사회적 인식 • 신축건물에 대해 선호 • 대규모 택지개발 등에 대한 사회적 선호

3. 유럽 부동산시장과 리모델링시장 분석

1) 주거용 건축물

유럽의 부동산시장은 주거용 건물은 저층이 대부분이며, 임대업으로 부동산 투자 방식은 대형 주택조합회사가 발주처가 되어 기존 건물을 통째로 매입 · 리모델링하여 임대를 놓아 수익을 창출하는 방식이다.

2) 상업용 건축물

상업용 건물이나 오피스 빌딩, 호텔, 레저 등의 시설은 임대 또는 분양 수익으로 주요 부동산 투자 대상이다.

3) 토지 시장

① 유럽의 토지시장은 주택신축을 위한 대규모 택지개발은 거의 없으며, 택지개발을 한다고 해도 각 도시는 인구밀도가 낮아 분양을 받아 이주하지는 않

는다.

② 토지매입 또한 매입 후 1~2년 안에 건물을 지어 부가가치를 생산하여 정상적인 세금을 내지 않으면, 부동산 투기로 간주되어 중과세금을 부과하게 되므로 토지시장 투자는 미미하다.

4) 유럽인의 기존 문화보존과 리모델링

① 유럽인의 문화는 현대적 변화에 적극적이지 않아 웅장한 현대식 상업용 건물을 지어 운영한다고 해서 사람들이 많이 오는 문화가 아니고 기존 문화를 보존하고 리모델링하여 가능한 자연친화적 문화에 익숙하다.

② 유럽 도시에 있는 건물들은 대지의 경계가 정확히 구분되어 건축되는 것이 아니라 건물과 건물의 벽체가 붙어서 빈공간 없이 건축되고 있으며, 기후특성상 국내와 달리 건물의 향에 대해서도 민감하지 않다.

③ 유럽은 인구밀도가 낮고 건물이 대부분 고층이 많지 않아 주거와 상업시설이 분리되어 있지 않고 하층부는 상업시설, 상층부는 오피스 및 주거기능으로 혼재되어 있어 대규모 부동산개발에는 한계가 있다.

④ 유럽은 부동산 임대시 중개수수료는 통상 3개월치 보증금에 월임대료를 받는 방식이다.

5) 중부 유럽 부동산시장과 리모델링 트렌드 방향

신규 개발보다는 꾸준한 리모델링 개발이 지속되고, 친환경주택 부동산개발이 지속적으로 증가될 것으로 본다.

II. 유럽 리모델링사업 사례 분석

1. 오스트리아 리모델링 특징과 사례

■ 사례 1. 오스트리아 비엔나의 '가소 메터' 주상복합 리모델링

1) 가소메터 주상복합 개요

(1) 위치

비엔나의 중심부인 슈테판 광장에서 지하철 3호선을 타고 10분만 가면 가소메터(gqsometer)역이 나온다.

(2) 리모델링 배경

① 벽돌로 외벽을 감싼 높이 80m, 지금 64m의 거대한 4개 원통형 건물은 지금으로부터 140년 전인 1870년에 세워진 옛 가스공장 '가소메터'이다.

② 100년간 비엔나 주민에게 가스를 공급해주던 에너지 저장소, 가소메터는 1986년 시의 에너지 정책에 따라 공급이 중단되면서 사실상 도시의 애물단지로 전락했다.

③ 전시회나 클럽모임 같은 문화행사 장소로 간간히 사용되다 1989년 만프레트 베도른 교수를 비롯한 4명의 건축가에 의해 새로운 장소로 변모하게 되었다.

리모델링 변경 전

리모델링 변경 후

2) 리모델링 설계계획

(1) 설계계획자

지난 2001년 오스트리아 건축설계사무소 쿱 힘멜블라우우가 만프레드 베도른 교수, 빌헬름 홀츠바우우어, 장누벨 등 4명의 건축가와 공동작업을 통해 이 역사적 전통과 흔적을 비엔나의 훌륭한 주거 랜드마크이자 리모델링의 표본으로 100% 바꿔 놓았다.

(2) 외형의 변화

① 1,600톤의 엄청난 무게의 강철원형 지붕을 해체하고 리모델링하여 다시 지붕으로 올리는 공정으로 프로젝트가 시작되었다.

② 예전 외형을 그대로 살린다는 기본원칙하에 각각 다른 건축가가 새로움을 부여하였다.

③ 갑갑한 강철원형 지붕을 뜯어내고 빛이 잘 들고 통풍이 잘되는 여닫이 친환경 유리 천장으로 탈바꿈시켰다.

(3) 설계규모

가소메터 단지 리모델링 설계계획은 약 2,000~3,000명이 들어갈 수 있는 음악당과 극장, 기숙사가 마련되어 있고, 800여 가구에 1,600명, 70개의 기숙사에 250명의 학생들이 함께 생활할 수 있도록 계획하였다.

3) 각 동별 리모델링계획

(1) A동 리모델링계획

① A동은 장누벨(Jean Nouvel)에 의해 보이드를 중심으로 생활편의시설 공간을 구성하도록 설계되었다.

② A동은 지하철역과 연계되어 중앙에 풍성한 보이드를 만들고 이와 연계된 내부 쇼핑몰은 시민들이 함께 이용할 수 있는 생활편의시설을 갖추고 있다.

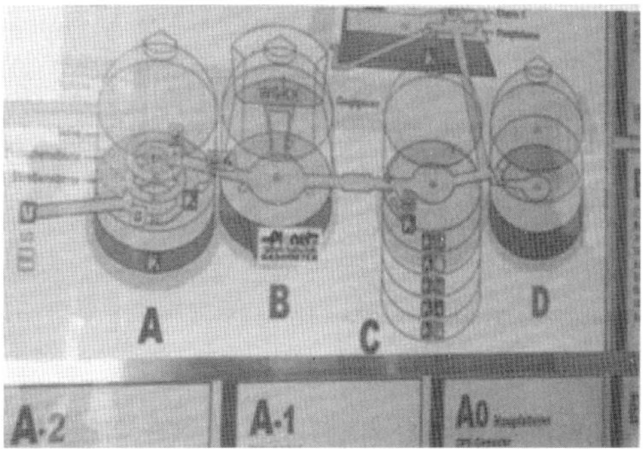

각 동별 리모델링 설계계획

(2) B동 리모델링계획

① B동은 하이테크한 외형으로 건축의 파격성과 신선함으로 비엔

나 아파트 공간을 상징적으로 나타내주는 본보기로 여겨진다.

② 기존 건물과 극명한 대비를 이루는 스테인리스 스틸과 유리로 된 신축건물이 B동은 학생기숙사로 쿱 힘멜블라우(Coop Himmelblau)에 의해 설계되었다.

③ 중간부분이 살짝 접힌 방패의 형태는 오래된 건물의 모양에서 얻어졌다.

④ 원통 건물 내부의 아트리움 보이드를 잘라내 전개도처럼 펴낸 것이다.

(3) C와 D동 리모델링계획

① C동은 만프레드 베도른(Manfred Wehdorn)이 설계하였고, D동은 빌헬름 홀츠바우어(Wilhelm Holzbauer)가 설계하였다.

② D동의 내부 정원은 실린더 옛벽에 새로운 벽을 덧대어 만든 것으로 거주자를 위한 아늑한 녹지공간이다.

③ D동과 이어진 별관 극장의 붉은색 통로는 810가구의 가소메터 거주자들과 비엔나 시민들을 위한 휴식과 만남의 장소이다.

4) 전체 4개 동의 유기적인 주상복합 건물

(1) 전체 단지설계

전체 4개 동의 주상복합 건물로 약 800세대의 주택과 250여 세대의 학생 기숙사, 유치원, 총 연장 35km의 서가를 갖춘 비엔나 시의 연방기록 보관소, 주차장, 대규모 쇼핑몰, 음식점, 음악홀, 영화관, 사무실 등 복합용도 공간으로 각 동이 다리를 연결되어 있어 이용 편의성을 가장 잘 살린 건축물이다.

(2) 과거와 현재의 기능 공존

① 서로 긴밀하게 연결되어 있는 4동의 주상복합 건물은 도심지 주거공간의 리모델링을 대표할 수 있는 아파트먼트의 전형이다.

② 역사적 흔적을 그대로 보존한 채 새롭게 시민의 생활공간으로 되돌리는 가소메터 프로젝트는 그 자체가 과거와 현재를 잇는 가교가 되는 것이다.

③ 기존 건물을 백지화하여 도시재개발을 하기보다 역사적 유물을 현장에 보존함으로써 후대에 교훈으로 남기고 이를 관광자원으로 재활용해 새로운 수익을 창출하는 것이야말로 도시와 역사 모두를 살릴 수 있는 방법일 것이다.

가소메타 동과 동 사이 연결통로　　　　동과 동 사이 연결통로

리모델링 후 가소메타 전체 전경　　　　동과 동 사이 천창처리

2. 프랑스 리모델링 특징과 사례

① 주거면적 증축

강재를 사용하여 기존 구조물에 덧붙이는 공법으로 부엌을 확장, 철거 부분 거의 없음.

② 발코니 증축

발코니 또한 강재를 사용하여 기존 구조물에 덧붙이는 공법을 적용하고, 철거 부분 거의 없음.

발코니 증축의 예

■ 사례 1. 파리시 일로휘 나시오날 아파트 리모델링

(1) 발 주 처 : 파리시 부속 부동산개발회사

(2) 공사기간 : 1차 '92~'93, 2차 '95~'97

(3) 건물개요 : 3개 동 608세대(63년 준공)

(4) 주요내용

- 지하주차장 신설
- 지상주차장 정원으로 변경
- 서측 발코니 확장(0.7 → 1.7M)
- 세대 단열, 방음공사

■ 사례 2. 파리 외곽 단지 리모델링

(1) 건물개요 : 10층 200세대(58년 준공)

(2) 공사기간 : 1년

(3) 주요내용

- 발코니 및 부엌 확장
- 알루미늄 태양 가림판 신설
- 소음 차단

(프랑스 리모델링 사례는 LH공사 리모델링 교육자료 참조)

3. 독일 리모델링 특징과 사례

■ 사례 1. 독일 쾨페닉 주택조합 아파트 리모델링

(1) 발 주 처 : GSW

(2) 건물개요 : 530세대(리모델링 후 485세대)

(3) 준공년도 : 1965년

(4) 주요내용

- 발코니 증축(경량철골, PC판)
- 일부 세대통합
- 난방방식 변경(개별 석탄난방 → 중앙온수난방)

▶ 다용도실

리모델링 전

리모델링 후

▶ 주방 싱크대

리모델링 전

리모델링 후

▶ ROOM DOOR

리모델링 전

리모델링 후

▶ 현관 DOOR

리모델링 전

리모델링 후

■ 사례 2. 독일 벨쓰/뤼덱케 슈트라세 주택단지 리모델링

(1) 건물개요 : 402세대(52년 준공)

(2) 리모델링공사 : 1996년

(3) 주요내용

- 중앙열/전기 공급시설 신설(베를린 에너지중개유한회사)
- 수직증축 및 발코니 증축 등

(독일 리모델링 사례는 LH공사 리모델링 교육자료 참조)

02

동아시아 국가 리모델링시장 특징과 사례 분석

I. 동아시아 국가 고층공동주택의 현재와 미래

1. 한국/싱가포르/홍콩/대만의 주택현황 비교

구분	한국	싱가포르	홍콩	대만
1. 공통점	1) 2차대전 후 독립국가 중/수출중심 경제로 기적/국가주도경제 성장/가장 빠른 경제 성장 국가 2) 유교적 가치(가족중심/국가권위 순응)/교육열/지체된 복지 3) 높은 인구밀도/높은 주택 가격/높은 자가소유율/고층아파트 주거			
2. 차이점	1) 인구 : 5,000만 명 2) 주택 : 공동주택 자가소유율 : 61%, 공공임대 : 5% 3) 주거수도권집중 : 22%	1) 인구 : 400만 명, 국유지 : 85% 2) 주택, 공공주택+자가소유+강제연금 자가소유율 : 92%, 공공주택 : 87% 3) 결혼 후 3년 지나면 반값 아파트 지급 -1번 받고 5년 후 매매 가능	1) 인구 : 650만 명 2) 주택 : 적극적 공공임대 주택공급 (1970년대) : 44% -자가소유율 : 56% -공동주택 44%→32% 3) 높은 주택 가격	1) 인구 : 2,300만 명 2) 주택 : 자가소유율 : 85%, 공공임대 : 0.08% 3) 주거의 지역 분산 (수도권 집중 : 11%)
3. 문제점	1) 30년 경과된 노후 아파트 2) 공공임대 증가한계 3) 민간임대 활성화	1) 더 이상 신규주택 건립 어려움 2) 기존 주택 재개발 소요비용 큰 문제	1) 주거양극화 심각 2) 공공임대의 재개발 문제 심각	1) 자가소유 증가한계 2) 공공임대 도입 문제

2. 국내 아파트와 외국 아파트방식 비교

구분		국내 아파트	외국 아파트(싱가포르/홍콩)
기술적 차이	1. 건물 골조구조방식	벽식구조	라멘구조
	2. 건물 내부 칸막이방식	벽식 콘크리트 타설 방식	P.C구조방식
	3. 내부설비방식	온돌방식(방바닥 배관 방식)	입식방식(방바닥 배관 없음)
	4. 일교차	일교차 발생(여름/겨울)	일교차 거의 없음(아열대기후)
문화적 차이	5. 주거방식	소유 주거	임대 주거
	6. 소유방식	개인 소유방식	국가 또는 조합 소유방식
	7. 건물 감가상각 대비	건물 감가상각에 대한 대비 없음	매월 임대료로 축적되어 있음

II. 싱가포르 고층아파트 리모델링 현황과 사례

1. 싱가포르 주택정책 역사와 현황

(1) 주택정책 현황

① 인구 400만 명 내외의 도시국가

② 1960년 독립 이후 강력한 주택정책 추진

- 공공주택+자가소유+강제연금(CPF)체제 구축
- 일생에 1번 시가보다 싼 공공주택 분양기회 제공
- 결혼 후 3년 지나면 국가에서 반값 공공아파트 제공 대신 월급의 13% 매월 납부

③ 주택정책 자체가 경제성장 전략의 일부

④ 주택 자가소유율 92%, 공공주택 87%

⑤ 주택정책이 사회통합수단

(2) 공공주택의 반값 아파트가 가능한 이유

① 식민지시대에 구축한 광범위한 국공유지

② 독립 당시 전체 토지의 65%가 국공유지

③ 나머지 20%도 국가가 꾸준히 매입하여 현재 85%가 국유지

2. 싱가포르 주거의 향후 문제점

① 더 이상 신규주택건설이 어렵다.

② 기존 주택의 노후화에 따른 재개발 소요 비용의 큰 문제

3. 싱가포르의 부동산(주택)관리 체계

(1) 중앙집권적 주택개발청(HDB)

- 전국 아파트 350,511세대 관리
- 아파트 관리자 : 3,500명이 근무

(2) 입주자관리제도

① 입주자의 감독

- 관리사무소에 주택관리 검사원 상주
- 입주제도와 공동생활 교육 실시

② 블록대표 제도

- 입주자와 주택개발청의 긴밀한 협력체계
- 반공동체적 생활이나 습관 단속

(3) 단지관리제도

- 보수유지관리 조직 구성

① 긴급보수반

② 기동보수반 : 24시간 운영

- 근무자 전문교육 철저
- • 교양교육 : 인간관계론/사회학/사회심리학
- • 기술교육 : 보수 및 유지관리 기술 교육

(4) 직원 훈련제도

① 아파트 보수관리 전문가양성 직업훈련제도 실시

- 이론과 실무교육 실시

② 직원관리 견습제도 실시

- 훈련과정 12개월 후 필기시험 통과 3년 계약으로 HDB 근무

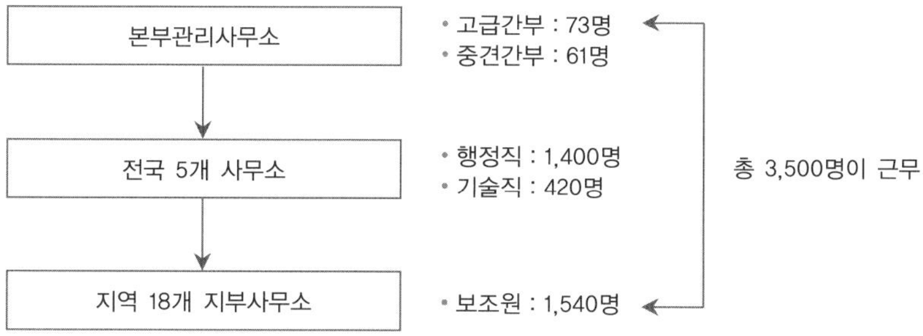

4. 싱가포르 리모델링 특징

공동주택 리모델링 시 별도의 방이나 엘리베이터를 추가 · 설치하는 경우가 있으나 외부에 덧붙이는 공법을 활용한다.

(1) 주거면적 증축

PC로 제작된 별도의 유닛을 덧붙여 쌓아올리는 공법 적용, 철거 부분 거의 없음.

* PC(Precast Concrete)란 공장에서 미리 제작하는 콘크리트구조물

(2) 엘리베이터 증축

PC로 제작된 별도의 유닛을 덧붙여 쌓아올리는 공법을 적용, 철거 부분 거의 없음.

■ 사례 1. 싱가포르 HDB GHIM MOH아파트

(1) 발 주 처 : HDB(주택개발청)

(2) 공사기간 : 1999.03.~2002.01.

(3) 건물개요 : 6개 동 15층, 1,324호

(4) 주요내용

- 전용공간 증축(PC조, 약 8m²)
- 엘리베이터 추가
- 부대시설 증축
- 주민 거주상태에서 공사진행
- 주민지원을 위한 리모델링 상담기구 구성 24시간 운영

GHIM MOH UPGRADING (MUP 10)

■ 사례 2. 싱가포르 Toa Payoh아파트

(1) 리모델링 대상 : 17년 이상 아파트

(2) 정부지원 : 80%, 개인부담 : 20%

(3) 아파트 구성

- 정부 아파트 : 85%
- 민간 아파트 : 15%

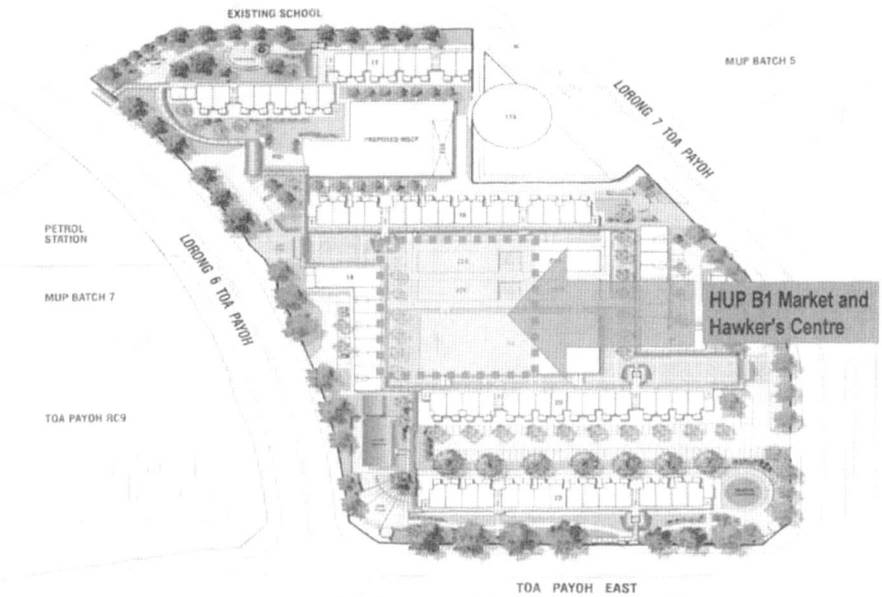

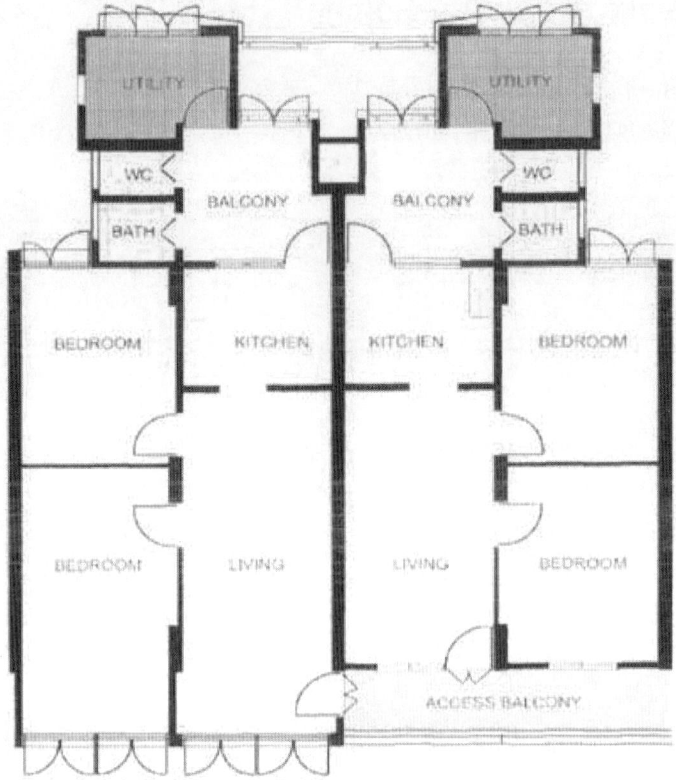

SPACE ADDING ITEM: UTILITY ROOM

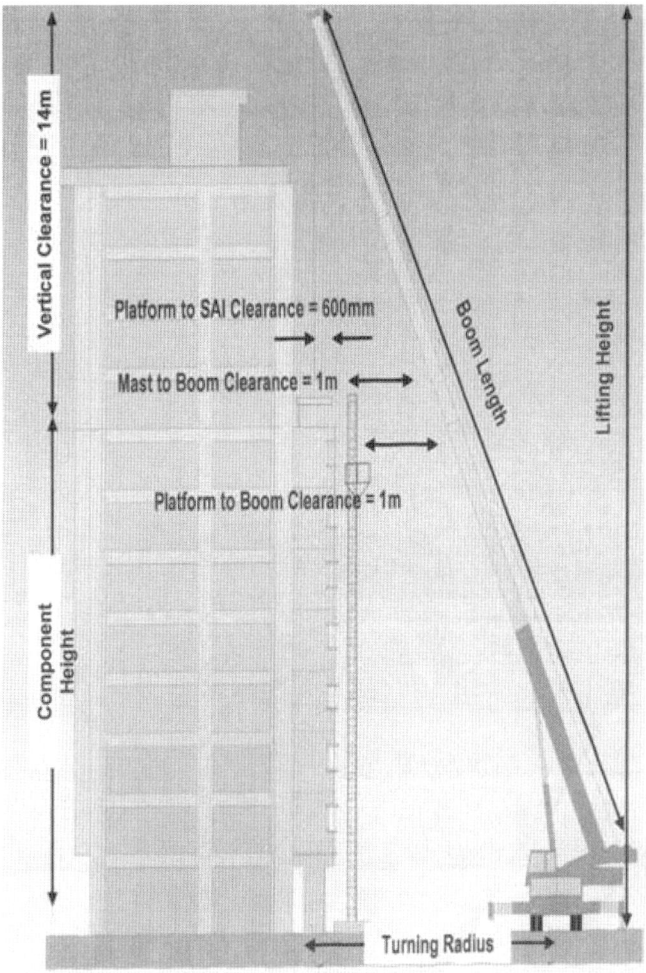
Vertical Clearance = 14m
Platform to SAI Clearance = 600mm
Mast to Boom Clearance = 1m
Platform to Boom Clearance = 1m
Boom Length
Lifting Height
Component Height
Turning Radius
단면도

PC로 제작한 방

■ 사례 3. 싱가포르 부켓 메라 아파트 단지

(1) 발 주 처 : HDB(주택개발청)

(2) 건물개요 : 복도식 22층, 1970년 준공

(3) 주요내용

- 전용부분 : 침실 1개 확장(3평)
- 엘리베이터 추가 : 기존 2개, 복도쪽 외벽에 1개 증축
- PC부재로 침실 1개씩 쌓아 시공
- 1층 필로티 형태변경 및 구조보강

리모델링 전

리모델링 후

III. 일본 리모델링의 특징과 사례

1. 일본 리모델링의 특징

(1) 주거면적 증축

발코니 외부에 증축 부분을 덧붙이는 공법으로 주거면적을 확장, 철거 부분 거의 없음.

(2) 발코니의 실내화

발코니를 실내화하여 주거면적으로 활용하는 방법으로 철거 부분 없음.

(3) 엘리베이터 증축

복도식 및 계단식 아파트 모두 엘리베이터를 기존 건물에 덧붙이는 공법을 적용, 철거 부분 거의 없음.

엘리베이터 설치 사례

■ 사례1. 일본 동경 미카다시 도영아파트 리모델링

(1) 발 주 처 : 동경도 주택공급공사

(2) 공사기간 : 2001.4.16~2001.7.31

(3) 건물개요 : RC조, 5층, 1971년 준공

(4) 주요내용

- 외벽 크랙보수 및 도장
- 틀비계 설치 등 안전에 대한 배려
- 주민 거주상태에서 공사진행

■ 사례 2. 일본 동경 조후시 도영아파트 리모델링

(1) 발 주 처 : 동경도 주택공급공사

(2) 공사기간 : 2001.3.30~2001.9.19

(3) 건물개요 : SRC조, 11층, 1977년 준공

(4) 주요내용

- 외벽 크랙보수 및 도장
- 건물 상부에 추가된 공사하중을 동바리로 지지
- 가설공사비용 : 전체 공사비의 약 20%

■ 사례 3. 오카모도 고급맨션 리모델링

(1) 설계 및 시공 : 후지다건설

(2) 공사기간 : 2001.02.25～2001.06.30

(3) 건물개요 : 벽식, 5～7층, 1989년 준공

(4) 1호당 전유면적 : 71～190㎡

(5) 주택가격 : 30억

(6) 주요내용

- 외벽 타일보수, 전기설비 보수
- 거실, 침실, 욕실 등 마감자재는 검소한 수준
- 주민 거주상태에서 공사진행

■ 사례 4. 무라야마 도영아파트 리모델링

(1) 발 주 처 : 동경도주택공급공사

(2) 공사기간 : 2001.03.30~2001.09.19

(3) 건물개요 : 97개 동 1,940호, 5층, 1979년 준공

(4) 주요내용

- 전용공간 증축(PC조 약 20㎡), 별도의 파일 기초
- 설비배관 외부노출
- 임대료 증가 : 3만 1천 엔에서 4만 1천 엔으로
- 주민거주상태에서 공사진행

(일본 리모델링 사례는 LH공사 리모델링 교육자료 참조)

P/A/R/T/ 7

리모델링 건축물의 구조안전진단

01

리모델링 건축물의 조사 및 진단

I. 조사 · 진단절차와 내용

1. 조사 및 진단 개요

1) 리모델링 건물의 사전조사

(1) 리모델링 건물에 대한 조사와 진단은 먼저 리모델링사업 착수 전에 실시하는 것을 말한다.

(2) 대상건물의 설계도면에서부터 건축관련 법규적인 문제와 기존 건물상태 및 현황 등의 조사까지 사전조사하는 것을 말한다.

2) 리모델링 건물의 본조사

(1) 사전조사 결과를 바탕으로 리모델링의 타당성 검토와 사업의 가치평가를 통해 리모델링사업의 제반 조건을 파악하는 본조사를 해야 한다.

(2) 본조사란 기존 건물의 형상과 노후화상태를 있는 그대로 도면화하고 기록하는 것이며, 본조사가 완료된 후에는 현 시점의 구조적 법규와 사용용도를 만족할 수 있도록 조사결과에 대한 철저한 원인분석과 보수 · 보강방안을 마련해야 한다.

2. 조사 · 진단 과정과 검토항목

1) 리모델링 조사 · 진단 과정

1. 대상건물 선정
2. 관련법규 검토
3. 기존 건물의 현황조사
4. 기존 구조물의 정밀안전진단 ⇦ 리모델링의 가능성 판단
5. 리모델링 설계 및 계획 ⇦
   - ① 관련도서 확인
   - ② 상태조사(균열, 누수, 콘크리트 박락 등)
   - ③ 실측조사
   - ④ 콘크리트강도조사
   - ⑤ 철근탐사
   - ⑥ 중성화조사
   - ⑦ 염화물조사
   - ⑧ 철근부식도조사
   - ⑨ 변형 및 변위조사
   - ⑩ 지반조사
   - ⑪ 구조 재검토 및 내진검토
   - ⑫ 보수 · 보강방안 제시
   - ⑬ 공사기간 및 금액 산정
   - ⑭ 결론(건물의 능력, 현황 파악함)
6. 보수 · 보강방안 설계
7. 시공
8. 임대 또는 분양

2) 리모델링 구조 · 안전진단 검토항목

분류	항목
1. 기초 및 지반부분 조사	① 건축물의 부동침하량 조사 ② 말뚝의 손상 및 부식상황 조사 ③ 말뚝의 네거티브 마찰력 또는 지내력 조사 ④ 지질 혹은 토질 조사 ⑤ 말뚝 및 지반의 재하시험
2. 기존 구조체의 현장조사	① 철근콘크리트계 부재의 균열현황 조사 ② 부재의 변형이나 진동 여부 조사 ③ 구조 · 구체 부재의 치수 조사 ④ 철근콘크리트 부재의 배근 위치 상태조사 ⑤ 콘크리트의 중성화 검사 ⑥ 철골강재의 부식상태 조사 ⑦ 재료의 강도시험 조사 ⑧ 부재의 재하시험 조사 ⑨ 부재 및 건물의 진동시험 조사

분류	항목
3. 기존 구조체 해석 진단	① 구조부재의 허용내력 진단 ② 구조부재의 변형 상태 진단 ③ 구조체의 진동상태 진단 ④ 클리프 등 장기변형 진단
4. 외부마감 부위의 진단	1) 철근콘크리트 외벽상태 진단 ① 중성화 정도 ② 철근부식 정도 ③ 균열상태 정도 ④ 누수상태 ⑤ 강도 열화상태 ⑥ 변형상태 ⑦ 표면 열화상태 2) 타일, 미장 외벽상태 진단 ① 오염 ② 습윤 ③ 녹, 부착 ④ 백화현상 ⑤ 균열 ⑥ 들뜸 ⑦ 박리, 박락 3) 금속마감상태 – 강재 ① 표면의 녹 ② 단면 감소 4) 금속마감상태 – 알루미늄합금 ① 양극 산화 처리(자연발생, 전해 착색) ② 복합피막 처리(양극 산화처리 + 투명도장 ③ 화학적 처리 + 착색 도장
5. 내부마감 부위의 진단	① 오염(먼지, 녹, 손때, 기름, 발자국, 얼룩 등) ② 변색(자외선, 화학류에 의한 색조 변화) ③ 부풀음(바탕 수분으로 밀려 올려지는 현상) ④ 들뜸(바탕재의 접착력 상실로 떨어지는 현상) ⑤ 갈라짐(낙하물의 충격 등에 의함) ⑥ 마모(보행빈도에 의한 반복하중 등으로 두께 감소) ⑦ 부식, 용해(산, 알칼리, 유기용제 등에 의한 변질)

3. 구조안전진단 절차와 주요 진단내용

리모델링시 기존 건축물의 정밀안전진단 절차별 주요 진단내용은 다음과 같다.

절차	내용
1. 사전준비서류	1) 진단대상 시설물의 위치도 2) 진단시설물의 현황사진 및 부위별 사진 3) 정밀안전진단 결과 요약물 4) 정밀안전진단 결과표(안전등급) 5) 진단 참여기술자의 명단 및 서명 6) 안전진단 결과 보고서 제출물
2. 정밀안전진단 범위와 과업내용	1) 안전진단 목적 2) 진단 시설물의 개요와 이력 현황 3) 진단범위와 과업내용 4) 진단장비 및 시험기기 사용 현황 5) 진단수행 절차와 일정 현황
3. 정밀안전진단 자료 검토와 분석	1) 설계도면, 구조계산서, 시방서 2) 정밀안전진단 실시 결과 검토 3) 보수 · 보강 이력 및 용도 변경 내용 4) 진단시설물의 내진설계 여부 확인 5) 기타 관련 자료 검토
4. 현장조사 및 시험내용	1) 전체 시설물의 외관 조사 결과 분석 2) 주요 결함 부위의 발생 원인 분석 3) 시설물의 재료시험 측정 결과 분석
5. 진단시설물 상태 평가분석	1) 과업내용에 따라 실시한 현장조사 및 시험분석에 따른 시설물 상태 결과 작성 2) 콘크리트강도 및 내구성 평가 3) 철근 및 강재의 내구성 평가 4) 부재별 안전상태 평가 5) 시설물 전체의 상태 평가 결정
6. 진단시설물의 구조적 · 기능적 안전성 평가	1) 기존 지반, 지질, 지형 등의 결과 분석 2) 진단시설물의 거동, 변위 계측 결과 분석 3) 진단시설물의 구조계산 및 해석 결과 분석 4) 진단시설물의 내구력 및 사용성 평가 5) 진단시설물의 내진성능 평가 6) 시설물 보수 · 보강방법 적정성 평가 7) 시설물의 안전성 평가 종합 결정
7. 종합평가 분석결과	1) 시설물의 상태 평가와 정밀안전성 평가 결과를 종합하여 안전 등급 결정 2) 시설물의 최종 안전성 평가 등급 결정
8. 보수 · 보강방법 결정	1) 손상 및 결함이 있는 부위 또는 부재에 보수 · 보강공법 제시 2) 보수 · 보강공법의 개요, 시공방법 등 3) 내진능력 부족시 내진보강방법 4) 시설물 유지관리 요령 및 대책 등
9. 진단평가 종합 결론	1) 정밀안전진단 실시결과 종합 결론 2) 유지관리시 특별한 관리가 요구되는 사항 명시 3) 기타 필요 및 건의 사항

II. 조사진단방법

1. 사전 현황조사

1) 기존 건물의 관련 도서검토

① 건축물의 상태를 정확히 파악하기 위해 우선적으로 실시해야 할 작업은 대상 건축물에 대한 정보를 최대한 많이 수집하여 분석하는 것이다.

② 일반적으로 위와 같은 자료를 모두 보유 · 관리하고 있는 건물은 그리 많지 않다. 건물 준공 후 수년 혹은 수십 년이 지나면서 건물관리에 대한 기록이 제대로 전달되지 않기 때문이다.

③ 전문가들은 건물의 관련도서로부터 기초정보를 구축하고 건물의 이력을 통하여 진단방향과 범위를 설정할 수 있는데, 이러한 자료가 없다면 진단의 정확도는 현저히 낮아질 수밖에 없을 것이다.

④ 기존 건물 자료 목록

- 설계도면 : 시공, 준공, 보수 · 보강, 사용 중 용도 변경에 따른 설계도면 등
- 공사내역서 및 시방서
- 구조계산서
- 지질조사보고서
- 건물관리대장 : 점검이나 진단일자
- 건물이력 : 점검 및 진단이력, 사고기록(화재 등)

2) 육안상태조사

① 육안조사란

경험 있는 진단전문가들이 육안으로 구조물을 직접 보고 건물의 노후화상태를 파악하는 것을 말한다.

② 육안조사의 중요성

- 전문가들이 육안조사를 통하여 건물의 과거 상태를 추정할 수 있고, 현재의 상황을 파악할 수 있기 때문이다.
- 육안조사에서 비중이 가장 큰 조사는 균열상태조사이다.

- 건물에 발생된 균열이 긴급 보강을 요하는 것인지 아니면 진단조차도 할 필요가 없는 경미한 상태인지를 판단할 수 있기 때문이다.

③ 육안조사의 중요성

- 주요 구조부재에 균열이 왜 발생하였는지?
- 누수는 왜 있는지?
- 계속적인 변형 징후가 있는지?
- 건물의 노후화가 얼마나 진행되었는지?를 조사한다.

④ 육안조사 항목

– 균열	– 외장	– 도장
– 박리 · 박락	– 오염, 변색	– 녹슨 정도
– 누수	– 백화현상	– 설계 당시와 현재의 용도조사
– 옥상방수	– 들뜸	

2. 기존 구조체 조사 · 진단방법

1) 균열조사

(1) 균열 발생 원인과 종류

① 내구성을 감소시키는 균열 경우 : 보수 여부 판단

② 구조적으로 문제가 되는 균열 경우 : 0.3mm 이상시 보수 판단

(2) 보수 여부에 관한 균열폭 한계

"일본 콘크리트 균열 조사 · 보수 · 보강지침" 기준

(단위 : mm)

구분		내구성 측면			방수성 측면
보수 여부	유해도와 환경	나쁨	중간	좋음	–
A. 보수 필요	대	0.4 이상	0.4 이상	0.6 이상	0.2 이상
	중	0.4 이상	0.6 이상	0.8 이상	0.1 이상
	소	0.6 이상	0.8 이상	1.0 이상	0.1 이상
B. 보수 필요치 않음	대	0.1 이하	0.2 이하	0.2 이하	0.05 이하
	중	0.1 이하	0.2 이하	0.3 이하	0.05 이하
	소	0.2 이하	0.3 이하	0.3 이하	0.05 이하

주1 : 유해도 "대 · 중 · 소"는 콘크리트구조물의 내구성 및 방수성에 미치는 유해 정도를 표시한다.

주2 : 환경은 주로 철근의 부식조건을 관점으로 본 환경조건이다.

(3) 철근콘크리트 라멘조의 허용균열폭(ACI 224R-80)

노출상태	허용균열폭(mm)
1. 건조한 공기 또는 보호막이 있는 상태	0.40
2. 습한 공기나 흙 속에 있는 상태	0.30
3. 동결 방지용 약품이 사용된 상태	0.18
4. 해수나 해풍을 반복으로 받는 상태	0.15
5. 물을 저장하는 구조	0.10

(4) 균열 조사방법과 평가

① 균열에 대한 조사는 기둥과 보, 슬래브 등 주요구조부재에 대한 균열상태를 육안으로 관찰하고, 균열도를 작성한다.

② 균열도는 균열의 발생상태를 도면에 표시하는 작업으로 균열의 형태와 길이를 기록하며 균열의 대표 부위는 폭을 측정하여 표현한다.

③ 건축물에 발생한 모든 균열을 조사하여 균열도가 작성되면 균열에 대한 평가와 보수 · 보강 대책을 마련한다.

④ 균열에 대한 평가는 그 원인 추정과 크기(폭)의 한계, 진행 여부, 재하에 의한 확대 여부, 누수 여부 등에 대한 판정으로 이루어진다.

⑤ 균열의 원인 추정은 발생시기와 분포상태, 형상 및 유형을 파악함으로써 가능하다.

(5) 각국의 허용균열폭 현황

규준	균열폭(mm)	적용범위
ACI	0.40	실내
	0.33	실외
BS CP 110	0.30	일반
	0.004dc	특히 심한 부식성 환경, dc : 주철근의 공칭직경
CEB	0.40	비부식성
	0.20	일반의 환경
	0.10	유해
일본토목학회	0.40	일반의 환경
	0.20	부식성의 환경
	0.10	특히 심한 부식성 환경, dc : 주철근의 공칭직경

2) 실측조사

(1) 실측조사 대상과 방법

실측조사는 건축물의 상태를 조사하는 기초과정으로 현장에서 직접 주요구조부재(슬래브, 보, 기둥, 벽체 등)의 단면 크기 및 기둥과 기둥의 간격, 보의 길이, 층높이 등을 측정하여 건축물의 평면도 및 구조평면도와 비교하는 작업을 말한다.

(2) 실측조사의 중요성

① 측정 대상 건축물에 대한 건축도면은 진단을 수행하는 기초자료이자 중요한 정보이다.

② 건축평면도나 구조평면도가 현재 상태와 일치하는지 확인하기 위하여 현장 실측조사와 비교 · 분석하여야 한다.

(3) 주요 구조부재에 대한 실측 현황

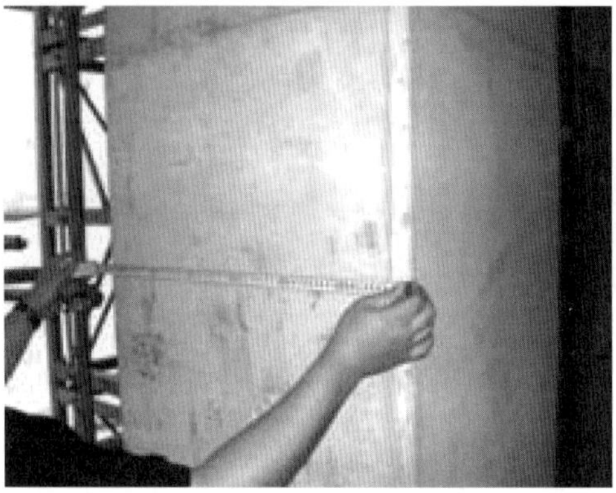

Disto ; 레이저 빔을 이용하여 부재의 길이를 측정하는 장비

3) 콘크리트강도 조사

(1) 콘크리트강도의 중요성

① 철근콘크리트구조물에서 콘크리트는 압축강도로서 그 능력을 평가받는다.

② 콘크리트가 설계압축강도 이하로 시공되어 있다면 이는 능력이 부족한 구조물이 되어 구조물의 안전성에 크게 문제가 된다.

③ 현 건물에 대한 콘크리트강도를 조사하는 작업은 필수적인 과정이다.

④ 콘크리트강도 조사는 여러 가지 방법이 있지만 다음 세 가지는 많이 쓰는 방법이다.

(2) 콘크리트강도 조사방법

종류	1. 코어압축시험 (파괴시험)	2. 슈미트해머를 이용한 반발경도 시험법(비파괴시험)	3. 초음파속도법 (비파괴시험)
방법	콘크리트 부재의 일부를 코어기로 직접 채취하여 압축실험기로 압축강도를 측정	콘크리트 표면의 단단함을 측정하여 압축강도를 측정함	초음파 PLUSE의 전파시간 및 속도를 근간으로 하여 콘크리트의 내부 밀실도를 조사하여 강도를 측정함
사진			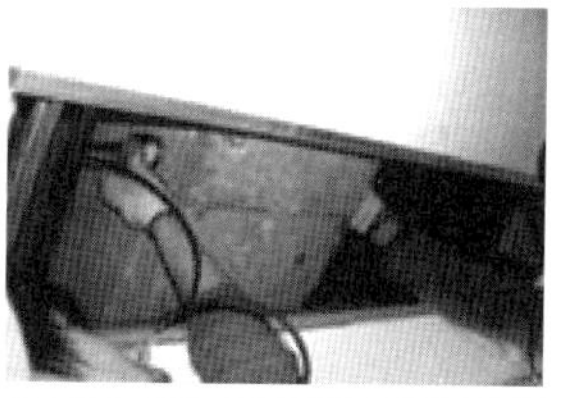

① 슈미트해머강도 시험방법

- 위의 세 가지 방법 중 가장 간편하게 많이 쓰는 방법이 슈미트해머법이다.
- 슈미트해머를 이용한 반발경도법은 콘크리트의 표면경도를 측정하여 콘크리트 압축강도를 비파괴로 판정하는 검사방법이다.

② 슈미트해머의 종류

구분	타격에너지(kg · m)	강도측정 범위(kg/cm²)	비고
N형	0.225	150~600	보통콘크리트용
NR형	0.225	150~600	보통콘크리트용 (자기 기록장치 부착할 것)
P형	0.09	50~150	저강도콘크리트용
L형	0.075	100~600	경량콘크리트용
M형	3.0	600~1,000	매스콘크리트용

4) 철근배근 조사

(1) 철근배근 조사방법

① 철근배근 조사는 콘크리트 내의 철근 위치를 파악하여 구조물이 갖는 내력의 결손 여부를 판가름하는 것으로 안전진단의 필수사항이라 할 수 있다.

② 철근탐사는 진단의 필수사항이나 모든 철근을 탐사하는 것이 아니라 일부탐사 가능한 부분을 탐사하여 구조도면대로 시공되어 있는지 여부를 파악하기 위한

것이다.

▶ 주요 구조부재에 대한 철근배근 측정현황

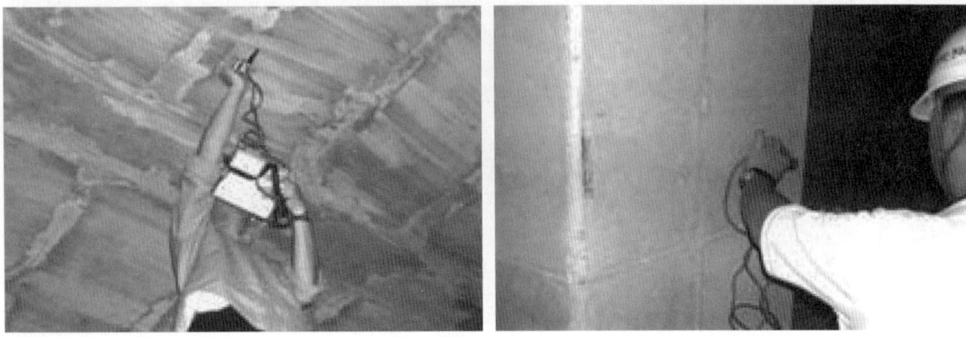

(2) 철근배근 탐사방법

① 철근탐사는 초음파를 이용한 탐사법이나 레이더파를 이용한 탐사법 등 여러 가지가 있다.

② 이용하는 파의 종류나 방법은 다소 다르지만 탐사범위와 능력은 대체로 비슷한 편이다.

③ 철근탐사는 보, 기둥, 슬래브, 벽체 등의 배근상태, 즉 철근의 본수 및 간격, 철근의 위치 및 방향 콘크리트의 피복두께 등을 조사하여 도면과 일치 여부를 파악하고 그 결과를 구조 검토시 반영시킨다.

▶ 철근 탐사기의 측정관리

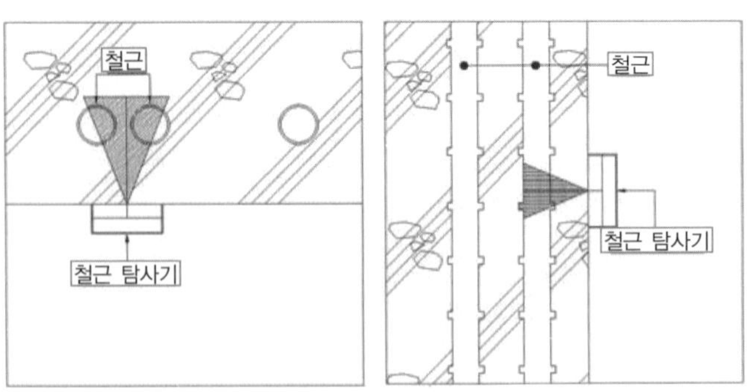

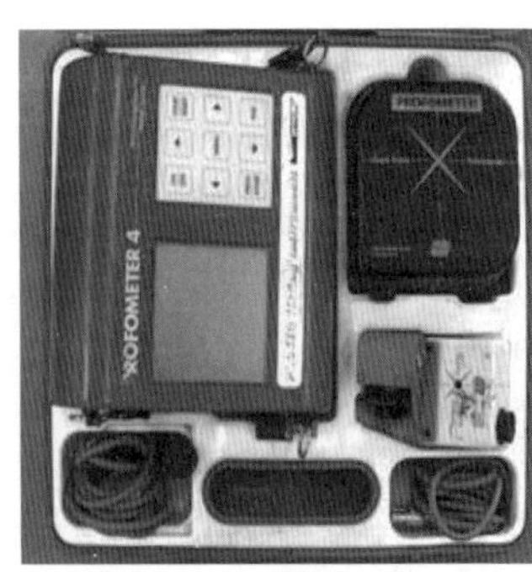

(3) 피복두께 기준

(건축물 구조기준 등에 관한 규칙 제4절 제49조)

부위			피복두께(mm)
흙에 접하지 않는 부위	지붕슬래브 바닥슬래브 비내력벽	옥내	30
		옥외	40
	기둥 보 내력벽	옥내	40
		옥외	50
	옹벽		50
흙에 접한 부위	기둥, 보, 바닥슬래브, 내력벽		50
	기초, 옹벽		70

5) 콘크리트 중성화 조사

(1) 중성화 조사

콘크리트의 알칼리와 대기 중의 탄산가스가 반응하여 콘크리트가 탄산칼슘과 물로 분리되어 콘크리트가 중성화되어 철근이 부식되고 균열이 발생하는 현상을 말한다.

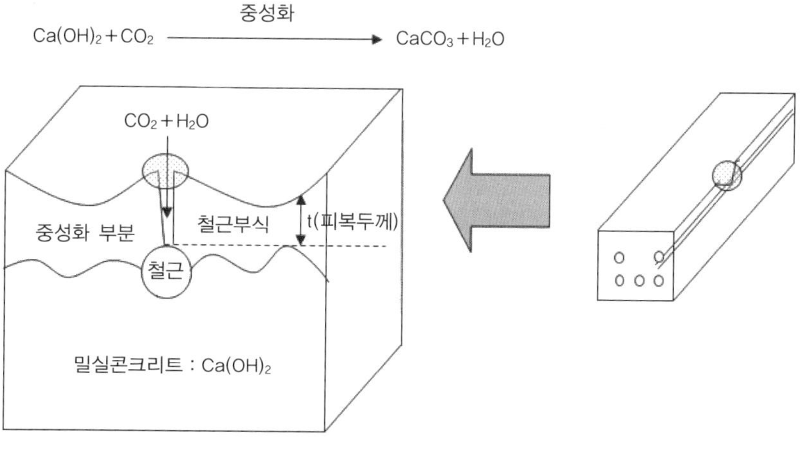

(2) 중성화에 의한 내구성 저하

중성화 발생 → 철근부식 → 체적팽창(2.5배) → 균열발생 → 강도저하 → 내구성 저하

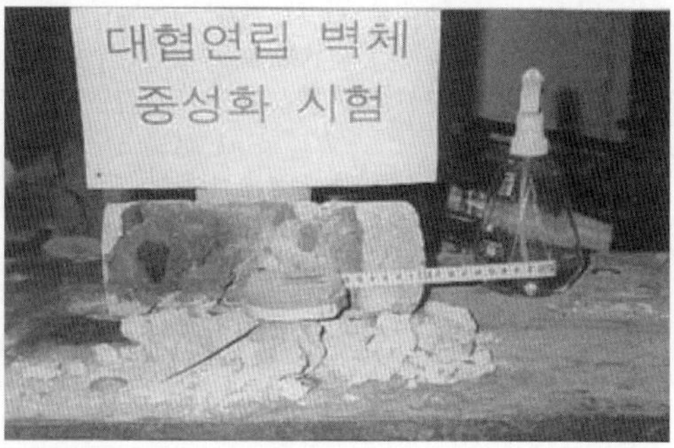

(3) 중성화 물리적 시험

- 지시약 : 페놀프탈레인 1% 용액
- 방법 : 콘크리트면에 지시약 도포
- 반응 : 적색 – 정상, 무색 – 중성화

(4) 콘크리트 중성화에 대한 상태평가 등급기준

(건설교통부, 정밀안전진단 및 정밀안전진단 세부지침, 2006. 5)

등급	중성화 깊이	비고
A	$Ct \leq 0.25D$	
B	$0.25D < Ct \leq 0.5D$	
C	$0.5D < Ct \leq 0.75D$	
D	$0.75D < Ct \leq D$	
E	$Ct > D$	

* Ct : 콘크리트 중성화 깊이(cm), D : 측정된 철근의 피복두께(cm)

(5) 콘크리트 중성화에 의한 구조물 수명

① 구조적 수명 : 60~100년

– 콘크리트구조물의 구조적 내력 수명

– 60년(피복두께 3cm) / 100년(피복두께 4cm)

(6) 중성화에 의한 철근부식 산화년수(콘크리트 수명기준)

① 철근이 콘크리트로 피복되어 있을 때 철근의 산화년수(콘크리트 중성화 연한)

$X = 7.3t^2$ (X : 산화년수, t : 피복두께(cm))

② 콘크리트 중성화년수(경년)

$t = kx^2$ (x : 콘크리트 중성화 깊이(cm), t : 경년(년))

(k : 정수, $k = \dfrac{0.3(1.15 + 3w)}{(w - 0.25)^2}$, $w = w/c$)

6) 염화물 조사

(1) 염화물 조사방법

① 염화물 시험은 실험을 실시한 콘크리트 시료의 염소이온농도가 0.5% 이상이 되어 콘크리트가 알칼리성을 상실한 것으로 판단된다면, 중성화 시험과 철근 부식도 측정을 하여 철근의 상태를 조사하고, 철근의 부식을 방지할 수 있는 대책을 마련하여야 한다.

② 염화물 함유량을 측정하기 위하여 측정 대상 부재의 콘크리트 시료를 채취하여 미세한 분말상태(0.15mm 이하)로 만들고 염분추출 용액과 혼합한 후, 염소이온 선택성 전극(RCT 측정기)을 이용하여 수용액 중의 전위차를 측정한다.

(2) 콘크리트 중의 염화물 함유량 규제치

규 격	Cl^- 환산치 (kg/㎥)
• 콘크리트 표준시방서(1988년) (잔골재 이외의 재료에는 염화물을 허용치 않음)	• 보통의 RC 및 포스트텐션방식 PC : 0.30 • 내구성(염해, 수중)이 요구되는 RC 및 프리텐션방식의 PC : 0.30
• 콘크리트 표준시방서(1996년)	• 비빌 때 콘크리트 중의 전 염화물이온량은 원칙으로 0.3kg/㎥ 이하로 한다.
• KS F 4009	• 레디믹스트콘크리트의 염화물 함유량은 배출지점에서 염화물이온(Cl^-)량으로서 0.30kg/㎥ 이하이어야 한다. 다만, 구입자의 승인을 얻은 경우에 0.60kg/㎥ 이하로 할 수 있다.

(3) 콘크리트 염화물에 대한 상태평가 등급기준

(건설교통부, 정밀안전진단 및 정밀안전진단 세부지침, 2006. 5)

등급	평가기준(염화물이온함유량 : Cl(kℓ/㎥)	비고
A	$Cl \le 0.15$	
B	$0.15 < Cl \le 0.3$	
C	$0.3 < Cl \le 0.6$	
D	$0.6 < Cl \le D1.2$	
E	$1.2 < Cl$	

7) 철근부식도 조사

(1) 철근부식도 시험방법

① 철근부식도 조사는 콘크리트구조물에서 중요한 역할을 담당하는 콘크리트 속

에 매립되어 있는 철근의 부식상태나 정도를 측정하는 시험이다.

② 조사를 실시하여 철근의 부식이 시작되었거나 시작되려고 하는 부재를 파악한다면 부식의 진행을 방지하여 더 이상 철근이 부식되지 않도록 보수하여야 한다.

(2) 주요 구조부재에 대한 철근부식도 측정현황

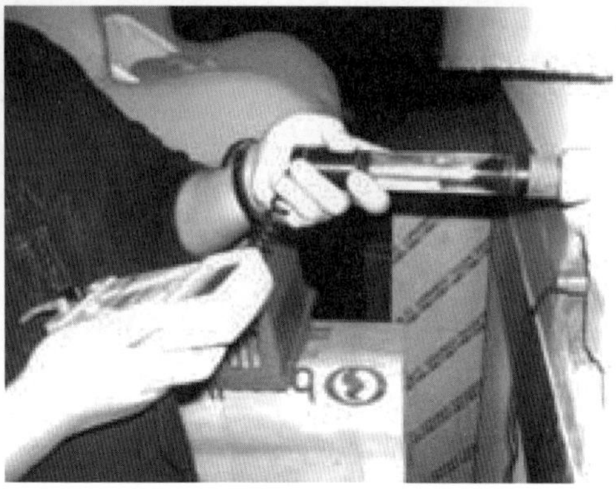

(3) 콘크리트 내부 철근부식에 대한 상태평가 등급기준

(건설교통부, 정밀안전진단 및 정밀안전진단 세부지침, 2006. 5)

등급	평가기준	
	(자연전위)	평가내용
A	$E < 0$	녹이 발생하지 않았거나 약간의 점녹이 발생한 상태
B	$-200 < E \le 0$	점녹이 광범위하게 발생한 상태
C	$-350 < E \le -200$	면녹이 발생하였고 부분적으로 들뜬 녹이 발생한 상태
D	$-500 < E \le -350$	들뜬 녹이 광범위하게 발생하였거나, 20% 이하의 단면결손이 발생한 상태
E	$E \le -500$	두꺼운 층상의 녹이 발생하였거나, 20% 이상의 단면결손이 발생한 상태

8) 부재의 변형 및 변위조사

(1) 부재의 변형 및 변위 조사방법

① 구조물의 수평부재(보, 슬래브 등)에 대한 수평상태와 수직부재(기둥벽체 및 건물 높이 등)의 수직상태를 조사하여 허용범위와 비교 · 검토하여 문제가 있을 시 적절한 대책을 마련해야 한다.

② 부등침하가 발생될 경우 구조물 전체의 안전에 크게 문제를 발생시킬 수 있으므로 부등침하의 징후를 잘 살펴야 한다.

(2) 구조물의 수평 · 수직 변형 기울기에 따른 평가등급 및 안전조치(Bjerrum, L. 1963)

등급	기울기	평가기준(보 및 슬래브의 처짐)	비고
A	1/750 이내	예민한 기계기초의 위험침하 한계	정상적인 유지관리
B	1/600 이내	대각선구조를 갖는 라멘구조의 위험 한계	주의관찰, 원인 제거
C	1/500 이내	구조물의 균열발생 한계	정기적 계측관리 필요, 원인 제거
D	1/250 이내	구조물의 경사도 감지	보수 · 보강 필요
E	1/150 이내	구조물이 위험할 정도	긴급보강 및 사용금지 혹은 철거 필요

(3) 부재의 변위변형에 대한 상태평가등급

(건설교통부, 정밀안전진단 및 정밀안전진단 세부지침, 2006. 5)

등급	평가기준(보 및 슬래브의 처짐)	비고
A	L/480 이상	-
B	L/480 이하	경미한 손상
C	L/240 이하	2005 건축구조설계기준 처짐 한계
D	L/150 이하	-
E	L/150 초과	-

02

리모델링 건축물의 보수 및 보강공법

I. 기존 구조체 보수공법

1. 보수공법시 사전조사

1) 보수공법의 개요

① 균열발생에 의해 손상된 콘크리트구조물의 보수 · 보강 필요 여부는 균열조사 및 균열원인 추정의 결과를 신중히 검토하여 판정을 내려야 한다.

② 균열의 원인이 명확한 경우에는 균열의 원인을 제거하거나 균열 발생으로 손상된 기능 및 내력저하를 회복시키기 위하여 적절한 보수 · 보강공사를 실시하여, 균열의 명백한 원인규명이 어려운 경우 균열의 조사결과만으로 보수 · 보강의 필요 여부를 판정해야 하는 경우도 있다.

2) 보수공법의 설계

① 보수설계시 고려사항

건축물에 결함 · 손상이 발생한 구조물의 기능이나 내구성 회복 목적에 따라 적절한 보수재료, 공법 및 시기가 선정될 수 있도록 한다.

참고로 보수설계시 다음과 같은 사항을 고려할 수 있도록 제시한다.

– 보수 필요 여부의 판정에 따라 그 범위와 규모를 설정한다.

– 결함 · 손상의 원인, 발생 상황, 구조물의 중요도 및 환경조건 등을 파악한다.

– 보수목적 및 보수목표를 명확히 결정하고, 환경조성을 고려하여 적절한 보수재료 및 공법을 선정한다.

② 보수설계의 구분

– 건전한 부재와 같은 정도로 회복시키는 보수

– 실용상 지장이 없는 범위로 회복시키는 보수

– 내구성 및 안전성을 확보할 수 있는 범위로 회복시키는 보수

2. 보수공법의 종류와 시공방법

1) 콘크리트부재의 경우

(1) 표면처리공법

① 공법개념

미세한 균열(폭 0.2mm 이하) 위에 피막을 구성하여 방수성, 내구성을 향상시킬 목적으로 균열 부위나 전체면을 피복하는 방법을 말한다.

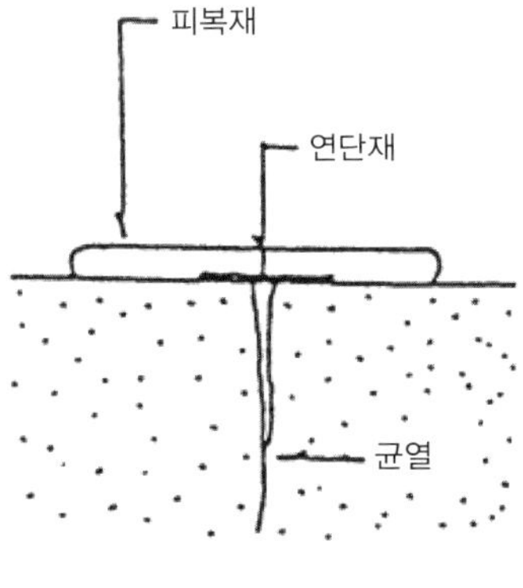

(a) 일반적인 경우

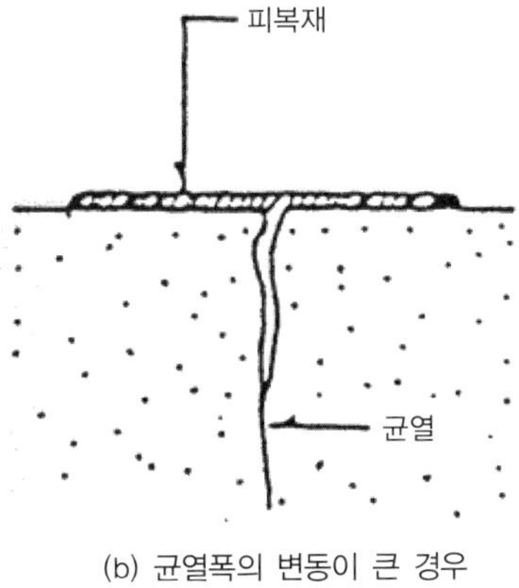

(b) 균열폭의 변동이 큰 경우

② 시공방법

– 에폭시 모르타르 도포공법

보수 범위 확인 → 균열면 처리(바탕처리) → 프라이머 도포 → 에폭시수지 모르타르 도포 → 표면마감 → 양생 → 검사

– 에폭시 수지 심(seal)공법

보수 범위 확인 → 균열면 처리(바탕처리) → 실링재도포 → 양생 → 검사

(2) 주입공법

① 공법개념

0.2mm 이상의 균열에 수지계 혹은 시멘트계의 재료를 주입하여 방수성, 내구성을 향상시킬 목적으로 마무리 재료가 콘크리트 바탕면에서 떠 있는 경우의 보수에 채용할 수 있는 공법을 말한다.

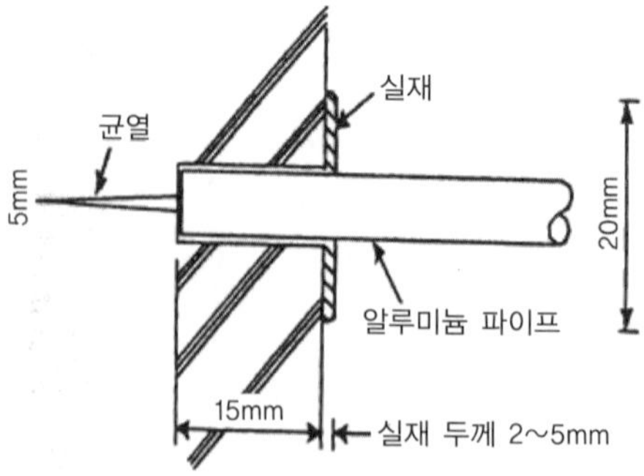

균열폭(mm)	파이프 간격(mm)
0.3 이하	50~100
0.3~0.5	100~200
0.5~1.0	150~250
1.0 이상	200~300

② 시공방법

보수 범위 확인→균열 부위 청소→주입파이프 설치→균열면 실링주입→주사 및 실링제거 모르타르 미장마감

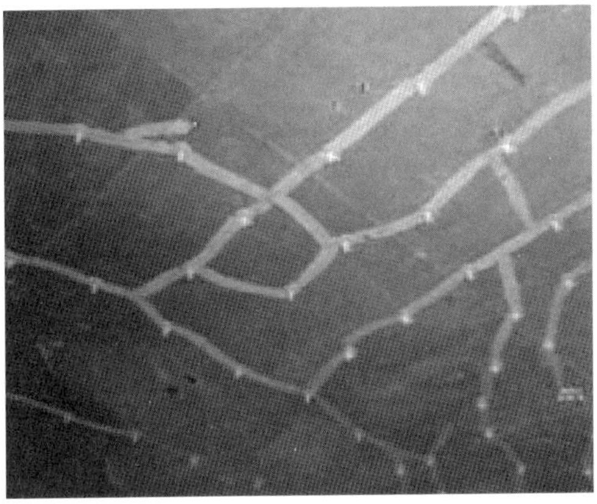

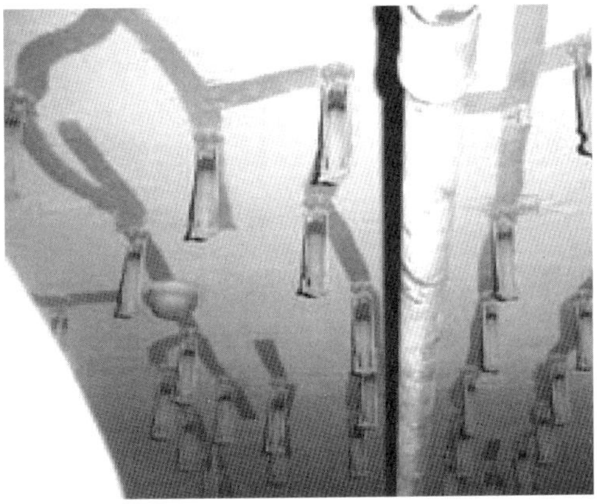

(3) 충전공법

① 공법개념

0.2mm 이상 큰 폭의 균열보수에 적당한 공법으로서 균열을 따라 콘크리트를 V-Cut 또는 U-Cut하여 그 부분에 보수재를 충전하는 공법이다. 이 공법은 철근이 부식되지 않은 경우와 철근이 부식된 경우의 보수방법이 다르다.

② 시공방법

- 철근이 부식되지 않은 경우 충전공법
  - 시공방법

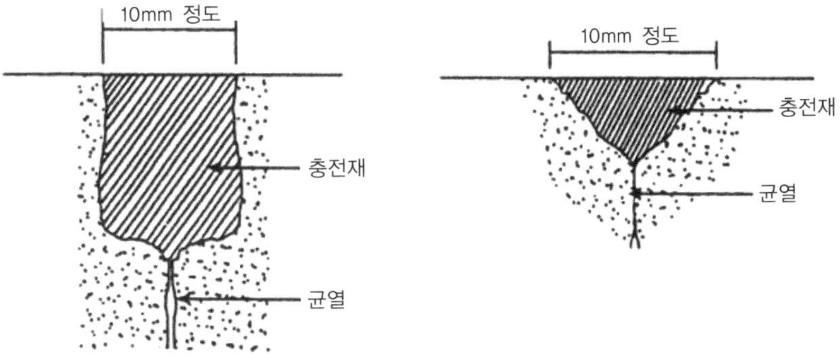

- 시공순서

  보수 범위 확인 → 균열면 V 또는 U형 Cut → 절개면 청소 → 백업재료 주입 → 충전재주입 → 양생 → 모르타르 미장마감

• 철근이 부식된 경우 충전공법

- 시공방법

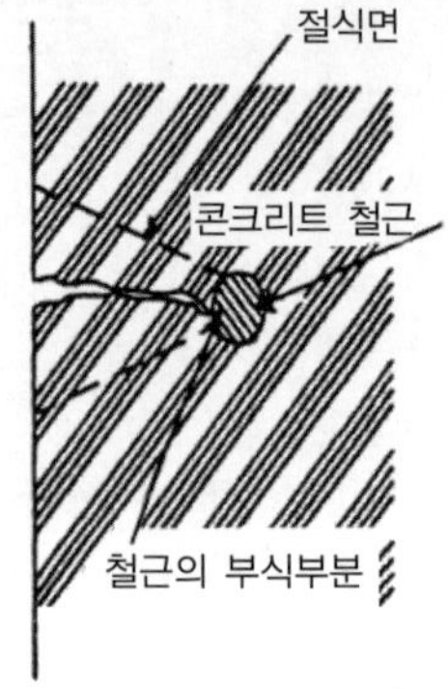

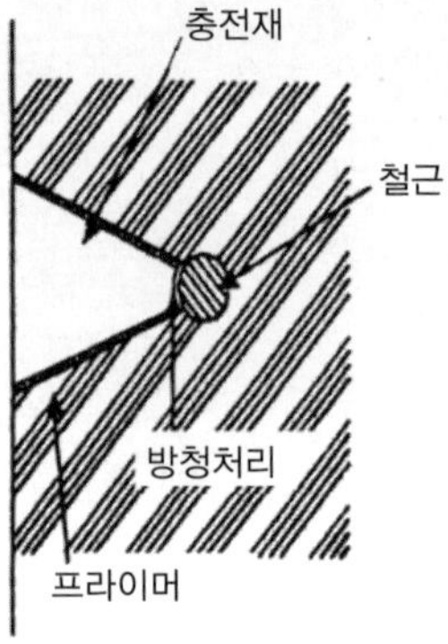

- 시공순서

  보수 범위 확인 → 균열면 콘크리트 깎아낸 후 철근방청 → 콘크리트면 프라이머 도포 → 충전재충전 → 양생 → 모르타르 미장마감

2) 철골부재의 경우

(1) 보수공법 개념

철골부재에 대한 보수는 부식 제거 및 방식 처리, 재도장, 내화피복재 시공 등 주로 피복재료에 대한 교체나 재시공법으로 보수한다.

(2) 보수공법 종류

① 교정공법

이상 외력에 의해 변형된 부재를 가능한 한 원래 상태로 복구하는 공법이다.

② 용접보수공법(TIG 처리 병용)

피로에 의한 손상부재에 대하여 균열이 작은 것은 가우징(줄파기) 후 재용접 공법을 제시한다.

③ 도장공법

부식이 진행되지 않도록 특수한 도장공법을 제시한다. 부식방지 및 고내구성 도막 보수에 효과가 있는 공법을 제시한다.

II. 기존 구조체 보강공법

1. 보강공법의 종류

1) 보강공법 개요

① 구조물의 보강공법은 리모델링 성격 및 조건에 따라 적합한 구조보강의 규모 및 범위가 결정되어야 하며, 구조안전 측면, 경제적 측면, 시공의 용이성, 유지관리 측면 등을 고려하여 최적의 구조보강안을 선정하도록 한다.

② 보강설계

구조물 보강설계 시에는 균열의 원인, 하중조건, 필요한 내력, 보강 범위와 규모, 환경조건, 안전, 공사기간, 경제성, 관리의 용이성 등을 고려하여 계획한 보강목적이 달성되도록 보강방법, 보강시기 및 보강재료를 선정하고, 단면 및 부재의 설계를 행한다.

③ 보강공법의 종류

- 콘크리트 단면 증설공법
- 철골부재 부착에 의한 보강공법
- 강판부착에 의한 보강방법
- 탄소섬유시트에 의한 보강공법
- 그라우팅에 의한 지반보강공법
- 소구경파일에 의한 기초보강공법

2. 보강공법별 시공방법

1) 강판부착 보강공법

(1) 공법개념

강판부착 공법은 콘크리트구조물의 콘크리트 표면, 특히 인장측 표면에 강판을 접착하여 기존 시설구조물과 일체화시킴으로써 내력 향상을 도모하는 공법이다.

(2) 슬래브의 상하부 강판부착에 의한 휨보강공법 상세

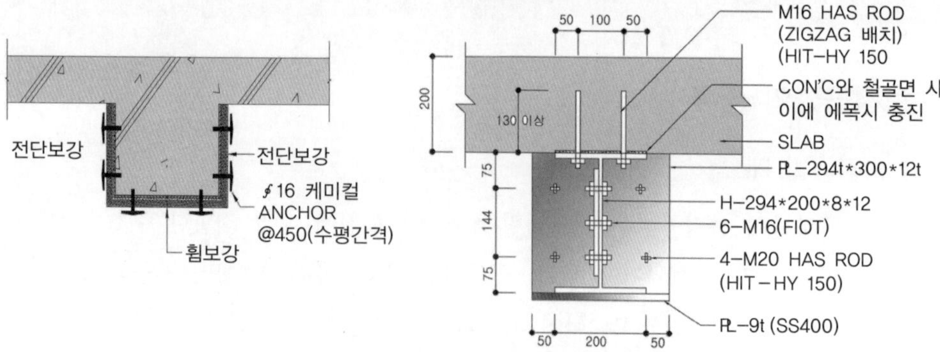

2) 철골부재 부착 보강공법

(1) 공법개념

콘크리트 보 또는 슬래브 철골부재를 부착하여 보강 설치하는 공법을 말한다.

(2) 보강방법

① 보의 철골부재 보강방법

H–beam 보강공법

3) 탄소섬유시트 보강공법

(1) 공법개념

탄소섬유시트 보강공법은 강판부착공법이 자체의 무게 등으로 큰 부위에 적용되는 경우 용접개소 증가 등의 문제가 있으므로 탄소보강섬유(FRP : fiber reinforced plastics)시트를 부착하여 보강하는 보강공법을 말한다.

(2) 시공방법

표면처리 및 균열보수 → 프라이머 도포 → 퍼티작업 → 에폭시 도포 → 탄소섬유시트 부착 → 마감에폭시 도포

(3) 탄소섬유보강공법 시공상세

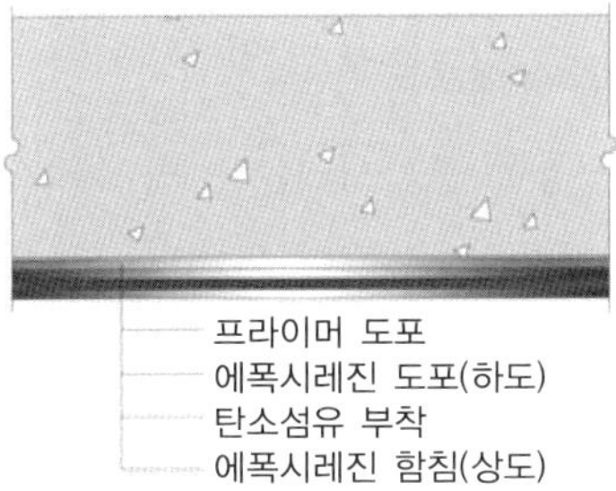

탄소섬유 보강 단면

탄소섬유 부착

III. 내진보강과 제진방법

1. 내진보강 목적

1) 내진보강의 개념

① 내진보강은 지진이 발생할 경우 기존 건물이 피해를 입어 인명손상, 시설물 붕괴 등의 피해를 최소화하기 위함이다.

② 기존 건물이 현재 어느 정도 내진성능을 확보하고 있는지에 대한 평가가 필요하다.

③ 리모델링할 경우에는 반드시 내진평가 결과에 따라 내진보강 필요 여부의 정도가 결정된다.

2) 내진성능 및 보강 여부의 판정 순서

① 건물의 내진성능 평가

② 필요로 하는 내진성능 설정

③ 보강 여부 판정

④ 내진보강공법 결정

⑤ 보강요소와 기존 골조의 접합상세 결정

⑥ 보강건물의 내진성능 확인
(④~⑥은 보강이 필요하다고 판정된 경우)

3) 내진보강공법

① 새로운 내진요소를 추가하거나 부재의 설계강도를 증대하는 방법

② 보강을 통해 기존 부재의 인성을 향상시켜 내진성능을 증가시키는 방법

③ 불필요한 지중을 줄여 내진성능을 향상시키는 방법

2. 내진보강방법

① 철근콘크리트벽 증설 방법

② 철골가새 증설 방법

③ 철판벽 증설 방법

④ 벽개구부 폐쇄 방법

⑤ 기둥 철판 감기와 탄소섬유판 감기

▶ 기존 벽체 단면증설 내진보강

- 신설 벽체와 기존 구체의 일체화를 확보하기 위한 공법
- 강도증진, 고유동성, 고접착용 혼화제 및 철근 케미컬 앵커를 사용함으로써 기존 콘크리트와 일체화

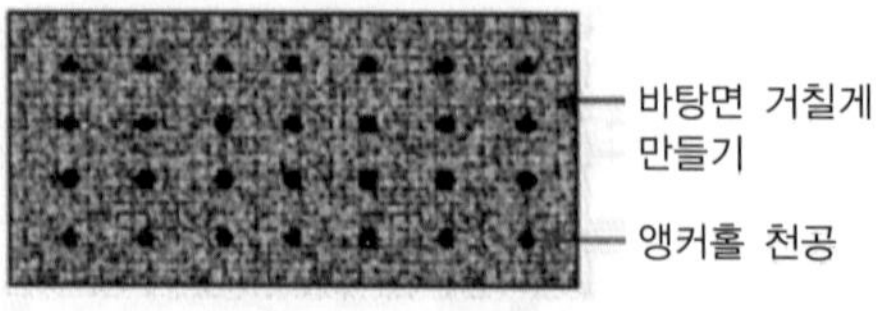

▲ 입면

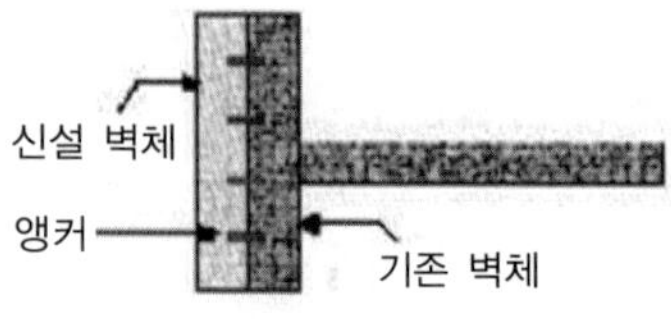

▲ 단면

3. 제진 및 면진보강

1) 제진보강이란?

지진에 대한 내력을 흡수하는 장치를 설치하여 지진력을 감소시키는 방법을 말한다.

2) 제진보강방법 종류

(1) 제진댐퍼 설치방법

– 제진댐퍼를 건물 부위에 적절하게 사용하여 지진시 내력을 저하시키는 방법

(2) 댐퍼 철골 브레이셔 설치방법

– 고층 건물 외측에 댐퍼 철골 브레이셔를 설치하여 지진시 내력을 면진시키는 방법

3) 제진(면진) 시공방법

저탄성 고무를 이용한 납 플러그가 들어간 적층고무 베어링으로 보강된 제진댐퍼를 1층 주각부에 설치한다.

4) 면진장치의 종류

① 적층고무+슬라이딩 베어링

② 적층고무+강봉댐퍼

③ 적층고무+점성체 댐퍼

④ 적층고무+납댐퍼

⑤ 적층고무+각종 댐퍼

⑥ 적층고무+납댐퍼+강봉댐퍼

⑦ 고감쇄 적층고무

⑧ 납플러그에 들어간 적층고무

⑨ 납플러그에 들어간 적층고무+적층고무

참고문헌

- 리모델링 총설, 「한국리모델링 협회」
- 건축리모델링 실무, 「건설도서」
- LH 공동주택 리모델링 과정 교재, 「LH 한국토지주택공사」
- 부동산자산관리론, 「부연사」
- 부동산개발계획과 실무(부연사)
- 리모델링 건축기술실무, 「한국리모델링 협회」
- 한국리모델링 협회지, 「한국리모델링 협회」

저자 | **정 용 식**

- **저자 약력**

  건국대학교 졸업(학사)
  한양대학교 대학원 졸업(석사)
  건국대학교 대학원 졸업(박사)

- **주요 이력사항**

  건축공학박사
  건축기술사(시공)
  ㈜한진중공업 주택사업 본부장/상무
  ㈜효성 개발사업 본부장/상무
  한국리모델링협회 부회장
  현, 한국리모델링협회 도시재생위원장
  FM학회 이사
  한국부동산 산업학회 이사
  세종대학교 도시부동산대학원 겸임교수

- **주요 경력사항**

  ㈜삼부토건, ㈜태영
  ㈜한진중공업
  –주택사업 본부장(상무)
  –건설현장 소장
  ㈜효성그룹 근무
  –개발사업 본부장(상무)

- **주요 저서**

  부동산개발계획과 실무(부연사)
  부동산마케팅론(부연사)
  부동산자산관리론(부연사)
  부동산자산관리 이론과 실무(부연사)
  도시재생론(부연사)
  리모델링 총설(기문당)
  건축시공기술사 해설(청운문화사)

건축 리모델링 계획과 실무

2015년 1월 5일 1판 1쇄 인쇄
2015년 1월 10일 1판 1쇄 발행

저 자 정 용 식
발 행 인 강 해 작
발 행 처 기 문 당
주 소 서울시 성동구 무학봉 28길 4-1
전 화 02) 2295-6171(代)~5
팩 스 02) 2296-8188
출판등록 1976. 10. 7 (1-44)
홈페이지 http://기문당
http://www.kimoondang.com
I S B N 978-89-6225-625-3 93540
정 가 25,000원

이 도서의 국립중앙도서관 출판시도서목록(CIP)은 서지정보유통지원시스템 홈페이지(http://seoji.nl.go.kr)와 국가자료공동목록시스템(http://www.nl.go.kr/kolisnet)에서 이용하실 수 있습니다.(CIP제어번호: CIP2014035759)